光催化技术在能源领域的应用探索

武宇航 宋美婷◎著

武汉理工大学出版社

图书在版编目（CIP）数据

光催化技术在能源领域的应用探索 / 武宇航，宋美婷著． -- 武汉：武汉理工大学出版社，2025.4．
ISBN 978-7-5629-7389-8

Ⅰ．TK01

中国国家版本馆 CIP 数据核字第 202591ZM44 号

责任编辑：严　曾
责任校对：尹珊珊　　　　　　　　排　　版：任盼盼
出版发行：武汉理工大学出版社
社　　址：武汉市洪山区珞狮路 122 号
邮　　编：430070
网　　址：http://www.wutp.com.cn
经　　销：各地新华书店
印　　刷：天津和萱印刷有限公司
开　　本：710×1000　　1/16
印　　张：14.75
字　　数：247 千字
版　　次：2025 年 4 月第 1 版
印　　次：2025 年 4 月第 1 次印刷
定　　价：90.00 元

凡购本书，如有缺页、倒页、脱页等印装质量问题，请向出版社发行部调换。
本社购书热线电话：027-87391631　87664138　87523148

·版权所有，盗版必究·

前 言

在全球能源需求不断增长与化石燃料资源日益减少的背景下，开发可持续能源尤为迫切。光催化技术作为一种环保且可持续的方法，可以将太阳能转化为化学能，为缓解能源危机提供了新的可能性。这一技术在能源转换和存储方面展现出巨大的潜力，并在多个领域展示出其应用价值。在传统领域，光催化技术已被用于水分解制氢、制氧和二氧化碳还原等重要反应，这些过程对于实现清洁能源的生产至关重要。在新兴领域，如光催化有机合成反应和太阳能光电化学水分解的应用，光催化技术也展示出创新性和发展潜力。尽管光催化技术在能源领域具有广阔的应用前景，但其广泛应用仍面临一些挑战。为了克服这些挑战并推动光催化技术在能源领域的实际应用，迫切需要深入研究和开发更高效、更稳定的催化剂，以及更简便、成本更低的制备方法。本书系统梳理光催化技术在能源领域的最新研究进展，包括催化剂设计、制备和性能改进的策略，以及在不同应用场景中的实用案例。

本书阐述光催化技术在能源领域各个方面的应用，包括从光催化基础与原理到不同光催化材料在能源领域的应用，从光电协同催化到光热协同催化，从光催化材料的制备到光催化技术的其他应用。同时，本书还论述了光催化材料的表征方法和理论计算研究方法。期望通过本书的学习，读者可以获得全面的光催化技术知识和应用指导，帮助读者全面理解光催化领域相关的知识以及光催化技术的应用。

本书以光催化技术在能源领域的应用探索为主题，内容全面、实用性强，注重创新和前瞻性，旨在为从事光催化技术研究的科研人员、能源领域的技术人员和感兴趣的广大读者提供系统的光催化技术知识介绍和应用案例分析，以推动光催化技术在能源领域的应用和发展。

目 录

第一章 光催化基础与原理 ... 1
- 第一节 光催化的发展历史 ... 1
- 第二节 半导体光催化的热力学及动力学基础 ... 3
- 第三节 光催化材料的设计及开发 ... 7
- 第四节 光催化技术在能源领域的研究现状及发展趋势 ... 12
- 参考文献 ... 14

第二章 TiO_2 光催化材料的制备及影响因素 ... 16
- 第一节 TiO_2 光催化晶面效应与控制合成 ... 16
- 第二节 TiO_2 光催化剂的制备与应用 ... 22
- 第三节 TiO_2 光催化活性的影响因素及改性方法 ... 28
- 参考文献 ... 36

第三章 硫化物光催化材料的制备及光催化剂 ... 37
- 第一节 硫化物半导体的制备与调控 ... 37
- 第二节 硫化物复合光催化材料的构建 ... 50
- 第三节 典型的硫化物光催化剂的光催化性能及应用分析 ... 57
- 参考文献 ... 60

第四章 石墨烯基半导体光催化材料的制备及增强 ... 63
- 第一节 石墨烯的制备及复合材料的光催化性质 ... 63
- 第二节 氧化石墨烯的制备及性质分析 ... 70
- 第三节 还原氧化石墨烯的制备及性质分析 ... 75
- 第四节 石墨烯基半导体复合光催化剂的制备及增强 ... 77
- 参考文献 ... 84

第五章 石墨相氮化碳光催化材料的制备及改性调控 ········· 87
第一节 石墨相氮化碳光催化材料的制备与调控 ········· 87
第二节 石墨相氮化碳基复合光催化材料的构建 ········· 91
第三节 改性氮化碳调控光催化性能 ········· 95
参考文献 ········· 100

第六章 铋基半导体光催化材料的制备及改性调控 ········· 103
第一节 新型钨酸铋基异质结的制备及应用 ········· 103
第二节 卤氧化铋基材料在光电催化降解水中污染物领域的应用 ······ 113
第三节 $Bi_2WO_6/SrTiO_3$ 复合光催化剂的制备及对 Cr(VI) 和亚甲基蓝的去除 ········· 118
参考文献 ········· 119

第七章 不同光催化材料在能源领域的应用 ········· 121
第一节 光催化分解水制氢及其发展 ········· 121
第二节 光催化二氧化碳还原体系 ········· 130
第三节 光催化有机合成反应体系 ········· 133
参考文献 ········· 138

第八章 光电协同催化在能源领域的应用 ········· 139
第一节 光电催化分解水制氢 ········· 139
第二节 光电催化分解水制氧 ········· 144
第三节 光电催化二氧化碳还原 ········· 146
第四节 高效光电极的设计与制备及其光电催化分解水的应用 ········· 149
参考文献 ········· 153

第九章 光热协同催化在能源领域中的应用 ········· 154
第一节 典型氧化物光催化材料的光热催化 ········· 154
第二节 氮化钛纳米材料制备及其光热转换应用 ········· 162
第三节 铋基复合物催化剂光热协同催化还原 CO_2 性能 ········· 166
第四节 非贵金属助催化剂提高 TiO_2 光热协同催化制氢 ········· 169
参考文献 ········· 173

第十章　光催化技术的其他应用······176
　　第一节　光催化技术在空气净化中的应用······176
　　第二节　纳米光催化剂在石油污染土壤修复中的应用······188
　　第三节　异相光催化技术在杀菌方面的应用······195
　　参考文献······201

第十一章　光催化材料的表征与理论计算······204
　　第一节　光催化材料的表征方法······204
　　第二节　光催化材料的表征的理论计算研究方法······214
　　参考文献······222

后记······224

第一章 光催化基础与原理

光催化基础与原理是一种利用光能激发催化剂表面电子，促使化学反应进行的过程。光催化原理的核心在于光能的吸收和转化，以及催化剂表面的电子转移和反应物吸附。本章主要阐述光催化的发展历史、半导体光催化的热力学及动力学基础、光催化材料的设计及开发、光催化技术在能源领域的研究现状及发展趋势。

第一节 光催化的发展历史

光催化技术的发展在20世纪末至21世纪初迎来了关键的转折时期，这是技术在全球能源危机和环境污染问题日益严峻的背景下必然经历的阶段。随着科学技术的迅猛发展以及环境治理需求的不断扩大，光催化技术得以从理论研究逐步向实际应用迈进。在发展过程中，光催化技术展现了显著的技术特点，特别是在清洁能源转化和环境治理方面。通过利用太阳光等清洁可再生能源，光催化能够在不借助传统能源的前提下，进行高效、可持续的化学转化与反应，这一技术特点不仅提升了能源利用的效率，也在水污染、空气净化等领域实现了重要突破，因此光催化被视为解决当今能源与环境双重挑战的重要途径。

推动光催化技术的快速发展主要源于科学技术的整体进步以及社会对环境治理的迫切需求。在技术层面，纳米技术、材料科学、化学工程等领域的发展为光催化技术奠定了坚实的科学基础。新型催化材料的开发与反应机制的深入研究，使光催化技术逐渐从实验室研究走向更为广泛的工业应用。此外，环境问题的日益加剧也引发了人们对清洁技术的高度关注。光催化技术以其无污染、低能耗的特点，逐渐成为许多国家优先发展的绿色技术之一。

光催化技术的应用演变经历了从实验探索到实际应用不断拓展的过程。随着理论研究的深入，光催化技术逐步在水处理、空气净化、制氢、能源转

◎ 光催化技术在能源领域的应用探索

换等领域实现了规模化应用，这一演变过程不仅展现了光催化技术在环境治理中的多元化应用前景，也体现了其在清洁能源转化中的重要作用。当前，光催化技术已成为绿色科技的重要组成部分，为构建可持续发展的社会提供了新的技术手段和解决方案。

20世纪60至70年代，光催化研究主要处于初步探索阶段。彼时，科学界对光能在化学反应中的作用逐渐产生兴趣，并开始认识到其在促进化学反应方面可能存在的巨大潜力，这一阶段的研究工作着重于基础理论的建立与实验的设计，通过一系列光化学反应实验，探索不同材料在光催化过程中的反应特性和机制。然而，由于当时材料科学和光电化学技术的发展水平相对有限，许多光催化实验依然局限于实验室规模，无法扩展至大规模的实际应用。材料的选择和光催化效率均受到限制，研究者们难以在此期间实现工业化生产或实际应用。技术上的制约导致光催化的应用前景尚不明朗，大规模推广和产业化条件尚未成熟。因此，光催化在这一阶段更多地被视为一种潜在的、尚未充分开发的化学反应促进技术，虽然具备一定的理论可能性，但在实际应用中仍然面临诸多挑战。

光催化技术可以直接利用低能量密度的太阳光驱动化学反应，实现太阳能—高密度化学能的直接转化，以生产清洁能源和工业原料，也可以驱动污染物和有毒物质降解来治理环境污染，在这一方面，光催化技术具有巨大的应用潜力。[1]

光催化技术的研究始于20世纪80至90年代，当时环境污染问题愈发突出，人类对高效污染治理方法的需求不断增加。在这一背景下，光催化技术逐渐引起学术界和工业界的关注，成为环境科学领域中一项具有重要应用前景的研究方向。此项技术利用光能激活特定材料的表面，从而引发一系列化学反应以降解污染物，对水污染和空气污染治理具有显著的应用潜力。

在技术突破方面，半导体材料，特别是氧化钛的研发取得了显著进展，成为光催化领域的研究重点。氧化钛具备优异的光响应性和化学稳定性，因此成为理想的光催化剂材料。氧化钛的技术突破为光催化技术的广泛应用奠定了坚实的材料基础，推动了该技术在环境治理领域中的实际应用。

光致热催化的主要思想是通过光照将反应体系或催化剂升温，从而诱导反应的发生。[2] 光催化的过程能够使光催化剂在常温常压下实现高效催化反应，无须额外能量输入，显著降低了反应的能源需求，这一光催化机制为污染物降解提供了高效、安全且环保的技术途径。

光催化技术在21世纪以来的应用拓展极为显著。发展初期，光催化技术主要集中在环境污染治理领域，如处理有机污染物和重金属离子等。随着科学研究的深入，这项技术的应用逐步扩展到能源转化、药物合成以及清洁能源生产等多个领域。尤其是在能源转化方面，光催化技术成为一种重要的研究热点，得到了学术界和产业界的广泛关注与应用。这些新兴领域的应用，不仅拓宽了光催化技术的应用边界，还提升了其对可持续发展和绿色化工的推动作用。

光催化技术在可再生能源的开发与利用方面也展现了巨大的潜力，尤其在太阳能电池和光催化反应器的研发中，光催化技术发挥着不可替代的作用。太阳能电池的设计中，光催化材料被用于提升光电转换效率，使光电设备更加高效且成本可控。光催化反应器则通过对光催化过程的利用，将太阳能转化为化学能，为可再生能源开发提供了新的应用路径，这种可持续的能源解决方案，不仅对能源危机的解决具有重要意义，还进一步推动了绿色能源体系的建设。

在工业与环保领域，光催化技术的应用表现出极高的实用性和环保效益。例如，光催化技术能够有效去除工业生产过程中产生的有毒有害物质，已被广泛用于工业废水的净化处理中。同时，该技术在大气污染治理方面也取得了成功，能够分解空气中的挥发性有机化合物和细颗粒物，净化空气质量。此外，光催化材料还被用于自洁涂层的制备，赋予建筑和设施自洁功能，减少了化学清洁剂的使用，降低了化学污染，对环境保护和生态维护具有积极贡献。

第二节　半导体光催化的热力学及动力学基础

一、半导体光催化的热力学基础

在光催化反应中，催化剂的能带结构扮演着至关重要的角色，成为半导体光催化的热力学基础。半导体材料的能带结构决定了光生载流子的热力学特性和光催化性能。根据固体能带理论，半导体纳米粒子的费米能级附近的电子能级是分离的，而在块体金属导体中却是连续的，如图1-1所示。具体而言，半导体的能带结构由低能的价带和高能的导带组成，其中价带由填满电子的原子轨道构成，而导带由未填充电子的空轨道构成。

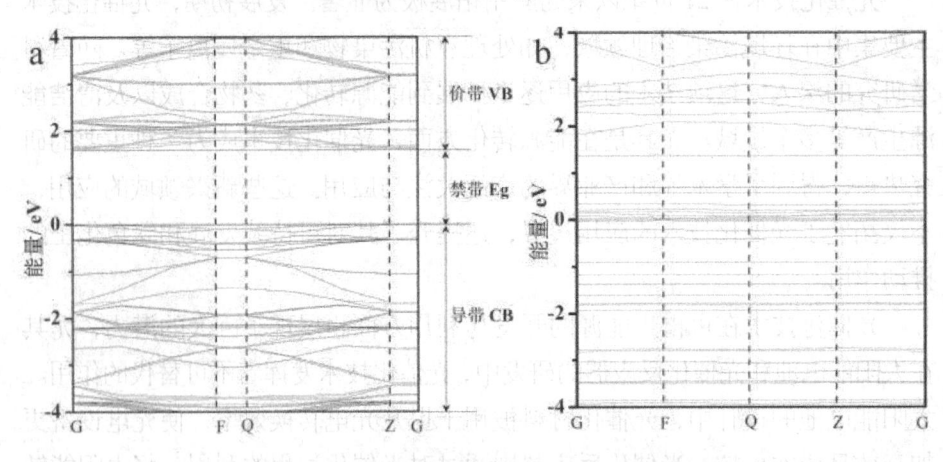

图1-1 （a）半导体和（b）金属能带结构示意图

价带和导带之间的能量空隙被称为禁带，或带隙，以 E_g 表示，半导体的带隙宽度决定了光催化剂的光学吸收性能，半导体的吸收波长阈值 λ_g 与带隙 E_g 的关系可用公式（1-1）描述。半导体的带隙宽度对光催化剂的光学吸收性能具有重要影响，同时影响光催化反应的光利用率。带隙越宽，半导体能吸收的光子能量越高，光波长越短，并且主要集中于紫外区。而带隙越窄，半导体能吸收的光子能量越低，光波长越长，能利用太阳光谱中的可见光越多。因此，当前的研究热点之一是开发窄带隙半导体，以拓宽光催化剂的光响应范围，因为太阳光中可见光部分约占45%，利用这一部分光谱可以提高光催化反应的太阳光利用率（图1-2）。地球大气上界的太阳辐射光谱的99%以上波长为 0.15～4.0μm。大约50%的太阳辐射能量在可见光谱区波长为 0.4～0.76μm，7%在紫外光谱区波长小于0.4μm，43%在红外光谱区里波长大于0.76μm，最大能量在波长0.475μm处。

$$\lambda_g = \frac{1240}{E_g} \tag{1-1}$$

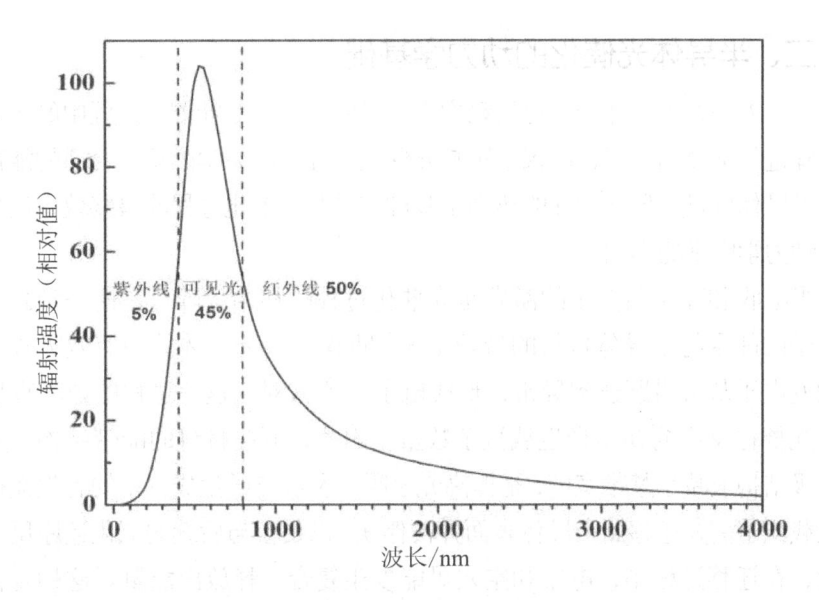

图 1-2 光催化反应的太阳光利用率示意图

当入射光的能量达到或超过半导体带隙的能量时，半导体呈现出吸收光子，并将电子从价带激发至导带的特性。这一特性是半导体光催化剂实现光催化反应的基础之一。光生电子和空穴的生成使得半导体具有了还原和氧化的能力，类似于电解过程中的电子转移现象。带隙的宽度对半导体光催化剂对光子的吸收能力起着决定性作用，导带与价带的位置则直接影响了光催化反应的可能性。此外，半导体的能带结构以及被吸附物质的氧化还原电势也对其吸光性能、光催化反应的可能性以及驱动力的强弱产生着重要的影响，如图 1-3[3] 所示。因此，通过调控半导体的能带结构以及优化吸附物质的选择，可以有效提高光催化剂的光吸收能力和光催化反应的效率，为环境净化、能源转换等领域的应用提供潜在的解决方案。

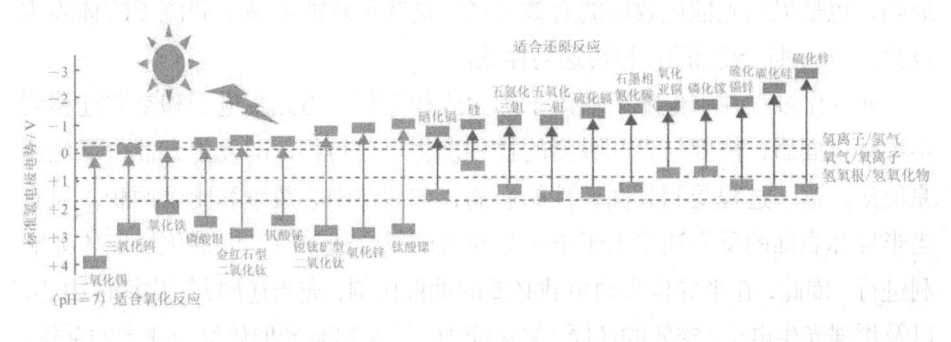

图 1-3 各种常见半导体在 pH=7 的禁带宽度和能带边缘电位示意图

二、半导体光催化的动力学基础

在深入探讨半导体光催化的动力学基础时，需要对光催化过程中的各个关键步骤进行细致的分析，以揭示影响光催化活性的动力学因素。合适的能带结构是半导体材料光催化活性的热力学基础，同时光催化过程的最终效率还受到众多动力学因素的影响。

光吸收和光生载流子的激发是光催化过程的初始步骤。在这一步骤中，当光子的能量与半导体材料的带隙宽度相匹配时，光子才能被有效吸收，进而激发电子从价带跃迁到导带，形成电子－空穴对。这一过程的效率直接决定了光催化反应的初始光生载流子数量。因此，调控材料的能带结构，如构建分级结构或减小禁带宽度，是提高光子吸收及载流子生成效率的有效途径。光生载流子需要迁移到半导体表面并被俘获，以便参与后续的氧化还原反应。然而，在迁移过程中，电子和空穴可能发生复合，释放出能量。这种复合过程会消耗光生载流子，降低光催化效率。因此，抑制载流子的复合是提高光催化活性的关键。

载流子的复合受到多种因素的影响，其中光催化剂的晶体结构、结晶度以及粒子尺寸尤为重要。不同的晶体结构可能导致电荷分离及光生载流子迁移能力的差异。例如，晶体内偶极矩的存在有利于电荷的分离，从而提高光催化效率。结晶度越高，体内的缺陷越少，空穴与电子的复合概率越小。此外，粒子尺寸越小，光生电子及空穴迁移到光催化剂表面反应活性位的距离越短，复合概率也相应降低。

基于这些动力学因素，可以通过一系列改性策略来优化半导体光催化剂的性能。构建半导体微纳米结构形成异质结，可以有效促进电荷分离和载流子的迁移。控制晶体相结构，增大比表面积，以及减少半导体内部／表面晶格缺陷，也是提高光催化效率的有效途径。这些策略能够减小载流子的体表相复合，增加其向表面的迁移传递与俘获。

光催化过程并不仅限于载流子的生成和迁移。当光生电子和空穴迁移到半导体表面后，需要与表面吸附的物种发生电荷转移，即发生光催化氧化还原反应。这一过程受到表面特性的影响，如活性中心数量和比表面积。只有当半导体表面的反应速率大于电子与空穴的复合速率时，光催化反应才能顺利进行。因此，在半导体表面负载必要的助催化剂，充当还原／氧化活性中心，以及增强光生电子／空穴的还原／氧化能力，这是提高光催化反应速率的关键。

同时，我们还需要注意优化半导体材料的带隙宽度和动力学过电势，以在提升氧化还原能力的同时保持对可见光的良好吸收。

此外，还需要关注载流子复合对光催化量子效率的影响。光生电子和空穴的快速复合是导致光催化反应低量子效率的主要原因之一。因此，通过提高半导体表面俘获光生电子或空穴的速率，如通过俘获剂在催化剂表面的预吸附或负载合适的助催化剂，可以有效抑制载流子的复合，提高光催化量子效率。

第三节　光催化材料的设计及开发

一、光催化材料的设计原则

光催化材料在光照条件下具有降解有机污染物等功能，且反应产物无毒无害，不会引起二次污染。[5]性能优异的光催化材料是宽谱太阳光有效利用得以实现的载体。因此，在研究工作中，合理设计光催化材料尤为重要。一种具有很好应用前景的光催化材料应该具备五个明显的特征：高活性、高稳定性、廉价、良好的可见光响应性能，且环境友好（安全）。高活性指的是光催化材料在实际使用过程中要有高的量子效率；高稳定性指的是光催化材料的寿命要长，即光催化材料可以维持其高活性的时间要长；廉价指的是光催化材料的制备、使用和维护成本尽可能低；良好的可见光响应性能指的是光催化材料在可见光区域内表现出优异的光吸收和载流子分离转化性能；环境友好指在光催化材料整个生命周期中，对环境的负面影响最小，甚至具有改善环境的功能。只有同时具备这五个特征的催化剂，才是比较有应用前景的材料。

为设计开发出能同时满足这些基本设计原则的光催化材料，可以对元素周期表中常用元素的基本性质进行简要的分析。虽然 Pt 族元素（Ru、Rh、Pd、Os、Ir、Pt）以及等离子态的 Ag 和 Au 作为助催化剂在太阳能利用中具有较好的活性，但在实际开发过程中，应尽量减少 Pt 族元素等贵金属的使用量，以大幅降低太阳燃料光催化材料的研究开发成本。也就是说，在将来的研究中，应该加强廉价的过渡金属基助催化剂的设计开发。因此，近年来 Fe、Co 和 Ni 基助催化剂研究异常火爆。另外，毒性低、储量丰富、价格便宜的碱土金属通常被用于调控光催化材料的晶体结构，它们在太阳能材料开发中的作用值得进一步深入研究。此外，其他相对廉价且无毒的金属元素（如 W、Bi、Zn、Ta、Sn、Fe、Cu 和 Mo）以及非金属元素在光催化材料的开发中也应引起足够的重视。

常见的半导体光催化材料按化学组成可以分为金属氧化物、非氧化物及不含金属三类。常用的有应用潜力的光催化剂包括 TiO_2、Cu_2O、$SrTiO_3$ 等。尽管这些光催化剂在可见光活性、稳定性及光催化选择性等方面仍存在一些缺陷，但是这些光催化剂的制备、改性、机制及应用的研究正在持续不断地深入展开。特别是对于几种不含金属的半导体（如 $g-C_3N_4$、Si、SiC），它们本身具有合适的能带结构，组成均为地球上储量比较丰富的元素，而且无毒无害，因而在光催化分解水产氢和 CO_2 还原方面均具有巨大的应用潜力。通过合适的改性策略，提高这些不含金属的半导体的活性及稳定性，将是宽谱太阳光开发利用的一个研究焦点。在可预见的未来，相信可以实现光催化剂在太阳能转化为化学能方面的规模化应用。

二、光催化材料的开发手段

光催化材料的开发手段正逐渐显现出深远的影响和应用价值，尤其在环境治理和能源转换等领域，其重要性愈发凸显。随着对光催化技术的研究不断深入，开发新型高效的光催化材料成为推动技术进步的关键。特别是在应对全球环境问题和能源危机的背景下，光催化材料的创新不仅能够提高光能的利用效率，还能在污染物降解和氢能生产等方面发挥重要作用。

光催化材料的设计与开发面临诸多挑战，其中之一是对贵金属的依赖。由于铂族元素的稀缺性和高昂的成本，减少对这些贵金属的依赖成为当前光催化材料设计中的重要议题。贵金属催化剂尽管具有优异的催化性能，但高昂的成本限制了其在大规模应用中的推广。因此，寻找替代材料以降低对贵金属的依赖不仅是科学研究的需求，也是实现光催化技术商业化的重要步骤。

未来的研究将重点开发新型非贵金属催化剂，以替代传统的贵金属催化剂。这些新型催化剂可能包括过渡金属氧化物、氮化物和碳基材料等，它们具有更低的成本和更广泛的可获得性。通过不断探索这些新材料，科学家们期望能够找到性能优异且成本合理的光催化剂，从而实现光催化技术的更大突破。

构建半导体微纳米结构形成异质结是一种有效促进电荷分离和载流子迁移的方法，通过这种方式，可以显著提高半导体材料在光催化反应中的效率，这一方法的核心在于优化半导体材料的物理和化学性质，使其在光照下能够更加高效地生成并分离电荷，从而促进光催化反应的进行。光催化材料的开发手段如下：

（一）异质结的构建及其优势

异质结的构建通过在不同半导体材料之间形成界面，使得电子和空穴可以在界面处实现有效分离（图1-4），如Ⅱ型和Z型异质结，其中直接Z型异质结又称S型异质结如图1-4（b）[6]所示。异质结的存在改变了半导体材料的能带结构，形成有利于电荷分离的电场，从而减少电子和空穴的复合概率。这种电荷分离效应使得更多的载流子能够参与光催化反应中，提高了光催化反应的整体效率。此外，异质结的界面还可以作为反应活性的位点，进一步增强光催化性能。

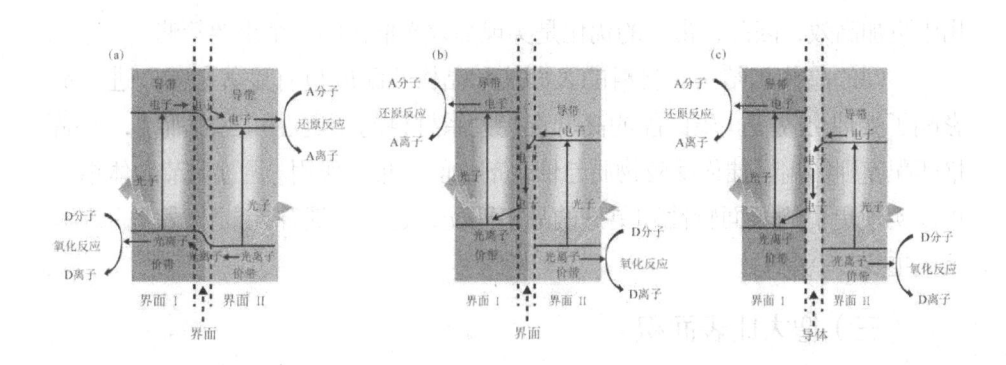

图1-4 用于光催化反应的不同半导体异质结的示意图

（a）传统的Ⅱ型异质结；（b）全固态S-S Z型异质结即直接Z型，又称S型异质结；（c）全固态S-C-S Z型异质结即间接Z型。SⅠ，SⅡ，A和D分别代表半导体Ⅰ，半导体Ⅱ，电子受体和电子给体。

（二）控制晶体相结构

晶体相结构在半导体光催化材料中的重要性不可忽视。控制晶体相结构被认为是提高这些材料性能的关键因素之一。半导体光催化材料广泛应用于环境治理和能源转换，其效率往往与晶体相结构密切相关。因此，理解和优化晶体相结构对于提升光催化性能至关重要。

通过优化晶体相结构，可以显著提升材料的光吸收能力，这是因为不同的晶体相会导致材料对光的吸收波长范围和吸收强度的变化。当晶体相经过优化后，材料能够吸收更多的光能，从而增强其光催化反应的驱动力。这一过程通常通过改变晶体的晶格常数、对称性及其缺陷状态来实现，进而提升材料在可见光区的光吸收能力。

晶体相的调控对材料的电子结构及电荷的分离和传输特性有着重要影响。晶体相的不同可能导致电子能带结构的变化，从而影响电子的迁移率和载流子分离的效率。在光催化过程中，光生电子与空穴的有效分离是提升催化效率的关键。通过合理调控晶体相，可以优化电子结构，使电子和空穴的迁移路径更为顺畅，显著提高光催化反应的效率。

带隙的大小直接关系半导体材料对光的响应能力。通过调控晶体相，研究人员可以精准地控制带隙，使材料能够吸收更多的可见光。这种带隙调节不仅能够提高光催化材料对光的响应，还能改善其催化性能，使其在实际应用中更加高效，因此，带隙的优化是实现高效光催化的一个重要策略。

不同的晶体相结构对材料的表面能和晶格匹配度也有显著影响，进一步影响了光催化效率。表面能的高低直接关系材料的稳定性和反应活性，而晶格匹配度则影响了催化反应物质与催化剂之间的相互作用。通过调节晶体相，可以实现更优的表面特性和更好的晶格匹配，这对于提升光催化反应的效率至关重要。

（三）增大比表面积

比表面积的大小直接决定材料的反应能力和催化性能。较大的比表面积意味着更多的反应界面，使得材料能够更有效地参与光催化反应，从而提高反应的效率。光催化反应的速率与材料的比表面积呈正相关，意味着当比表面积增大时，光催化的活性显著增强。

增加比表面积的一个主要途径是提供更多的活性位点。每个活性位点都能够促进光催化反应的进行，因此，活性位点的数量直接影响催化反应的速度。通过增大比表面积，能够显著提升这些活性位点的数量，进而提高光催化反应的速率。这种提升不仅体现在反应的初期阶段，还可能影响反应的整体动力学，从而优化反应过程。

在纳米技术的应用中，设计和制备具有特定结构的纳米材料是提高比表面积的有效方法。例如，纳米孔洞、纳米线或纳米片的结构设计，可以显著提高材料的比表面积，这些纳米结构不仅增加了表面积，也提供了更为丰富的反应路径，使得反应物在材料表面的分散和传输更为高效。此外，这些纳米结构能够显著缩短光生载流子的迁移距离，减少复合损失，从而进一步提升材料的光催化性能。

光生载流子的生成效率同样受到比表面积的影响。高比表面积的材料在光照条件下能够更有效地产生光生载流子，增加其数量和活性。这些光生载流子是光催化反应的关键，负责推动反应物的转化，因此，通过优化比表面积，能够在一定程度上提高光生载流子的生成效率，从而增强光催化过程的有效性。

高比表面积的材料显著增加了反应物与催化剂之间的接触机会。在光催化反应中，反应物必须与催化剂表面相互作用才能进行有效转化。高比表面积提供了更多的接触点，使得反应物分子能够更容易地接触催化剂的表面，进而提高反应速率。这种增加的接触机会，不仅促进了反应的进行，也使反应更加稳定和高效。

（四）减少半导体内部和表面晶格缺陷

晶格缺陷对光催化性能的影响是当前材料科学与光催化技术研究中的重要议题。晶格缺陷通常指的是晶体结构中不完美的区域，包括空位、杂质原子和位错等，这些缺陷在半导体材料中普遍存在，将显著影响材料的电子结构和光学性质。具体而言，晶格缺陷能够导致电子和空穴的捕获与复合，进而降低光催化效率。在光催化过程中，理想的半导体材料应具备良好的电子迁移能力和较高的光生载流子分离效率，而晶格缺陷的存在恰恰削弱了这些特性。因此，减少半导体材料内部及表面的晶格缺陷成为提升光催化性能的有效方法。为了改善光催化材料的性能，科学家们提出了多种策略以减少晶格缺陷，具体如下：

1. 优化材料的制备工艺

通过精细控制合成过程中的各个参数，如温度、气氛和反应时间，可以有效地减少晶格缺陷的形成。例如，在制备金属氧化物光催化剂时，通过提高反应温度和选择合适的反应气氛，可以显著降低生成过程中的晶格缺陷。此外，采用高温退火处理也是一种行之有效的方法。高温退火可以促进材料内部缺陷的自愈合，从而恢复晶体的完美性，提升光催化性能。

2. 掺杂改性

通过掺入适当的元素，可以改变半导体材料的能带结构，增强其光催化活性。掺杂元素不仅可以填补晶格空位，减少缺陷的产生，还能调节材料的电子特性，使其在光照下表现出更优越的催化性能。

3. 表面修饰技术

表面修饰可以通过在半导体材料表面形成保护层，防止光生载流子的复合。例如，使用金属或非金属的表面修饰剂，可以有效地吸附在晶格缺陷附近，从而钝化这些缺陷位点，减少它们对光催化反应的不利影响。通过这些方法，能够进一步提升光催化材料的活性。

第四节　光催化技术在能源领域的研究现状及发展趋势

在能源领域，光催化技术作为一种清洁、可持续的能源转化方法，受到越来越多的关注和研究。目前，光催化技术在能源领域的研究涵盖了多个方面，包括太阳能光电池、人造光合作用、光催化水分解和光催化 CO_2 转化等。这些研究旨在利用太阳光能将光能转化为电能或化学能，以解决能源危机和减少环境污染。在探讨光催化技术在能源领域的研究现状及发展趋势时，可以从以下方面展开：

一、太阳能光伏电池

太阳能光伏电池作为可再生能源技术的重要组成部分，利用光能将光子转化为电子，从而生成电能，这一过程涉及光电效应的基本原理，其中光子撞击电池表面，激发材料内部的电子，使其从价带跃迁到导带，形成电流。太阳能光伏电池的核心在于其材料选择与设计，这直接影响到电池的性能与效率。

现阶段，太阳能光伏电池主要分为三种类型：晶体硅太阳能电池、薄膜太阳能电池以及钙钛矿太阳能电池。晶体硅太阳能电池是目前应用最广泛的类型，其优越的光电转化效率使其成为市场的主流，然而，晶体硅电池的生产成本较高，且在大规模生产中面临资源限制和环境影响等问题；薄膜太阳能电池则以其轻便和柔性的特点逐渐受到关注，然而其能量转化效率通常低于晶体硅电池；钙钛矿太阳能电池在近年来崭露头角，具有潜在的高效率和低成本,但其长期稳定性和商业化进程仍需进一步研究。

尽管太阳能光伏电池技术在一定程度上取得了进展,但传统太阳能电池仍然面临高成本和低能量转化效率的挑战,这些问题不仅限制了太阳能电池的广泛应用,还制约了其在更大范围内的推广和发展。因此,研究者正在积极探索新的解决方案,以提升太阳能光电池的整体性能。

当前的研究方向之一是利用光催化技术设计新型太阳能电池,以期在降低成本的同时提升能量转化效率。光催化材料的引入为太阳能电池提供了新的可能性。通过将光催化材料作为光阳极或光阴极,以提高太阳能电池的光吸收能力和光电转化效率,这种技术的应用不仅能够改善电池的整体性能,还能够拓宽其应用领域,为太阳能的利用开辟新的途径。

在光催化材料的选择上,研究者们关注其光吸收特性和电子转移能力,这些特性对于提升太阳能电池的效率至关重要。适当的光催化材料能够促进光子与电子之间的相互作用,从而有效提高电池的转换效率。未来,随着材料科学的发展与技术的进步,光催化技术有望在太阳能光电池领域取得重大突破,为可再生能源的应用提供更加可靠的解决方案。

二、人造光合作用

人造光合作用是重要的研究领域,其核心步骤包括光催化水分解和光催化二氧化碳还原,这些研究不仅为能源转化提供了新的思路,也为应对全球气候变化和推动可持续发展做出了重要贡献。

光催化水分解是人造光合作用中的一个关键步骤,在这一过程中,光能被光催化剂吸收,从而促使水分子分解为氢气和氧气。氢气作为一种清洁能源,具有高能量密度,并且在燃烧时仅生成水,因而被广泛认为是替代化石燃料的重要选择。与此同时,氧气的释放不仅对生态环境具有积极影响,还为光合作用提供了必需的氧气,促进了生态循环。

光催化二氧化碳还原是通过利用光能,将二氧化碳转化为各种有机化合物,如甲醇、乙醇等,这些有机化合物不仅可以作为燃料,还可以用作化学合成的原料,具有重要的经济价值。[7]此外,二氧化碳的还原过程有助于减缓全球变暖,减轻温室气体对环境的影响,从而推动双碳目标的实现。通过将大气中的二氧化碳转化为可用的资源,人造光合作用为可持续发展的能源体系提供了新方案。

◎ 光催化技术在能源领域的应用探索

在人造光合作用的研究中，研究人员不断探索和开发高效、稳定的光催化材料，以提高光催化反应的效率和选择性。新型光催化材料的开发成为该领域的重要研究方向。其中，钙钛矿材料因其优异的光电性能和可调节的光谱响应而备受关注。钙钛矿的高载流子迁移率和较宽的光吸收范围使其在光催化反应中表现出优异的性能，成为研究的热点之一。

此外，金属有机框架（MOFs）材料也在光催化研究中展示了巨大的潜力。MOFs以其高度可调的孔隙结构和优异的表面性质，为光催化反应提供了丰富的反应位点，有助于提高反应的效率和选择性，这些材料的多样性使得研究人员能够根据不同的反应需求进行设计和合成，进而推动人造光合作用的进展。

复合半导体材料是一个值得关注的研究方向，这类材料通过将不同的半导体结合在一起，可以有效地改善光催化反应的性能。通过调整不同组分的比例和结构，研究人员能够实现光催化反应的优化，提高光催化活性，从而在光催化水分解和CO_2还原中获得更好的效果。人们还积极探索制备新型窄带隙半导体光催化剂的方法，以使其具有更高的可见光活性。[8]

参考文献

[1] 徐若航，崔丹丹，郝维昌. 二维半导体光催化材料研究进展[J]. 自然杂志, 2023, 45（5）：355.

[2] 李莹莹. 典型氧化物光催化材料的光热催化研究[D]. 长春：东北师范大学, 2020：102.

[3] Zhang W, Mohamed A R, Ong, Wee-Jun.Z-Scheme Photocatalytic Systems for Carbon Dioxide Reduction: Where Are We Now?[J].Angewandte Chemie International Edition, 2020, 59（51）：22894-22915.

[4] 余家国，李鑫，曹少文，等. 新型太阳燃料光催化材料[M]. 武汉：武汉理工大学出版社, 2018.

[5] 吴春丽. 光催化材料SiO_2/N-TiO_2制备及其在水泥基材料中的应用[D]. 北京：中国建筑材料科学研究总院, 2022：118.

[6] Cao S, Low J, Yu J, et al.Polymeric Photocatalysts Based on Graphitic Carbon Nitride[J].Advanced Materials, 2015, 27（13）：2150.

[7] 姜海洋，刘慧玲.半导体复合材料光催化还原 CO_2 的研究进展 [J].硅酸盐学报，2022，50（7）：2024.

[8] 吕奎霖.光催化技术研究现状与进展 [J].信息记录材料，2021，22（2）：5.

第二章　TiO_2 光催化材料的制备及影响因素

制备 TiO_2 光催化材料是一项重要的研究，影响因素众多。常见的制备方法包括溶胶-凝胶法、水热法、气相沉积等。影响材料性能的因素包括晶型结构、晶粒大小、表面形貌和掺杂物等。综合考虑这些因素，可实现 TiO_2 光催化材料的高效制备，为环境治理和能源转化等领域提供有效解决方案。本章主要论述 TiO_2 光催化晶面效应与控制合成、TiO_2 光催化剂的制备表征与应用、TiO_2 光催化活性的影响因素及改性方法。

第一节　TiO_2 光催化晶面效应与控制合成

TiO_2 作为一种常用的去除污染物的催化剂，具有化学稳定性好、无毒无害、催化活性高等特点[1]，被认为是最有研究价值和开发潜力的光催化材料，广泛应用于太阳能电池和光催化等诸多领域。TiO_2 光催化反应机制主要包括两大物理过程和两大化学过程。

光催化反应的物理过程主要包括：①当光子能量高于半导体吸收阈值的光照射半导体时，半导体的价带电子发生带间跃迁，即从价带跃迁到导带，从而产生光生电子和空穴；②光生电子、空穴有效分离，并迁移到催化剂表面。光催化反应过程中的电子激发图如图 2-1 所示[2]。

光催化反应的化学过程主要包括：①反应物分子在光催化剂表面的吸附和活化。在这一过程中，反应物分子与光催化剂表面发生相互作用，形成活化态。②表面发生光催化氧化还原反应，如环境光催化中，吸附在光催化剂表面的氧气分子俘获电子形成超氧阴离子自由基，而吸附的氢氧根离子和水分子被空穴活化成羟基自由基，这些自由基与有机物发生氧化反应，最终将其分解为 CO_2 和 H_2O。对于光催化在能源方面，水分子或 CO_2 分子在光催化剂表面被还原，转化为 H_2 以及 CH_4 等碳氢化合物。TiO_2 的结构与性能对于光催化反应的效率至关重要。

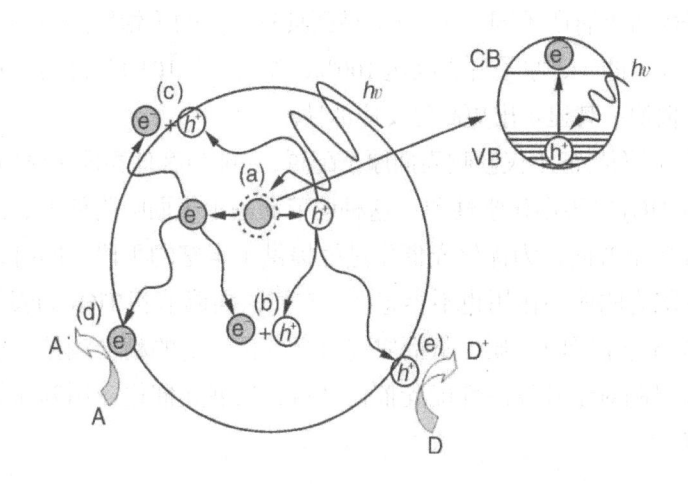

图 2-1　半导体光催化剂光生载流子转移路线图

目前 TiO_2 光催化材料的推广应用仍受到两方面的制约：一方面，TiO_2 受带隙宽度限制，只能吸收紫外光，不能充分利用太阳光中的可见光，对太阳能的利用率不足 5%；另一方面，由于光生电子-空穴容易复合，分离效率偏低，导致 TiO_2 光催化量子效率不高。为了开发高性能 TiO_2 光催化材料，必须采取适当的措施。一是要增强 TiO_2 对可见光的吸收。例如，通过掺杂或表面修饰等方法，扩展其光谱响应范围，提高对太阳光的利用效率；二是要抑制光生电子-空穴的复合。例如，通过构建异质结或引入助催化剂等方式，提高光生载流子的分离效率，进而提升光催化量子效率。在各种 TiO_2 改性方法中，TiO_2 晶面控制效果尤为显著，通过调控晶面结构，不仅可以优化光催化活性位点的分布，还能影响光生电子和空穴的迁移路径，从而实现对光催化性能的有效调控。例如，（001）晶面和（101）晶面的光催化活性有所不同。通常情况下，（001）晶面具有较高的表面能和更多的活性位点，能够提供更多的反应中心，从而提高光催化效率。

一、TiO_2 光催化晶面效应

在二氧化钛光催化领域，晶面特征的重要性不容忽视，它深刻影响着光催化活性的表现。TiO_2 晶面控制的关键在于精确调控其表面原子构型与电子

结构，进而优化光催化性能。具体而言，不同晶面所展现出的特性存在显著差异。以锐钛矿型 TiO_2 为例，稳定态的（101）晶面与介稳的（001）晶面在表面原子配置上有所不同。（001）晶面具有更多的不饱和配位表面悬空键，导致该晶面上的 Ti_{5c} 原子占比高达 100%，相较于（101）晶面中 Ti_{5c} 和 Ti_{6c} 各占一半的情况，其显示出更高的反应活性。

此外，晶面特征不仅影响表面原子配置，还能与客体表面化学特征相结合，共同调节 TiO_2 的表面化学性质。这种调节涵盖了表面吸附性能、选择性与反应活性等多个方面，为优化光催化过程提供了丰富的手段。同时，晶面特征与表面缺陷态的协同作用也不容忽视。它们共同调节着 TiO_2 的表面电子态、能带结构与光学吸收性质，从而实现对光催化性能的精准调控。这种灵活的协同调节机制对于开发高性能光催化材料、拓展光催化应用领域具有极其重要的价值。

（一）表面吸附与选择性

不同晶面的表面原子构型各异，因此其表面能也呈现出差异。锐钛矿 TiO_2 各晶面的平均表面能（γ）排序为：γ（110）＞γ（001）＞γ（100）＞γ（101）。这种表面原子构型以及表面能的差异会导致一系列表面性质的变化，包括表面缺陷生成能的不同，以及表面对客体分子（如水分子、氧气分子）吸附量与吸附模式的差异。

水分子在 TiO_2 的不同晶相与晶面上的吸附量和吸附模式均有所不同，并且这些吸附特性容易受到表面缺陷和表面化学特性的影响。通常，由于表面原子构型的差异，水分子更倾向于在锐钛矿 TiO_2 的（001）晶面上进行解离式化学吸附，在（101）晶面上则进行分子态物理吸附。这种吸附状态对光催化分解水产氢、光催化 CO_2 还原以及光催化有机污染物降解反应具有重要影响。一般而言，解离式吸附更有利于界面电子转移与吸附分子的活化，从而促进光催化反应。

在染料敏化太阳能电池中，染料分子在 TiO_2 不同晶面上的吸附状态对界面电子转移动力学和光电转换性能具有显著影响，主要表现在以下方面：

第一，吸附能和吸附位点的差异。不同的 TiO_2 晶面具有不同的表面原子排列和表面能，这导致染料分子在不同晶面上的吸附能和吸附位点有所不同。例如，（001）晶面和（101）晶面具有不同的表面结构和能量分布，染料分子在这些晶面上的吸附强度和方式也会不同。吸附能的差异直接影响染料分子的稳定性和吸附量，从而影响光电转换性能。

第二，电子转移路径的影响。染料分子在 TiO_2 晶面上的吸附状态会影响界面电子的转移动力学。在光照下，染料分子吸收光子，产生电子－空穴对，电子从激发态转移到 TiO_2 的导带中。不同的晶面结构会影响电子转移的路径和速率。例如，较高活性的（001）晶面可能提供更多的活性位点，促进电子快速转移到 TiO_2 导带中，从而提高光电转换效率。

染料分子在不同晶面上的吸附状态还会影响电子和空穴的复合概率。在理想情况下，电子从染料分子转移到 TiO_2 的导带中，而空穴留在染料分子中。不同晶面提供的电子迁移路径和吸附位点的排列会影响电子和空穴的分离效率。例如，在（101）晶面上，可能存在更多的缺陷位点，这些缺陷位点容易捕获电子或空穴，增加了电荷复合的可能性，降低了光电转换效率。

鉴于吸附通常是光催化反应的前提，因此，利用特定晶面对不同反应物分子吸附性质的差异来调节光催化反应的选择性具有重要意义，尤其对于多元混合体系的提纯分离过程。

晶面特征的差异本身就能够调节光催化的选择性。相比商业 P25 这种富含（101）晶面的 TiO_2 纳米粒子，合成的富含（001）晶面的 TiO_2 样品展现出不同的光催化选择性。这种富含（001）晶面的 TiO_2 样品通常基于水热方法合成，呈现空心球结构，其基本组装单元为富含（001）晶面的锐钛矿 TiO_2 纳米晶。在合成过程中，乙醇和氟化物的共同作用对空心球的形成和（001）晶面的稳定起着关键作用。

（二）晶面能带结构与表面异质结

1. 晶面能带结构

由于晶面控制对能带结构具有调节作用，TiO_2 的光吸收性质、氧化还原能力以及光生电子－空穴的分离效率都可以通过晶面控制来调节，为晶面控制调节光催化性能提供了重要的支持。具体而言，通过改变晶面的表面原子排列和电子结构，可以实现对这些性能的精细调控。晶面对禁带宽度和带边位置的影响通常较小（大多数情况下小于 0.2eV），因此对调节光催化氧化还原能力与光吸收能力的贡献程度相对较小。

在很长一段时间内，关于 TiO_2 不同晶面的光催化活性孰强孰弱存在一定的争议。起初，由于锐钛矿 TiO_2（001）晶面的表面能更高，具有更多的不饱和配位键以及较强的化学吸附能力，研究人员普遍认为该晶面是光催化反应的主要活性面。随着研究的深入和实验数据的积累，关于哪个晶面的光催化活性最高，存在多种不同的实验结果和解释。研究人员逐渐认识到，TiO_2 晶面的光催化活性不仅与晶面自身的性质有关，还与具体的反应底物的化学性质以及 TiO_2 表面与反应底物的界面相互作用密切相关。

对于特定的光催化反应而言，TiO_2 的不同晶面之间往往存在特殊的协同效应。例如，在同时暴露（001）与（101）晶面的锐钛矿 TiO_2 中，其光催化分解水产氢和 CO_2 还原活性并非简单地由某个晶面的暴露比例决定。相反，在特定的暴露比例条件下，（001）和（101）晶面之间的协同作用能够使得表观光催化活性达到最高。这一发现不仅揭示了晶面控制在光催化反应中的重要性，也为优化光催化性能提供了新的思路和方法。

2. 晶面表面异质结

晶面表面异质结是光催化材料设计中的一个重要概念，其通过调控晶体表面结构，实现了异质界面的形成，从而调控了材料的光电性能和催化活性。这一概念的提出源于对材料界面在光催化过程中起关键作用的认识，并且通过设计晶面表面异质结，可以有效地提高光催化材料的光吸收能力、光生载流子的分离效率以及反应活性。

晶面表面异质结的形成通常涉及两种不同的材料或者同一种材料的不同晶面之间的结合。这种异质结为光生载流子的分离提供了更多的界面，从而提高了光催化反应的效率。例如，通过将具有不同带隙的半导体材料组合成异质结，可以实现光生载流子的有效分离，从而提高了光催化反应的速率。

在晶面表面异质结的设计中，需要考虑的因素包括晶面能级、电子结构和晶体结构等。通过理论模拟和实验手段，可以确定最佳的异质结构设计，以实现最大限度的光电性能增强和催化活性提高。此外，晶面表面异质结的形成也可以通过控制材料的生长条件、表面修饰和后处理方法等手段实现。

晶面表面异质结在各种光催化反应中都发挥着重要作用。例如，在光催化水分解中，通过构建具有适当带隙的半导体异质结，可以实现光生电子和空穴的有效分离，从而提高产氢效率。在 CO_2 光催化还原中，晶面表面异质结的形成可以调控反应活性位点，提高 CO_2 转化效率和产物选择性。

二、TiO_2 晶面控制的基本原理

在结晶学中有一个基本共识，晶体生长的过程伴随着总体表面能的降低，相对于热力学介稳态而言，热力学稳定态往往是表面能最小的状态，这为

TiO_2 的晶面控制提供了基本理论指导。锐钛矿、金红石和板钛矿的热力学稳定态的形貌与晶面暴露情况如图 2-2 所示[3]。锐钛矿的主要外露晶面是（101）晶面，金红石的外露晶面主要是（110）晶面，板钛矿的主要外露晶面是（210）晶面，它们都是各自晶型的表面能最低、热力学最稳定的晶面。对于锐钛矿 TiO_2 而言，平衡态暴露晶面为（101）与（001）两种晶面，其中（001）晶面的表面能较高，其比例为 6% 左右。

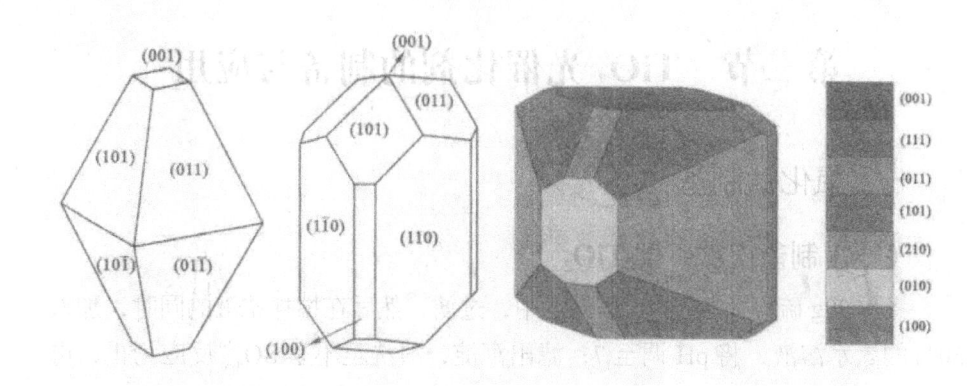

图 2-2　锐钛矿、金红石和板钛矿 TiO_2 的热力学稳定态的形貌与晶面暴露情况

TiO_2 形貌与外露晶面平衡状态的理论预测是在真空绝对零度的条件下进行的，而实际状态下的热力学稳定态的 TiO_2 形貌与外露晶面情况会受周边环境的影响。目前，大量的实验研究都是通过选取合适的化学添加剂来调控合成的 TiO_2 的外露晶面情况。通过化学添加剂在 TiO_2 特定晶面的选择性吸附来调节其表面能和晶体演化特性。在晶体生长演化过程中，表面能高的晶面逐渐消失，表面能低的晶面得以保留。未受保护的表面能较高晶面方向上的晶体生长速度较快，所以相应的高能晶面暴露的表面积逐渐减小；而受到化学添加剂保护的晶面表面能较低，晶体生长速度较慢，所以相应晶面暴露的表面积逐渐增大。因此，化学添加剂的选择对 TiO_2 晶面控制至关重要。

常用的化学添加剂在各种领域中被广泛使用，其中包括催化剂。催化剂是化学反应中不可或缺的添加剂，它们通过降低反应的活化能，从而提高反应速率。常见的催化剂包括：①过渡金属催化剂，广泛应用于有机合成和加氢反应中；②酸性催化剂，常用于酯化和酯交换反应；③碱性催化剂，用于皂化反应和有机合成。

在英文文献中，Avelino Corma 的研究领域为催化剂，Avelino Corma 是催化领域的著名科学家，他在多相催化剂的设计和应用方面做出了重要贡献。

他的研究包括开发新型多孔材料（如沸石）作为催化剂，这些材料在石油化工和有机合成中显示出高效的催化活性。

通过快速升、降温控制或者高温高压来创造非平衡反应条件也为高能晶面的动力学控制提供了可能。另外，基于晶面匹配原则，可以通过模板或基底的晶面特征来引导 TiO_2 特殊晶面的外延生长。

第二节　TiO_2 光催化剂的制备与应用

一、氧化钛制备

（一）制备锐钛矿型 TiO_2

将 4000g 硫酸钛溶于 4L 蒸馏水中，过滤，然后在搅拌滤液的同时，加入 50% 的氨水溶液，将 pH 调至 7；滤出沉淀，清洗至不呈 SO_4^{2-} 反应为止，再将沉淀溶于 2000g 草酸与 8L 蒸馏水的溶液中；在室温下，将上述溶液与 50% 的氨水同时加入 4L 蒸馏水中，加入过程中 pH 始终保持在 8；搅拌 15min，然后过滤，将沉淀重新溶于草酸溶液中，以上述同样方式形成沉淀，洗净后于 107℃ 干燥，再于 540℃ 焙烧 3h。

（二）制备金红石型 TiO_2

金红石型的 TiO_2 典型制法是：在 2L 蒸馏水中加入 1300g $(NH_4)_2SO_4$ 和 25mL 浓硫酸，制得溶液 I；又将 1L 蒸馏水用冷水冷却，在水中徐徐加入 900g $TiCl_4$ 制得溶液 II；把溶液 I 注入溶液 II，煮沸，加入氨水使 pH=1.0，沸腾 1h 后，将沉淀滤出清洗，直至不再有 Cl^- 反应为止；于 107℃ 干燥，955℃ 焙烧即得。若不加入 $(NH_4)_2SO_4$ 而水解 $TiCl_4$，则生成沉淀的过滤性差。当 pH < 1.0 时，产量低，pH > 1.0 时则产品含铁量增加。除此法外，还有 $TiCl_4$（气体）的气相氧化法以及通过 H_2O（气体）来进行的水解法等多种制法。

二、TiO_2 纳米粒子的制备及表征

（一）微乳液法

微乳液法是一种制备纳米颗粒的方法，特别适用于制备具有均匀尺寸和独特形貌的纳米材料。在超细粒子的制备过程中，成核和生长是两个至关重

要的步骤。为了确保制备出单分散的超细粒子，通常需要实现一次瞬间的成核过程。这一过程中，通过精准调节产物的过饱和度，能够有效地控制粒子的形态。在微乳液法中，水、油和表面活性剂混合形成微乳液，其中纳米颗粒的合成发生在水和油相界面上。通常，水相中包含溶解了金属离子的水溶液，油相中则包含有机溶剂和表面活性剂。通过在合适的条件下，如温度、pH和搅拌速度等，将金属离子还原或沉淀成纳米颗粒。此后，可以通过控制微乳液的成分和条件，调节纳米颗粒的形貌、尺寸和分散性。微乳液法具有可扩展性、可控性强和易于实现的优点，被广泛用于制备金属、氧化物、碳纳米颗粒等各种纳米材料。其具有潜在的应用前景，如可被应用于催化剂、生物医学和传感器等领域。

第一，微乳液制备。将TX-100和正己醇（作为助表面活性剂）按照质量比3 : 2进行混合，随后加入适量环己醇，使TX-100的浓度达到0.77mol/L。将混合物搅拌均匀直至形成透明体系。接下来，取5mL的混合液，并分别加入0.3mL浓度为0.14mol/L的$TiCl_4$盐酸溶液（酸液浓度为0.1mol/L）以及0.25mL浓度为3.5mol/L的氨水，充分乳化后，得到所需的微乳液。

第二，粒子制备。将含有不同水溶液的微乳液进行混合，并充分搅拌3h，此时体系应呈现为白色半透明状态。随后，以4000r/min的速度进行离心分离，持续10min。吸取上清液后，对沉淀物使用1 : 1（体积比）的丙酮－乙醇混合液进行充分洗涤和再次离心，此过程需要重复3次。最后，将沉淀物干燥至重量基本不变，从而得到水合TiO_2粉末。

（二）四卤化钛水解法

四卤化钛水解法是一种广泛应用于二氧化钛（TiO_2）粉体制备的有效方法，该方法的主要优点在于其操作简单，生产成本相对低廉，因此在工业生产中得到了广泛应用。与其他制备方法相比，四卤化钛水解法不仅工艺流程简单明了，而且能够实现批量生产，使得其在市场上的竞争力显著增强。

四卤化钛水解法的灵活性和调控能力也是其重要的特点之一。通过调节水解条件，如反应温度、时间和液相pH，研究人员能够精确控制TiO_2颗粒的形貌、尺寸以及晶相结构。这种调控能力使得制备出的TiO_2材料能够满足不同应用领域的需求。例如，在光催化、涂料和太阳能电池等领域，TiO_2的不同形貌和晶相结构可以显著影响其光学和催化性能。因此，通过对水解条件的调节，可以优化TiO_2的性能，以适应特定的应用场景。

在四卤化钛水解法的实施过程中，掺杂剂的添加也发挥了重要作用。掺杂剂可以改变 TiO_2 的电子结构和晶体缺陷，从而改善其光催化活性和热稳定性。例如，通过引入某些金属离子或非金属元素，能够有效增强 TiO_2 在可见光下的催化性能，这为其在环境治理和能源转换等领域的应用提供了新的可能性。

四卤化钛水解法的制备。以 $TiCl_4$ 为原料，在冰水浴下强力搅拌，将一定量的 $TiCl_4$ 滴入蒸馏水中，配制成 3mol/L $TiCl_4$ 溶液。将此溶液稀释至 0.3mol/L，置于 70℃烘箱中保温 6h。冷却至室温，将其沉淀过滤、洗涤、烘干，得到氧化钛粉体。

（三）低温液相法

低温液相法是一种制备纳米材料的有效方法，广泛应用于对材料形貌和结构要求严格的领域，这种方法通过在较低温度下进行化学反应，能够有效控制纳米材料的形状、尺寸以及晶体结构，从而满足特定的应用需求。低温液相法的优越性在于其适用范围广泛，尤其适合于对材料特性有着严格要求的高科技领域，如电子器件、催化剂和生物医学等。

在低温液相法中，原料的选择和溶剂的使用至关重要。通常，低温液相法采用金属盐或其他化学前驱体作为原料，这些前驱体能够在特定条件下转化为纳米材料。为了使这些前驱体有效反应，需要将其溶解在适当的有机溶剂或水中，从而形成均匀的溶液。溶剂的选择不仅影响反应的速率和产物的性质，还对最终纳米材料的形貌有显著影响。因此，在制备过程中，选择合适的溶剂是至关重要的一步。

反应控制是低温液相法的另一个关键环节。通过对反应温度、pH 以及反应环境中添加适当的表面活性剂或模板剂进行精确调控，可以有效促进原料之间的化学反应，生成所需的纳米材料。在低温条件下进行反应，有助于避免高温下可能出现的相互扩散和晶粒生长问题，这样的控制不仅能够实现纳米材料的精确制备，还能有效防止材料在合成过程中发生不必要的聚集或粗化现象。

在反应条件方面，低温液相法通常设置较低的反应温度，这种设置不仅能够降低能量消耗，还能减少反应过程中由于高温引发的不稳定因素，确保生成的纳米材料具有良好的均匀性和稳定性。反应温度的降低，使得合成过程中的化学反应更加温和，从而更好地控制最终产物的晶体结构和形貌特征。

以 $TiCl_4$ 为原料，利用低温液相法分别制备出锐钛矿型、金红石型、锐钛矿和金红石混合晶型的纳米 TiO_2 粉体。[4]

以工业钛液（包括 TiCl$_4$、钛酸酯、TiO$_2$ 悬浮液、钛酸溶液、有机钛化合物、钛盐溶液）为原料，通过低温液相法可以直接得到锐钛型纳米二氧化钛粉体。首先取 50mL 钛液用蒸馏水稀释为原来的 3 倍，然后向稀释钛液中加入碳酸钙 15g 降低钛液的酸度，待反应结束后，离心分离除去硫酸钙，将制得的溶液放在 90℃ 的水浴中加热 4h，得到浑浊溶液，再用离心机离心分离，得到纳米沉淀，用无水乙醇洗 3 次，最后在 60℃ 的真空干燥箱中干燥得到纳米二氧化钛粉体。将粉体放在 5% 硝酸溶液中，在水浴中 80℃ 加热 12h，得到淡蓝色的纳米二氧化钛溶胶。

三、纳米 TiO$_2$ 材料在分析化学中的应用

（一）半导体材料光催化反应分析方法的基本原理

半导体材料光催化反应分析方法的基本原理，是基于异相光催化反应所建立的一种综合性分析技术。这一方法的核心在于半导体催化剂的应用，其通过光催化反应与后续检测手段的结合，实现对目标物质的有效分析。

在光催化反应的过程中，半导体催化剂起到了至关重要的作用。根据能带理论，半导体具有由填充电子的价带和未填充电子的导带所构成的带隙。当受到光辐射时，价带中的电子受到激发，跃迁至导带，同时在价带中留下空穴。由于带隙的存在，半导体中激发电子的弛豫过程相比金属中的激发电子要慢得多。这种光诱导产生的电子–空穴对，实现了原初电荷的分离，为后续的光催化反应巩固了基础。

在光催化反应中，电子和空穴在瞬时电场的作用下，分别迁移至半导体粒子表面的不同位置。这些表面位置上的电子和空穴，能够分别与反应物发生作用，实现相应的氧化还原反应。由于光催化反应的强氧化性，几乎所有的有机物都可以被光解，最终转化为 CO$_2$、H$_2$O 和无机物。

纳米粒子作为半导体催化剂的一种重要形式，其独特的性质使得光催化反应更为高效。纳米粒子处于原子簇和宏观物体之间的过渡区域，具备量子尺寸效应等多种效应。其中，量子尺寸效应能够使得能级分立、带隙变宽，从而增强半导体材料的氧化还原能力，提高其催化活性。

在后续的检测手段方面，可以根据具体分析物的特性，选择适当的测量方法，如 UV/Vis 吸收光谱、荧光光谱、红外光谱或电化学分析等。这些检测方法能够对光催化反应中产生的中间体、产物进行定性和定量分析，从而深入了解光催化反应的机制，优化反应条件，指导催化剂的修饰和改性。该方

法具有多方面的特点，主要包括：①不同半导体材料的带隙和能级位置各异，使得它们在光催化反应中对同一分析物的氧化还原反应选择性和产物也各不相同，这为提高分析方法的选择性提供了多种途径；②光催化反应往往包含一系列中间步骤，中间产物的确定和定量对于理解光降解反应机制、选取合适的反应条件以及优化催化剂性能具有重要意义；③光催化反应与后续检测器可以实现在线连接，进行实时分析，不仅提高了分析效率，也为研究光催化反应的动力学过程提供了便利。

（二）异相光催化反应分析类型

异相光催化反应分析可分为以下三类：

1. 在线检测

在线检测作为一种实时、连续的分析方法，在化学、环境科学和工程领域中发挥着关键作用。其关键部分包括选择的光源、光催化反应器以及催化剂形态，均对在线检测的准确性和灵敏度产生深远影响。

（1）光源的选取至关重要。鉴于多数光催化剂，如锐钛型 TiO_2，其带隙为 3.2eV，因此激发光主要位于紫外区。在线检测中，常用的光源包括中压汞灯、黑光灯、氙灯以及激光光源。这些光源能够有效地为光催化反应提供所需的紫外光能量，确保反应的顺利进行。

（2）光催化反应器的设计亦不容忽视。常见的反应器材质有石英、硬质玻璃以及聚四氟乙烯管（PTFE）。其中，PTFE 管以其价格低廉、易弯曲且不易破碎的优点，成为一种广泛应用的反应器材质。此外，PTFE 对紫外光的透明性有助于实现漫散射辐射传递，提高光的利用效率。为适应不同形状的光源，反应器常设计成螺旋形，以最大化光与催化剂的接触面积。

（3）催化剂的形态对在线检测效果同样具有显著影响。在光反应器中，催化剂通常以流化床的形式填充，以获得最佳的催化效果。然而，悬浮体系中的催化剂可能对后续检测过程造成干扰，因此需要在检测器进口处设置滤膜以去除催化剂或产物颗粒。此外，催化剂的粒度和含量亦需精心控制。小粒径的催化剂通常具有较高的催化活性，但含量过高会减弱入射光的强度，影响反应效率。因此，催化剂的用量一般控制在 0.1% 之内，以确保在线检测的准确性和稳定性。

2. 现场光催化反应分析

现场光催化反应分析作为一种前沿的分析技术，在分子光谱学领域具有广泛的应用。该方法主要利用分子光谱分析法,针对纳米溶胶的量子尺寸效应、光反应中间过程示踪以及反应物俘获催化剂表面载荷子的瞬态过程等反应机制进行深入研究。该分析技术建立在入射光同时作为光催化反应诱导光源的基础之上。在固定入射光强度的条件下,通过监测反应物、中间产物或最终产物中某一种物质的吸光度或荧光强度随反应时间的变化,可以间接反映反应物的初始浓度。这种变化关系可以通过动力学速率方法进一步解析,从而求得被测物种的浓度。

例如,在一个污水处理厂,研究人员安装了在线紫外-可见光(UV-Vis)光谱仪,用于监测光催化反应过程中污染物的降解情况。污水通过光催化反应器,反应器内装有 TiO_2 涂层的光催化剂。在光照条件下,TiO_2 催化剂生成的自由基(如 OH)将有机污染物氧化分解。UV-Vis 光谱仪实时检测污水中目标污染物的浓度变化,通过分析吸收光谱的变化,评估光催化反应的效率和降解速率。通过实时监测,研究人员能够及时调整反应条件(如光照强度、反应时间),以优化处理效果。这种在线监测方法提高了处理效率,确保污水在排放前达到环保标准。

现场光催化反应分析技术特别适用于测定光不稳定物质,如光化学荧光法测定色胺、多巴胺等。这些物质在光催化反应过程中容易发生变化,因此需要通过快速、准确的分析方法来监测其浓度变化。

3. 光催化反应预处理分析

光催化反应预处理分析是一种重要的研究方法,它涉及将分析物置于特定光源下照射特定时长,随后分离催化剂,并对光反应体系中的某一成分进行吸光度、荧光强度或其他分析参量的测定。这种方法在光催化反应机制、反应速度及光量子效率的研究中发挥着关键作用。该方法的一个显著优势在于其不受催化体系和分析物种的限制,具备广泛的适用性。同时,它支持离线检测,如波长扫描、光谱滴定和电化学分析等,为研究者提供了多样化的分析手段。

然而,光催化反应预处理分析的测定结果受到多种因素的影响。光源的强度、光照时间以及催化剂的特性都会对方法的灵敏度、选择性和重现性产生显著影响。因此,在进行光催化反应预处理分析时,需要仔细控制这些因素,以确保测定结果的准确性和可靠性。

（三）光催化降解反应在分析中应用

目前，均相光反应荧光分析法主要用于测定醌类物质和氢原子给予体（HAD），其检出限一般达到 ng 级水平，部分甚至可达几十个 pg/mL。受光反应特性限制，该方法的选择性极高，近乎特效。此法主要应用于中枢神经药物的测定，如苯二氮卓类、劳拉西泮（氯羟安定）、吩噻嗪类及芪类化合物等。

第一，关于完全降解类终产物的测定方法，被测物多为含 N、P、S、As、卤素等有机化合物。在半导体光催化反应中，这些化合物被完全降解为无机盐，进而测定总有机碳（TOC）、有机磷（TOP）、有机氮（TON）等。此外，该方法还可与高效液相色谱（HPLC）、流动注射分析（FIA）技术联用，对混合物进行分离后分别光催化降解，从而得到各组分的含量。此方法的关键在于光解率和降解速度，通常要求分析物转化率在 90% 以上，且速率要高。在测定醇类化合物时，利用 FIA 技术，采样频率可提升至 10samples/h。由于 FIA 技术的高度重现性，光催化降解效率的要求相对较低。

第二，关于测定生成中间体的分析方法，在取代酚光降解催化反应的研究中，发现水相中酚的 UV 吸收随光照时间发生蓝移，且吸收强度显著增加，最高可达 42 倍。同时，荧光光谱在氯仿相中也出现新的强发射峰，其荧光强度相比酚自身提高 1~2 个数量级。

第三节　TiO_2 光催化活性的影响因素及改性方法

一、TiO_2 光催化活性的影响因素

（一）半导体光催化剂晶型的影响

TiO_2 的晶型对光催化剂活性有很大影响。TiO_2 是一种多晶型的化合物，包括锐钛矿型、金红石型和板钛矿型三种。板钛矿型自然界中很稀有，属斜方晶型，性质不稳定；锐钛矿型和金红石型应用广泛，两种晶型都是由相互连接的 TiO_6 八面体组成的，其差别就在于八面体的畸变程度和相互连接的方式不同。图 2-3 显示了两种晶型的单元结构，每个 Ti^{4+} 被 6 个 O^{2-} 构成的八面体所包围。金红石型 TiO_2 的八面体不规则，略显斜方晶型；锐钛矿型 TiO_2 的

八面体呈明显的斜方晶型畸变,对称性低于前者。锐钛矿型 TiO_2 的 Ti-Ti 键长比金红石型 TiO_2 的键长要大,而 Ti-O 的键长比金红石型 TiO_2 的键长要小。金红石型 TiO_2 中的每个八面体与周围 10 个八面体相连（2 个共边,8 个共顶角）,而锐钛矿型 TiO_2 中的每个八面体与周围 8 个八面体相连（4 个共边,4 个共顶角）。这些结构上的差别导致两种晶型有不同的密度、介电常数、折射率及电子能带结构。

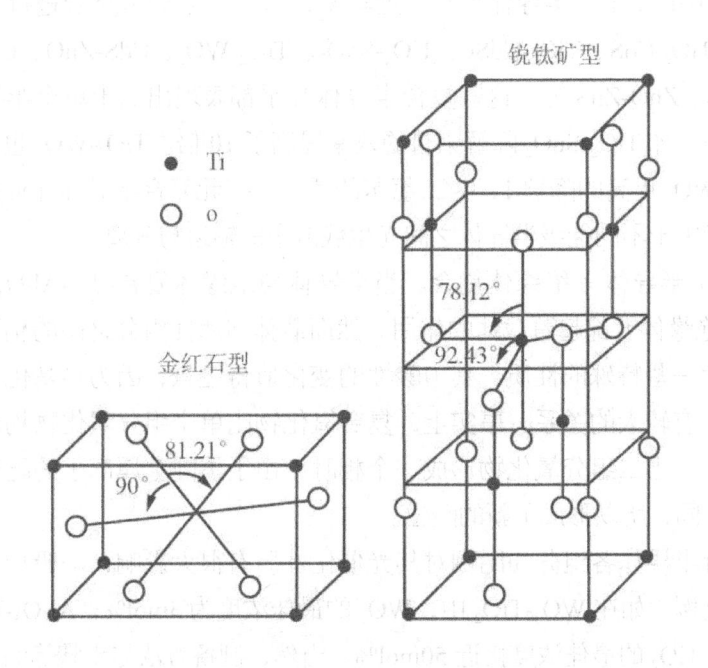

图 2-3 TiO_2 的两种晶型单元结构图

一般而言,锐钛矿型 TiO_2 的光催化活性大于金红石型 TiO_2,其原因如下：

第一,金红石型 TiO_2 有较小的禁带宽度（锐钛矿型 TiO_2 的 Eg=3.3eV,金红石型 TiO_2 的 Eg=3.1eV）,其较正的导带阻碍了氧气的还原反应。

第二,锐钛矿型 TiO_2 晶格中含有较多的缺陷和位错,从而产生较多的氧空位来捕获电子,而金红石型 TiO_2 是 TiO_2 最稳定的晶型结构形式,具有较好的晶化态,缺陷少,光生电子－空穴容易复合,催化活性受到一定影响。

第三,金红石型 TiO_2 光催化活性低,还可能与高温处理过程中粒子大量烧结引起表面积的急剧下降有关。目前,对不同晶型 TiO_2 的光催化活性还存在一些争论。例如,单一锐钛相和金红石相的光催化活性均较差,而其混晶有更高的催化活性。

（二）耦合半导体对光催化反应活性的影响

1. 半导体复合类型

用浸渍法和混合溶胶法等可以制备二元和多元复合半导体。根据二元复合组分性质的不同，可以将复合半导体分为半导体－半导体复合物和半导体－绝缘体复合物。

（1）半导体－半导体复合。近年来，对二元半导体复合进行了许多研究，如 TiO_2-CdS、TiO_2-CdSe、TiO_2-SnO_2、TiO_2-WO_3、CdS-ZnO、CdS-AgI、CdS-HgS、ZnO-ZnS 等。这些复合半导体几乎都表现出高于单个半导体的光催化性质，如 TiO_2-SnO_2 降解染料的效率提高了 10 倍。TiO_2-WO_3 也表现出比 TiO_2 和 WO_3 更高的降解 1，4-二氯苯的活性。二元复合半导体光催化活性的提高可归因于不同能级半导体之间光生载流子的输运与分离。

（2）半导体－绝缘体复合。当半导体与绝缘体复合时，Al_2O_3、SiO_2、ZrO_2 等绝缘体大都起着载体的作用。然而载体与活性组分之间的相互作用常常会产生一些特殊的性质，其中酸性的变化值得注意，因为羟基化半导体表面与酸性有较大的关系。事实上，复合氧化物比单个组分氧化物均表现出更高的酸性。当二组分氧化物形成一个相时，由于不同金属离子的配位及电负性等的不同，所以形成了新的酸位。

复合半导体各组分的比例对其光催化性质有很大影响，一般均存在一个最佳的比例。如在 WO_3-TiO_2 中，WO_3 的最佳浓度为 3mol%；Al_2O_3-TiO_2 二元体系中，TiO_2 的最佳浓度接近 50mol%。当然，制备方法与步骤等的不同会影响最佳比例值。

2. 半导体复合方法

半导体耦合是提高光催化效率的有效手段。通过半导体耦合可提高系统的电荷分离效果，扩展对光谱的吸收范围。因为二元复合半导体 TiO_2-SnO_2、WO_3-CdS、TiO_2-Al_2O_3、CdS-TiO_2、WO_3-Fe_2O_3 等能够有效抑制光生载流子的复合，提高半导体－电解质溶液界面的静电荷转移效率，从而提高光催化活性，其修饰方法包括：①简单的组合；②包覆型复合两种复合法。其中 TiO_2-SnO_2、CdS-TiO_2 研究得最普遍和最深入。

包覆型光催化剂 TiO_2-SnO_2 比单一的催化剂 TiO_2 或 SnO_2 的催化活性高[5]。这是由于 TiO_2-SnO_2 为包覆型复合半导体粒子，这种粒子是以核－壳式的几何结构存在的。这种包覆型复合半导体粒子催化活性的提高归因于不同能级半导体之间光生载流子的输送与分离。SnO_2 的导带能级 E_{CB}=0V，而 TiO_2 的导带能级 E_{CB}=-0.29V，二者的差异导致 SnO_2 与 TiO_2 接触后，光生电子易从 TiO_2 表面向 SnO_2 转移，使电子在 SnO_2 上富集，相应减少了 TiO_2 表面电子的密度，也减少了电子与空穴在 TiO_2 表面的复合概率，提高了复合半导体粒子的光催化活性。另外，所制得的 SnO_2-TiO_2 包覆型样品粒径小，导致尺寸量子效应的产生及较大的表面积，有利于光催化活性的提高。

耦合半导体的优点主要包括：①通过改变复合材料的种类，可易于调节半导体的带隙和光谱吸收范围；②半导体微粒的光吸收范围易于调节，拓宽太阳能响应范围；③通过粒子的表面改性可增加其光催化稳定性。

（三）光电协同对光催化降解效果的影响

光电协同作为一种促进光催化氧化的有效方法，其影响光催化降解效果的作用机制具有深入探讨的价值。在光催化过程中，紫外线照射催化剂表面，激发出电子和空穴，进而驱动氧化还原反应的进行。然而，电子与空穴的复合往往成为制约光催化效率的关键因素。光电协同技术的引入，通过改变光催化的外部条件，特别是施加电场，显著影响了电子和空穴的行为。

在电压较低的情况下，外加电场的场强不足以对光催化过程产生明显的促进作用。此时，电子和空穴的生成与复合过程主要受光照和催化剂本身性质的影响。然而，随着电压的逐渐升高，外加电场开始发挥越来越重要的作用。它能够有效阻止电子和空穴的复合，使得更多的电子和空穴参与氧化还原反应，从而提高了光催化的效率。

当电压提高到一定程度后，光电协同的作用逐渐趋于饱和。这是因为光照所产生的电子和空穴的数量是有限的，当电场强度达到一定程度后，已经能够有效阻止大部分电子和空穴的复合。此时，即使再增加电压，光催化的效果也不会有显著的提升。

二、TiO_2 光催化活性的改性方法

（一）光敏化

染料敏化的机制在光催化领域中具有重要的研究意义，尤其是在利用可见光催化化学反应的应用上。其中，二氧化钛（TiO_2）作为一种重要的光催化材料，其在可见光下的响应机制引起了广泛关注。

在染料敏化的过程中，染料分子能够吸收可见光并将其转化为能量，从

而激发电子。具体而言，当染料分子吸收光子时，其电子从基态跃迁到激发态，随后发生电子注入，将激发电子传递至 TiO_2 的导带中，这一过程与自然界中的光合作用具有相似性。在光合作用中，叶绿素作为光合色素，通过吸收光能来激发电子，从而推动一系列化学反应的进行。染料在 TiO_2 表面的作用可以类比于叶绿素在光合作用中的重要角色。

在染料的选择上，研究人员考虑了多种类型的染料以提高光催化反应的效率。其中，非金属有机染料如荧光素、罗丹明 B、香豆素和赤鲜红因其强吸光能力和低成本而受到广泛关注，这些染料不仅能够有效地吸收可见光，还能够通过相对简单的合成方法进行制备，从而降低了整体成本。然而，非金属有机染料在实际应用中也存在一定的局限性。

相比之下，金属有机染料，如多吡啶钌配合物，虽然其稳定性较高，但成本相对较高。因此，在选择合适的染料时，需要综合考虑其光吸收能力、稳定性与成本之间的平衡，这一权衡是推动染料敏化技术向实用化发展的重要因素。

染料敏化技术也面临诸多限制因素：①染料分子在光照条件下容易降解，导致光催化反应效率的降低，这一降解过程不仅会影响催化反应的连续性，还可能引起环境污染；②染料分子在 TiO_2 表面的吸附量有限，直接影响了催化反应的规模和效率。因此，如何提高染料分子的吸附能力和稳定性成为研究者面临的挑战。

此外，染料的成本和光催化效率之间的平衡问题也是限制该技术广泛应用的一个重要因素。尽管一些高效染料能够在实验室条件下取得良好的光催化效果，但在实际应用中，如何降低成本并保持高效率仍然是一个亟待解决的问题，不仅需要在染料合成方面进行技术创新，也要求在反应体系的设计上进行合理优化。

（二）离子掺杂

离子掺杂作为一种调控 TiO_2 电子结构的有效手段，通过在 TiO_2 禁带中引入局域电子态，实现了对其光吸收性能的调节，进而赋予了其可见光响应的能力。根据掺杂元素的性质，离子掺杂主要分为非金属及金属掺杂两类。

掺杂是一种重要的技术，通过向材料中引入非金属或金属离子，可以改变其光学和电子结构，从而调控其光催化性能。非金属掺杂（如 N、C、S、F、I、B）能够导致光学吸收边的红移，这一现象显著增强了催化剂在可见光区域的活性。以氮掺杂的介孔 TiO_2 为例，氮元素与介孔结构相结合，提高了对可见光的吸收能力，从而增强了光催化 CO_2 还原性能，使甲烷产量得到提升。

同时，C 和 Cl 共掺杂的 TiO_2 也表现出类似的效果，展现出吸收边的红移和对可见光的增强吸收能力。此外，氯元素的掺入还导致 Ti^{4+} 还原为 Ti^{3+}，进一步提高了光催化效率。金属离子的掺杂则改变了 TiO_2 的激发波长，增强了光吸收性能，并通过扭曲晶格、产生缺陷和无序性减小了带隙能，拓宽了对可见光的吸收范围。

掺杂的金属离子不仅可以作为电子捕获中心，还能作为催化活性中心，从而提高光催化反应的效率和选择性。例如，Cu 离子能够增强光还原 CO_2 的活性，倾向于生成 CH_3OH。除 Cu 之外，其他金属离子如 Ce、Mn、Ru、Ni、In、Fe 和 Ag 等也都能显著提升 TiO_2 的光催化性能。这些研究结果为设计和制备高效的光催化材料提供了重要的指导和理论支撑。

虽然离子掺杂能够带来显著的性能提升，但掺杂离子的含量需要控制在一定范围内。当掺杂离子超过最优含量时，它们可能会成为电子-空穴对的复合中心，反而会降低催化剂的活性。因此，在实际应用中，需要通过精细调控掺杂离子的种类和含量，以实现催化剂性能的最优化。

（三）形貌调控

在光催化领域，除对催化剂的组成进行改性以提升其活性外，形貌调控同样是一种重要的手段。其中，自组装合成分等级结构因其独特的优势而备受关注。这种分等级结构不仅能够有效避免催化剂颗粒的团聚现象，还能显著提高光吸收能力，优化光催化效果。

分等级结构的多样性是现代光催化剂研究中的一个重要方面，这类光催化剂展现出多种形态，包括空心结构、核壳结构、枝状结构、花状结构以及海胆状结构等。每种形态的形成均与其合成方法及后续的处理过程密切相关，这种多样性不仅丰富了光催化剂的种类，也为其在实际应用中的性能提升提供了可能，这些复杂的分等级结构赋予了光催化剂独特的光学性质和反应活性。光催化剂的形态变化直接影响其对光的吸收能力和光的利用效率。例如，空心结构能够有效地捕获和利用光能，增强了光催化反应的活性。核壳结构则通过内部的反应和外部的光捕获相结合，提升了催化剂的整体效率。此外，枝状和花状结构可以增加反应界面，提供更多的活性位点，从而提升催化剂的反应速率和选择性。

多孔网络结构是分等级结构光催化剂的一大特点。连通的多孔网络不仅增加了光催化剂的比表面积，还显著提高了其对光的捕获能力，在这种结构中，光在孔道内发生多级反射和散射，增强了光与催化剂之间的相互作用，提高了催化效率，这种多孔网络结构的设计使得光催化剂在进行光催化反应时，可以最大化地吸收入射光，促进反应的发生。

此外，分等级结构还带来了显著的传输优势，这种结构不仅提高了光的捕获能力，还优化了反应物和产物的传输路径。多孔网络的存在能够有效减少反应物在催化剂内部的扩散阻力，加速其向活性位点的迁移。同时，反应产生的产物也能迅速排出，避免在催化剂表面滞留，从而促进了光催化反应的高效进行。

利用 SiO_2 球为模板，以 TiF_4 为前驱体，在60℃纯水中制备得到分等级 TiO_2 空心微球。该微球的外壳由很多直径约为100nm的球形 TiO_2 颗粒组成，这些球形颗粒又是由更小的一次晶粒团聚而成的。另外，锐钛矿 TiO_2 空心微球也可以通过简单的自转变方法制备得到，如将无定型的 TiO_2 实心球置于 NH_4F 溶液中，于180℃条件下水热反应12h，可得到 TiO_2 空心球。空心微球是通过局部 Ostwald 熟化和化学诱导自组装形成的，F离子的加入有利于 TiO_2 空心球的形成。此外，还可以通过有机胺诱导水解钛酸四丁酯的方法合成中空核壳微球结构的胺改性的钛酸盐纳米片。[6]制备得到的核壳结构微球具有提升的可见光捕获能力和较高的 CO_2 吸附能力，表现出增强的光催化 CO_2 还原性能。这一过程为构建高效低成本的多级分等级光催化剂提供了新的思路。这种分等级结构将光捕获中心、电荷传输通道、吸附中心和催化活性中心整合在一起，从而能够达到高效的光催化活性。

（四）助催化剂的负载

1. 碳材料

碳纳米管因其高电子储存能力、优异的电子传导性、出色的化学稳定性、卓越的力学性能、巨大的比表面积以及有利于反应物种扩散的介孔等特点，被视作半导体的理想载体。在构筑半导体-碳纳米管光催化剂方面，其应用广泛。例如，CNT@Ni/TiO_2 和 MWCNT-TiO_2 核壳结构催化剂就展现了出色的可见光催化还原 CO_2 性能。碳纳米管的制备方法对材料的最终活性具有显著影响。比如，采用溶胶凝胶法合成的 MWCNT-TiO_2 复合样品在光催化

还原 CO_2 反应中更倾向于生成 C_2H_5OH，水热法合成的复合样品则更易形成 HCOOH。

石墨烯作为一种六方结构的 sp^2 杂化的二维网络材料，具备快速的电荷传输速率、优越的导电性、大比表面积和卓越的光学吸收特性，使得石墨烯能够高效地接收并传输电子，从而促进半导体上光生电子的分离和转移。此外，石墨烯的丰富 π 共轭结构赋予其强大的染料分子吸附能力，使其在染料分子的吸附和降解方面展现出高效性。

碳纳米管和石墨烯因其独特的物理化学性质，在光催化领域具有广阔的应用前景。通过合理的制备方法和结构设计，可以进一步优化其性能，为环境保护和能源利用提供有力的技术支持。

2. 贵金属

贵金属作为光催化反应的助催化剂，目前展现出了优越的效果和深入的探索。它们能够显著降低 TiO_2 的过电势，同时作为电子捕获剂和光催化活性位，能够有效抑制光催化反应中光生载流子的复合。此外，部分贵金属因其独特的局域表面等离子共振（SPR）效应，显著增强了可见光的吸收，提升了 TiO_2 光催化剂对太阳光的利用率，从而达到提高光催化效率的目的。在 SPR 传感器中，光通过一个折射率改变的介质（如玻璃片）进入金属薄膜。光在金属表面的特定角度入射时，表面等离子体的共振会使反射光的强度发生变化。传感器通过监测反射光强度的变化来检测表面上分子相互作用的发生，从而进行分析和检测。

从降低过电势和作为电子陷阱的作用来看，Pt 在所有贵金属助催化剂中表现最佳。这主要归因于 Pt 具有较大的功函数和较低的过电势，使得它在光催化反应中能够更有效地捕获电子，促进光生载流子的分离，从而提高光催化性能。

从提高可见光吸收的角度来看，Au 是最有效的贵金属助催化剂。由于 Au 的共振波长大约在 500nm 的位置，位于可见光区，因此它能够显著提高光催化剂对可见光的吸收效率。通过采用光沉积和胶体沉积相结合的方法合成的 Au-TiO_2-M 光催化剂，其光催化性能得到了显著提升。进一步地，当负载双金属助催化剂时，如 Au-TiO_2-Pt，其产氢速率可达到负载单一助催化剂产氢速率的 7 倍。这主要归功于 Au 的等离子效应，它显著提高了可见光的吸收能力。

此外，对于二元 Au-TiO$_2$-M 材料，其产氢速率随 M 的种类呈现出一定的规律性：Pt ＞ Pd ＞ Ru ＞ Au ＞ Ag ＞ Cu ＞ Ir。这主要是因为 Pt 和其他助催化剂作为电子陷阱和反应活性位，能够捕获并转移光生电子，促进光催化反应的进行。由于 Pt 具有较大的功函数，其捕获电子的能力最强，因此其光催化性能也最高。

参考文献

[1] 马坤怡，邢锦娟，刘琳．TiO$_2$ 复合膜的制备及改性研究进展 [J]．化工新型材料，2023，51（6）：34．

[2]Maeda K.Z-Scheme Water Splitting Using Two Different Semiconductor Photocatalysts[J].ACS Catalysis，2013，3（7）：1486-1503．

[3] 余家国，李鑫，曹少文，等．新型太阳燃料光催化材料 [M]．武汉：武汉理工大学出版社，2018．

[4] 张萍，任蕾，武戈，等．低温液相法制备纳米 TiO$_2$ 粉体及其表征 [J]．石家庄学院学报，2007，9（6）：30．

[5] 崔玉民，陶栋梁，李慧泉．二氧化钛光催化技术 [M]．北京：中国书籍出版社，2010．

[6] 孟爱云．二氧化钛基光催化材料的改性与光催化性能研究 [D]．武汉：武汉理工大学，2018：148．

第三章　硫化物光催化材料的制备及光催化剂

随着环境污染和能源短缺问题的日益严重，光催化技术因其独特的性能，可以直接利用太阳光产生活性自由基，从而将污染物彻底氧化为二氧化碳和水，无须提供额外能源，同时在太阳光激发下可以直接将水裂解为氢气和氧气而备受关注。硫化物光催化材料作为其中的重要一员，具有良好的光电性能和稳定性，在光催化领域展现出巨大的应用潜力。本章围绕硫化物光催化材料的制备及性能展开研究，深入探讨硫化物半导体的制备与调控、硫化物复合光催化材料的构建以及典型硫化物光催化剂的性能及应用。通过对硫化物光催化材料的深入研究，旨在为光催化技术的进一步发展提供理论支持和实验依据，推动其在环保和能源领域的广泛应用。

第一节　硫化物半导体的制备与调控

一、硫化物半导体的制备

硫化物半导体材料在光电子学和光催化领域具有重要应用价值，其制备方法和形貌控制对其性能至关重要。

（一）固相合成法

硫化物半导体的制备方法众多，其中固相合成法因其简便、高效、可控性好的特点在硫化物半导体材料研究中得到了广泛应用。固相合成法主要包括熔融盐法、机械合金化法和热压法等。

1. 熔融盐法

熔融盐法是利用熔融盐作为溶剂，在高温下将硫化物原料熔融，经过一定的化学反应后形成硫化物半导体的方法。熔融盐法具有反应速度快、产率高、产物纯度高等优点。低成本、高性能钠离子电池负极材料的开发是其走向商业化应用的关键。[1]以硫化锌（ZnS）为例，熔融盐法可以用来制备高质量的硫化锌半导体。首先，将硫化锌原料（如氧化锌、硫酸锌等）和熔融盐（如氯化钠、氯化钾等）混合，然后在高温下加热熔融。其次，在熔融状态下，硫化锌原料发生化学反应，形成硫化锌晶体。最后，通过冷却和分离，得到纯净的硫化锌半导体。然而，该方法对设备要求较高，操作过程较为复杂，且存在一定的安全隐患。

2. 机械合金化法

机械合金化法是一种通过高能机械力实现硫化物半导体合成的重要技术。该方法利用球磨机等机械设备，通过粉末间的冲击与摩擦，将不同组分的硫化物原料进行有效的混合和粉碎，最终形成所需的硫化物半导体材料。机械合金化法具有诸多优势，包括操作简便、成本低廉以及能够获得高纯度的产物，这使得其在材料科学与工程领域得到了广泛的应用。

然而，机械合金化法的反应速率相对较慢，导致合金化所需的时间较长，可能会影响大规模生产的效率。同时产物的形态与尺寸往往难以精确控制，这在一定程度上限制了材料性能的一致性和可重复性。此外，对设备的要求也较高，需要选用耐磨且具备稳定性能的机械设备，以确保过程的高效进行。

在机械合金化的过程中，反应条件的优化尤为重要。温度、球磨介质的类型与比例，球磨时间等参数，均对最终产物的微观结构及宏观性能产生显著影响。因此，通过系统的实验设计与参数调控，可以提高机械合金化法的有效性，从而实现所需硫化物半导体材料的性能提升。

以硫化钼（MoS_2）为例，机械合金化法可以用来制备硫化钼半导体粉末。首先，将硫化钼原料和一定比例的球磨介质（如钢球）放入球磨机中。在球磨过程中，硫化钼原料受到高速撞击和摩擦，逐渐粉碎并与其他原料混合。其次，经过一定时间的球磨，硫化钼原料与其他原料形成机械合金。最后，通过筛分和清洗，得到硫化钼半导体粉末。

3. 热压法

热压法是一种利用高温与高压条件，将粉末材料转化为致密固体的有效工艺。该方法依赖于高能量输入，通过施加压力促进粉末颗粒间的相互作用，使其在高温环境下发生塑性变形及相变，从而实现材料的致密化和晶体结构的形成。热压法的显著优势在于其操作相对简便，能够在较短的时间内获得高纯度且尺寸可控的材料,因而在半导体及其他功能性材料的制备中受到广泛关注。

尽管热压法具有诸多优点,但在实施过程中仍存在一些限制因素。首先,该方法对设备的要求较高,需要配备能够承受高温和高压的专用热压机,这对设备的材料和设计提出了严格的要求。此外,在热压过程中,由于温度和压力的变化,可能会产生一些有害气体,造成一定的安全隐患,因此需要在工艺设计与操作中予以充分考虑和管理。热压法的另一个关键挑战在于工艺参数的优化,包括温度、压力和保持时间等。不同的参数组合会显著影响最终产品的微观结构和宏观性能,因此需要通过系统的实验与优化来寻找最佳的工艺条件,以确保材料的性能达到预期目标。

以硫化铜（Cu_2S）为例,热压法可以用来制备硫化铜半导体片材。首先,将硫化铜原料粉末与一定比例的黏结剂混合,形成预压片。其次,将预压片放入热压机中,在高温高压条件下进行热压。再次,热压过程中,硫化铜原料粉末发生化学反应,形成硫化铜晶体。最后,通过冷却和切割,得到硫化铜半导体片材。

（二）液相合成法

液相合成法在硫化物半导体材料制备中具有广泛的应用,其具有反应速度快、产物纯度高、尺寸可控等优点。液相合成法主要包括水热法、溶剂热法、化学气相沉积法、溶液燃烧法等。

1. 水热法

水热法是一种在高温高压条件下利用水作为溶剂,通过化学反应合成硫化物半导体的有效技术。该方法的核心在于利用水的独特性质,促使反应物在溶液中以较高的反应速率进行相互作用,从而生成高纯度的硫化物材料。水热法的优点在于其能够实现良好的尺寸控制和形态调节,使最终产物在性能和应用上具有显著优势。

尽管水热法展现出诸多积极特性,但其在实施过程中仍面临一定挑战。首先,水热法对反应设备的要求较高,需要配备耐高温高压的反应釜,以保证反应的安全性和有效性。其次,操作过程较为复杂,涉及多个步骤,包括反应物的选择、溶剂的配制及对反应条件的精确控制。这些因素均要求操作者具备一定的专业知识和技能,以确保实验的顺利进行。

安全隐患是水热法中不可忽视的问题。由于高温高压环境的存在，若操作不当或设备故障，可能导致安全事故。因此，在实际应用中，必须采取严格的安全管理措施，以降低潜在风险。

2. 溶剂热法

溶剂热法是一种通过在高温高压条件下利用有机溶剂进行化学反应，制备硫化物半导体的有效技术。该方法的优势在于能够加速反应速率，促进高纯度产物的形成，并实现良好的尺寸和形态控制，使得制备的硫化物半导体在电子与光电应用中展现出优异的性能。

在溶剂热法的过程中，有机溶剂的选择至关重要。不同的溶剂能够提供不同的反应环境和溶解能力，直接影响反应的进程及最终产品的特性。此外，由于溶剂热法通常需要高压反应釜来维持所需的温度和压力，因此这对设备的材料和设计提出了较高的要求，以确保安全和有效操作。

尽管溶剂热法在合成硫化物半导体方面具有明显的优势，但其操作过程相对复杂，涉及多个步骤，包括反应物的精确配比、溶剂的选择及反应条件的控制，这就要求研究人员具备深厚的材料科学与化学知识，以便优化工艺参数，提升产品质量。

3. 化学气相沉积法

化学气相沉积法（CVD）是一种广泛应用于硫化物半导体材料制备的重要技术。该方法通过将气态原料在高温环境下引入反应器内，促使其在基底表面发生化学反应，从而实现薄膜或其他形态的材料沉积。化学气相沉积法在硫化物半导体的制备中展现出优异的性能，具有反应速率快、产物纯度高及尺寸可控等一系列优势，因此在电子、光电及传感器等领域具有重要的应用价值。

化学气相沉积法的高反应速率源于气态反应物在高温条件下的活性增强。在此过程中，气态前驱体被加热至反应所需的温度，从而增加了分子运动的能量，促进了反应物的分解与反应。这种快速的反应机制不仅加快了产物的生成速度，还能有效减少不纯物质的产生，从而提高最终产物的纯度。

CVD法允许对沉积材料的形态和尺寸进行精确控制。通过调节反应条件，如温度、压力和气体流量，研究人员可以实现对薄膜厚度、晶体结构和微观形貌的调节。这种灵活性使得CVD法在制备各种形态的硫化物半导体材料时，能够满足不同应用需求，拓展了其在高性能材料开发中的应用前景。

尽管化学气相沉积法具有诸多优势,但其在实施过程中仍面临一些挑战。首先,该方法对设备的要求较高,需要使用专门设计的反应器,能够承受高温、高压以及腐蚀性气体的影响。其次,反应器的设计与材料选择至关重要,以保证其在长时间运行中的稳定性与安全性。

操作过程的复杂性也是 CVD 法的一大挑战。在沉积过程中,研究人员需要对反应物的混合比例、流量及沉积时间进行精确控制,以确保所获得材料的质量。同时,反应条件的微小变化都可能对最终产品的性质产生显著影响,因此需要不断进行实验优化,以获得最佳的制备方案。

4. 溶液燃烧法

溶液燃烧法是一种利用溶液中化学原料在高温条件下进行燃烧反应,以制备硫化物半导体的有效技术。该方法通过将金属盐与硫源在适当的有机溶剂中混合,并在加热条件下诱导燃烧反应,实现快速的物质转化。这种制备方法在硫化物半导体材料的合成中具有反应速度快、产物纯度高及尺寸可控等显著优势,因此受到广泛关注。

溶液燃烧法的反应速度快主要源于其高温燃烧过程。在燃烧反应中,化学物质释放的热量能够迅速提高反应体系的温度,促使反应物快速转化为所需的产物。这种高能反应机制不仅提高了反应效率,还缩短了反应时间,使得制备过程更加高效。此外,由于其反应迅速,通常能够生成较为均匀的产物,从而提高材料的纯度和一致性。

另外,溶液燃烧法具有较强的尺寸控制能力。在反应过程中,研究人员可以通过调节反应物浓度、溶剂种类及燃烧条件等,精确控制最终产物的粒径和形貌。这种可调性使得溶液燃烧法在制备各类硫化物半导体材料时,能够满足不同应用领域对材料特性的特殊要求。例如,通过适当的调节,可以获得不同粒径的纳米粒子,进而影响其光电性能及催化活性。

随着技术的进步,溶液燃烧法在硫化物半导体材料制备中的应用也不断拓展。近年来,研究人员致力于优化反应条件、改进设备设计及探索新型前驱体,以提升制备效率和产物质量。例如,通过使用新型的金属前驱体或改进溶剂体系,可以进一步提高反应的可控性和产品的均匀性。此外,应用先进的表征技术,可以对制备的硫化物半导体进行深入分析,以揭示其结构与性能之间的关系,为后续材料设计提供指导。

二、硫化物半导体的调控

（一）结构调控

无机纳米材料的结构、维度、形貌、尺寸等因素对它们的功能性能有着直接影响。[2]在半导体光催化反应中，半导体光生电荷的体相分离和表面转移速率对光催化活性至关重要。合适的相结构和较高的结晶度对于提高半导体的电荷分离和转移效率具有关键作用。此外，增大催化剂的比表面积也有助于提高光催化效率。以硫化物半导体硫化镉（CdS）为例，通过调控其相结构和形貌，可以有效地增大其与反应物之间的接触面积和紧密程度，从而提高光催化性能。

1. CdS 相结构

CdS 是一种重要的硫化物半导体材料，具有直接带隙结构，其禁带宽度约为 2.4eV。CdS 的相结构主要有立方闪锌矿结构、六方闪锌矿结构、立方岩盐结构等。不同的相结构对 CdS 的光学和电学性能具有不同的影响。立方闪锌矿结构的 CdS 具有较好的光电性能；六方闪锌矿结构的 CdS 则具有较好的热稳定性；立方岩盐结构的 CdS 具有较好的化学稳定性。

（1）相结构对光催化性能的影响。CdS 作为一种常用的光催化材料，其相结构对光催化性能具有显著影响。高温热解法制备的 CdS 通常具有较高的结晶度，有利于光生电荷的快速分离和转移。然而，这种方法制备的 CdS 晶体往往呈现无规则颗粒形貌，晶粒尺寸较大，团聚现象严重，导致比表面积较小，限制了光催化反应的进行。相对而言，液相合成法如水热/溶剂热法制备的 CdS 晶体结晶度较低，但可以通过形貌调控来增大其比表面积，提高光催化活性。

（2）调控硫化物半导体相结构的方法。

第一，控制生长条件。生长条件对硫化物半导体的相结构具有重要影响。例如，在 CdS 的生长过程中，温度、压力、气氛等条件都会影响其相结构。通过控制这些条件，可以实现对 CdS 相结构的调控。例如：在高温下生长 CdS 时，其倾向于形成立方闪锌矿结构；在低温下生长 CdS 时，其倾向于形成六方闪锌矿结构。

第二，掺杂。掺杂是一种常用的调控硫化物半导体相结构的方法。通过在 CdS 中掺杂不同的元素，可以改变其相结构。例如，在 CdS 中掺杂 Ag 元素，可以使其从立方闪锌矿结构转变为六方闪锌矿结构。掺杂元素的选择和掺杂量的控制对CdS相结构的调控具有重要影响。

第三，表面修饰。表面修饰是一种通过改变硫化物半导体表面的特性来调控其相结构的方法。例如，在CdS表面修饰一层氧化物，可以改变其表面能，从而影响其相结构。表面修饰的方法有物理吸附、化学吸附、离子交换等。

第四，外场调控。外场调控是一种通过施加外场来调控硫化物半导体相结构的方法。例如，通过施加电场、磁场等外场，可以改变CdS的相结构。外场调控的方法有电场调控、磁场调控、光场调控等。

以上是硫化物半导体相结构调控的一些方法。这些方法可以单独使用，也可以组合使用，以达到更好地调控效果。通过调控硫化物半导体的相结构，可以优化其性能，提高其在光电器件和光伏器件等领域的应用价值。

2. CdS形貌

形貌调控是提高硫化物半导体光催化性能的重要途径之一。通过合理选择溶剂、控制反应条件和添加表面活性剂等方法，可以调控CdS的形貌，改善其光催化性能。例如，采用不同有机溶剂可以合成具有不同形貌的CdS材料，如纳米颗粒、纳米棒、海胆状或纳米线状等。这些形貌特征不仅影响着CdS与反应物之间的接触面积和紧密程度，还直接影响着光生电荷的分离和转移效率，从而影响着光催化活性。按维度分类，CdS材料可制备成零维、一维、二维和三维结构。

（1）零维结构。纳米科学技术因其赋予材料优越性能的量子尺寸效应而受到广泛关注，尤其是在半导体纳米晶领域。以CdS纳米晶为例，当其尺寸小于激子半径时，量子尺寸效应将显现，导致导带和价带变成分立能级，带隙变宽，同时导带和价带的电位也会发生变化，从而使纳米半导体粒子具有更强的还原能力或氧化能力。此外，纳米颗粒比块体材料具有更大的比表面积，表面原子配位不全，导致表面活性位数量增加，从而增强了光化学氧化还原反应活性。值得注意的是，由于颗粒尺寸的减小，光生电子和空穴从体相向表面的移动路径缩短，从而降低了光生电荷的复合概率，使更多的光生电荷参与光催化反应。

然而，CdS纳米颗粒往往易发生团聚现象，在晶界处形成复合中心，缩短光生电子的寿命，限制了光催化性能的提高。为了克服这些缺陷，人们提出了多种方法。一种方法是利用稳定剂保持零维纳米颗粒的结构，如巯基乙醇等有机物可以在 CdS 纳米颗粒表面形成官能团，抑制颗粒之间的团聚，制备稳定存在的 CdS 量子点。[3] 另一种方法是人们还开发了多种物理和化学方法直接制备稳定的 CdS 纳米颗粒，如反胶束法[4]、溶胶-凝胶法[5]、热蒸发法[6]和有机金属法[7]等。然而，这些制备方法通常复杂且耗时，不利于大规模工业生产，并且所得到的纳米颗粒难以长期保持稳定，在工业应用中难以分离、回收和重复利用。

相对而言，非零维结构的 CdS 材料具有更广泛的应用前景。例如，CdS 纳米线、纳米带等形态的材料具有优异的光电性能和光催化活性，可应用于光电器件和环境净化等领域。因此，未来的研究方向可以将重点放在非零维结构的 CdS 材料的制备和应用上，以实现更好的工业化生产和应用推广。同时，也需要在纳米材料的稳定性和可持续性方面进行深入研究，以解决目前存在的挑战和限制，推动纳米科学技术的发展和应用。

（2）一维。一维结构的 CdS 材料因其较大的表面积/体积比而备受研究者的关注。这种结构的材料能够有效地缩短光生电子和空穴从体相向表面的移动距离，从而有助于抑制光生电荷的体相复合。与零维结构的材料相比，一维结构的半导体因晶界复合中心的减少而具有更佳的载流子传输能力。在制备一维结构的 CdS 材料的过程中，研究人员采用了多种方法，包括热蒸发法[8]、电化学沉积法[9]和溶剂热法[10]等。其中，溶剂热法因其操作简单且可操控性好而备受青睐。

在溶剂热法中，通常会使用有机胺类化合物如乙二胺、十二胺等作为溶剂和络合剂，其存在有助于形成一维结构或自组装的 CdS 材料。理解一维结构 CdS 的形成机制对于控制其形貌参数如直径和长度等，至关重要。一般来说，胺分子在 CdS 表面的吸附对一维结构的形成起到了关键作用。在没有胺存在的情况下，Cd^{2+} 在水溶液中的浓度较高，能够与 S^{2-} 迅速反应生成大量 CdS 晶核。由于 CdS 晶体生长所需的单体浓度较低，CdS 往往以颗粒状形式生长。这种生长过程主要受热力学平衡的控制。然而，当体系中存在胺时，Cd^{2+} 与胺分子形成稳定的络合物，晶核生长速率减慢，CdS 的单体浓度相对较高，使得晶体生长过程主要受动力学控制。如图 3-1 所示，胺分子吸附在 CdS 的（100）晶面上，抑制其横向生长，CdS 则沿着（001）晶面生长，形成一维结构。

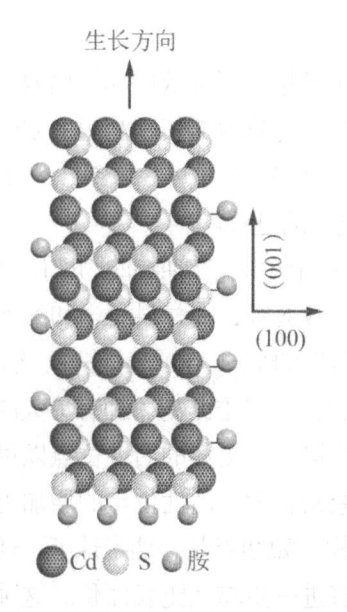

图 3-1　胺溶剂中 CdS 纳米棒的生长机制

（3）二维。二维 CdS 结构由于其独特的物理化学性质，如量子尺寸效应、表面效应和宏观量子隧穿效应等，在材料科学和纳米技术领域受到了广泛关注。二维 CdS 结构主要包括纳米片、纳米片阵列等形态。

二维 CdS 纳米片由于其超薄的结构，相较于块状材料，拥有显著增大的比表面积。这一特性在光催化应用中尤为重要，因为比表面积的增大直接意味着更多的表面原子或分子暴露在外，所以提供了更多的活性位点。这些活性位点是光催化反应中反应物分子吸附、电荷转移以及最终产物脱附的关键场所。因此，二维 CdS 纳米片能够更有效地捕获和利用光能，促进光生电子－空穴对的分离与传输，进而提升光催化效率。

二维 CdS 纳米片的大量活性位点是其催化性能提升的关键因素之一。这些活性位点不仅数量多，而且分布均匀，有利于反应物分子在其表面进行高效的吸附和反应。此外，活性位点的存在还促进了光生电子和空穴的分离，减少了它们的复合概率，进一步提高了光催化效率。

二维 CdS 纳米片的层状结构不仅在垂直方向上提供了更大的比表面积，还在层间形成了独特的微环境。这些层间区域可能包含大量的缺陷位点，如空位、错位等。这些缺陷位点不仅为反应物分子提供了额外的吸附和反应场所，还能作为催化反应的活性中心，直接参与光催化过程。缺陷位点的存在还可能改变材料的电子结构，影响光生载流子的迁移和复合行为，从而对催化性能产生深远影响。

二维 CdS 纳米片由于其量子尺寸效应和表面效应，表现出更强的光吸收能力。这意味着它们能够更有效地捕获和利用太阳光中的光子能量，产生更多的光生电子－空穴对。这些光生电子－空穴对随后在活性位点上参与氧化还原反应，推动光催化过程的进行。

（4）三维。三维 CdS 结构由于其独特的物理化学性质，如量子尺寸效应、表面效应和宏观量子隧穿效应等，在材料科学和纳米技术领域受到了广泛关注。三维 CdS 结构主要包括纳米球、纳米球阵列、纳米花等形态。

三维 CdS 纳米结构相比于二维结构，拥有更大的比表面积，这对于光催化应用尤为重要，因为它提供了更多的活性位点以供反应物分子吸附。这些活性位点与光催化效率紧密相关，活性位点的增加可以显著提高材料的催化性能。三维 CdS 纳米结构，如纳米花、纳米球等，通过其复杂的几何形态，相比于二维纳米片，能够进一步增大比表面积。这种增大的比表面积不仅为反应物分子提供了更多的接触机会，还极大地丰富了可用于吸附和反应的活性位点数量。因此，三维 CdS 纳米结构在光催化过程中能够更有效地捕获和利用光能，促进光生电子－空穴对的生成与分离，从而提高催化效率。

三维 CdS 纳米结构的立体形态在其内部形成了错综复杂的孔道和空腔结构。这些孔道和空腔不仅为反应物分子提供了额外的扩散通道，使得它们能够更容易到达催化活性位点，还可能在一定程度上限制光生电子－空穴对的复合，因为它们可以作为电子或空穴的"陷阱"，延长其寿命。此外，孔道和空腔内的微环境也可能对催化反应产生特定的影响，如改变反应物分子的吸附构型，促进中间产物的形成与转化等，从而进一步提高催化性能。

三维 CdS 纳米结构由于其复杂的形态和较大的比表面积，往往表现出更强的光散射和多次反射效应。这种效应有助于增加光在材料内部的传播路径和停留时间，从而提高光能的吸收和利用效率。同时，三维结构还可能引入更多的能带弯曲或量子限域效应，进一步调控材料的光学性质和电子结构，优化其对特定波长光子的吸收和响应。

三维 CdS 纳米结构的立体构型有助于构建更高效的电荷传输网络。在三维结构中，光生电子和空穴可以沿着不同的路径进行传输，减少了它们之间的直接复合概率。此外，通过合理的结构设计（如引入助催化剂、构建异质结等），可以进一步促进电荷的定向迁移和分离，提高光催化反应的量子效率和稳定性。

通过制备不同形貌的 CdS，可以对其光催化性能进行调控。零维 CdS 量子点具有较高的光催化活性，但稳定性较低；一维 CdS 纳米棒具有较高的光催化活性，但稳定性有待提高；二维 CdS 纳米片和三维 CdS 纳米球都有较高的光催化活性和较好的稳定性。因此，在实际应用中，应根据具体需求选择合适的 CdS 形貌进行光催化性能调控。

（二）能带调控

对于半导体材料而言，能带结构是决定其光催化性能的关键因素之一。能带结构直接影响着半导体对太阳光的利用率以及光生载流子的产生、分离和转移效率。在对半导体进行结构设计时，需要兼顾其氧化还原能力和光吸收性能，两者往往存在着相互制约的关系。简单地扩宽带隙可能会提高半导体的氧化还原能力，但却会限制其对可见光的吸收，因此在设计半导体材料时需要在氧化还原能力和光吸收性能之间进行权衡。

在单一组分半导体中，光生电子和空穴容易发生复合，降低半导体的光催化活性。因此，为了提高半导体的可见光的光催化产氢效率，需要通过调控其能带结构，延长光生载流子的寿命，减少复合率。常见的方法是通过掺杂和形成固溶体等方式来调控半导体的能带结构，从而提高其光催化性能。

1. 影响因素

硫化物半导体的能带结构受到多个因素的综合影响，其中元素组成、晶体结构和掺杂是最为关键的因素。

（1）元素组成在决定能带结构方面起着至关重要的作用。不同元素的化合价差异会直接影响能带的形成。例如，具有不同价态的元素在硫化物的化学环境中会导致能带结构的显著变化，这使得某些硫化物如硫化镉和硫化锌展现出直接能带特性，而硫化铅则表现出间接能带特性。这一差异不仅影响材料的光电性能，也为其在各种应用中的适用性奠定了基础。

（2）晶体结构同样是影响硫化物半导体能带结构的重要因素。硫化物半导体可以呈现多种晶体结构，包括立方、六方及立方－六方混相等。不同晶体结构中的原子排列和相互作用会导致能带的变化。例如，在立方结构中，某些硫化物可能表现为直接能带结构，在转变为六方结构时，则可能转变为间接能带结构。这一结构依赖性为材料的能带调控提供了新的视角，使得通过选择合适的晶体结构来优化材料性能成为可能。

(3)掺杂是调控硫化物半导体能带结构的另一重要手段。通过引入不同的掺杂元素,可以有效改变硫化物半导体的能带结构和能隙宽度。掺杂不仅影响载流子的浓度和类型,还能通过形成新的能级来调节材料的光学和电学性能。例如,氮掺杂的硫化镉显示出更窄的能隙,有助于扩大其光吸收范围并提高光电转化效率。这种通过掺杂实现的能带调控为硫化物半导体在光伏、光电探测等领域的应用开辟了广阔的前景。

2. 常见方法

(1)掺杂。掺杂是调控硫化物半导体能带结构的重要手段之一,通过掺杂不同元素可以精确调控硫化物半导体的能带结构和能隙宽度,从而实现性能优化。

掺杂硫化物半导体的元素种类繁多,主要包括金属、非金属、稀有气体等。掺杂金属元素如银、金、铜等可以引入额外的电子或空穴,改变硫化物半导体的载流子浓度,进而影响其导电性能;而掺杂非金属元素如氮、碳、氧等可以形成额外的能带,从而调控硫化物半导体的能带结构和能隙宽度。稀有气体元素如氩、氖等在硫化物半导体中通常作为施主或受主,可以调控载流子浓度和迁移率。

掺杂元素的选择和浓度对硫化物半导体的能带结构调控具有决定性影响。一般来说,掺杂元素能带与硫化物半导体能带之间的能级差越小,掺杂效果越好。这是因为较小的能级差有助于掺杂元素与硫化物半导体形成有效的能带结构,从而实现性能优化。此外,掺杂浓度也会影响硫化物半导体的能带结构。当掺杂浓度较低时,掺杂元素主要起到施主或受主的作用,调控载流子浓度。当掺杂浓度较高时,掺杂元素可以形成额外的能带,改变硫化物半导体的能隙宽度。

掺杂硫化物半导体的方法主要有固相掺杂、液相掺杂和气相掺杂等。固相掺杂是将掺杂元素与硫化物半导体粉末混合后进行烧结,适用于大规模生产;液相掺杂是将掺杂元素溶解在溶剂中,然后与硫化物半导体粉末混合,具有掺杂均匀、可控的优点;气相掺杂是通过气相沉积技术将掺杂元素沉积在硫化物半导体表面,适用于精确调控掺杂浓度。

(2)构建固溶体。硫化物半导体因其独特的物理和化学性质,在光电子、光伏和传感器等领域具有广泛的应用前景。硫化物半导体的能带结构对其性能具有重要影响,因此调控其能带结构成为研究的关键。构建固溶体是一种常用的调控硫化物半导体能带结构的方法，通过形成具有特定成分比例的固溶体，可以实现对硫化物半导体能带结构的精确调控。

固溶体是由两种或两种以上具有不同能带结构的硫化物半导体按一定比例混合而成的，其具有特殊的能带结构。通过构建固溶体，硫化物半导体的能带结构会发生改变，从而实现对材料性能的调控。具体来说，构建固溶体可以通过以下两种机制调控硫化物半导体的能带结构：

一是能级补偿机制。在构建固溶体时，两种硫化物半导体中的能级会发生相互作用，导致能级补偿效应。例如，硫化铅（PbS）和硫化镉（CdS）形成的固溶体中，PbS 中的能级与 CdS 中的能级相互补偿，使得固溶体的能隙宽度发生改变。这种能级补偿效应可以调控硫化物半导体的能带结构，从而影响其光学和电学性能。

二是晶格匹配机制。在构建 PbS/CdS 固溶体的过程中，两种硫化物半导体的晶格参数（如晶格常数、晶体结构等）会发生相互作用，这一过程称为晶格匹配。理想的晶格匹配意味着两种组分的晶格常数相近，能够形成连续且均匀的固溶体结构，从而避免界面处出现明显的晶格失配。然而，在实际情况下，由于 PbS 和 CdS 的晶格常数存在差异，完全无失配的晶格匹配难以实现。因此，研究晶格匹配机制的关键在于如何通过调整制备条件（如温度、压力、组分比例等）来最小化晶格失配度，达到优化固溶体性能的目的。

晶格匹配效应的首要作用是减小 PbS/CdS 固溶体中的晶格失配度，进而降低由此产生的晶格应力。晶格应力是固溶体内部由于晶格参数差异而产生的内应力，它的存在会破坏材料的结晶完整性，增加缺陷密度，从而降低材料的性能。通过优化晶格匹配机制，可以有效降低晶格应力，提高固溶体的结晶质量。同时，晶格匹配效应还通过调控硫化物半导体的能带结构来影响其性能。在 PbS/CdS 固溶体中，由于 PbS 和 CdS 的能级结构存在差异，当它们形成固溶体时，能级之间会发生相互作用和补偿效应，导致固溶体的能隙宽度发生变化。这种能隙宽度的变化直接影响固溶体的光吸收、光发射以及电导率等性能。通过精细调控晶格匹配机制，可以实现对固溶体能带结构的精确调控，从而优化其光电性能。良好的晶格匹配不仅有助于减小晶格应力和提高结晶质量，还有助于提高固溶体的稳定性。晶格失配度较大的固溶体在制备和使用过程中容易发生相分离和析出现象，导致性能下降；而晶格匹配良好的固溶体则能够保持稳定的相结构和化学组成，从而提高材料的长期稳定性和可靠性。

构建固溶体时，硫化物半导体的组成比例对其能带结构调控具有重要影响。通过调整两种硫化物半导体的组成比例，可以精确调控固溶体的能带结构。此外，构建固溶体的方法也会影响能带结构的调控效果。常见的构建固溶体的方法包括熔融法、机械混合法、化学气相沉积法等。不同的构建方法会对硫化物半导体的组成比例和结晶质量产生不同影响，进而影响能带结构的调控效果。

第二节 硫化物复合光催化材料的构建

一、表面负载助催化剂

半导体光催化活性的关键在于光生电子与光生空穴在体相与表面之间的有效分离。高效的载流子分离过程对提升光催化反应的效率至关重要，因为载流子的复合现象会导致光能的浪费，抑制光催化活性。为了解决这一问题，研究人员开始研究在催化剂表面负载助催化剂的策略。助催化剂的引入可以显著提高光生载流子的分离效率，通过捕获光生电子或光生空穴，降低复合的概率，进而提升整体光催化反应的活性。

此外，助催化剂在光催化产氢反应中的重要性也不可忽视。它们不仅能够捕获载流子，还能够作为催化反应的活性位点，降低反应的活化能或产氢过电势。这种双重功能的助催化剂有助于提升光催化反应的整体效率，确保反应条件下载流子能有效参与催化过程。

在光催化领域，贵金属如铂（Pt）、钯（Pd）、钌（Ru）和铑（Rh）等被广泛应用于助催化剂的设计中。这些贵金属具备优异的光电催化性能，能够有效促进光生载流子的分离，并提供反应所需的活性位。这些特性使得贵金属在催化反应中能够显著提高产氢的效率。除了贵金属外，过渡金属氧化物、硫化物和碳化物等材料也显示出作为助催化剂的潜力。材料如氧化镍、二硫化钼和碳化钨具有丰富的化学活性位和表面氧化还原性质，能够在催化过程中发挥重要作用。这些材料不仅能够促进光催化产氢反应的进行，还能为催化剂设计提供更多的选择，推动光催化技术的进一步发展。

（一）贵金属

在半导体光催化体系中，表面负载贵金属作为助催化剂对光生电子和空穴的分离起着至关重要的作用。其作用机制涉及表面电荷重分布、Schottky 势垒①形成以及还原反应的催化作用等多方面因素。

贵金属与半导体表面的接触会导致表面电荷的不断重分布，直到两者的费米能级相等。通常情况下，半导体的功函数较贵金属更小，因此在未接触之前，半导体的费米能级更高。接触后，带负电荷的电子将从半导体转移到贵金属上，直到两者的费米能级相等。这一过程导致在贵金属和半导体接触部位形成的空间电荷层中半导体的能带产生向上弯曲，从而在金属—半导体界面上形成 Schottky 势垒。[11] 这一势垒将成为有效捕获电子的陷阱，有效抑制光生电子-空穴的复合，从而提高光催化活性。

此外，贵金属表面聚集的大量电子还可以参与还原反应，例如将吸附在表面的质子（H^+）还原为氢气（H_2），从而增强了催化剂的光催化产氢活性。贵金属如铂（Pt）、铱（Ir）、钌（Ru）、钯（Pd）、铑（Rh）以及金（Au）、银（Ag）等均被广泛应用于表面负载助催化剂中，其中 Pt 和 Au 是使用最为普遍的贵金属。

在光催化产氢反应中，Pt 的还原方法对产氢活性有很大影响。光还原法和 $NaBH_4$ 化学还原法是两种常见的还原方法。其中，$NaBH_4$ 还原法[12]可以获得尺寸较小、分散较均匀的 Pt 纳米颗粒。贵金属纳米颗粒的形貌、大小和分散度直接影响其在光催化反应中的活性和稳定性。较小尺寸的 Pt 纳米颗粒具有更大的比表面积和更多的活性位，有利于光生电子的转移和传输，从而提高了光催化活性。

除 Pt 之外，其他贵金属如 Pd、Ru、Rh 等也被证实是有效的光催化产氢助催化剂。这些助催化剂的性能取决于多个因素，包括金属-氢键合能和功函数等。研究发现，Pt 具有较低的金属-氢键合能和较高的功函数，因此是最适合光催化产氢反应的助催化剂之一。

然而，贵金属价格昂贵且资源有限，作为助催化剂会增加催化剂的生产成本。因此，寻找价格更低廉、性能良好的替代助催化剂是光催化技术发展

---

① Schottky 势垒，即肖特基势垒（Schottky Barrier），是指具有整流特性的金属-半导体接触，即具有大的势垒高度，以及掺杂浓度比导带或价带上态密度低的金属-半导体接触，如同二极管具有整流特性，是金属-半导体边界上形成的具有整流作用的区域。

的重要方向之一。一些过渡金属如铜、镍、钨等可能成为替代选择，这些金属具有丰富的储量和较低的价格，值得进一步研究和探索。

（二）过渡金属化合物

过渡金属化合物作为硫化物复合光催化表面负载助催化剂在光催化产氢领域中展现了重要的应用前景。其中，Ni基助催化剂特别受到了研究者的广泛关注。以NiO为代表的Ni基助催化剂，通过在CdS表面的负载和修饰，有效提高了CdS的光催化产氢活性。例如，NiO作为CdS的助催化剂[13]，可以显著提高产氢速率，达到纯CdS的10倍以上。而通过原位光沉积法将NiO负载到CdS表面，进一步提高了光催化产氢速率，甚至超过了贵金属Pt负载CdS的活性。Ni基助催化剂的引入可以有效促进光生电子和空穴的分离，提高产氢效率。

此外，Ni_2O_3和$Ni(OH)_2$等Ni基化合物也被证实具有助催化剂的潜力。$Ni(OH)_2$的修饰可以显著提高CdS的产氢效率。这是因为$Ni(OH)_2$的还原电势比CdS的导带电位更负，因此能够有效促进光生电子的转移和H^+的还原，从而增强产氢活性。$Ni(OH)_2$的修饰不仅提高了光催化产氢速率，还能够维持较长时间的稳定活性，表现出优异的应用前景。

在研究过程中，对不同Ni基助催化剂的比较也引起了学者的关注。例如，系统比较了NiS、Ni、$Ni(OH)_2$和NiO等不同Ni基助催化剂对光催化分解水产氢性能的影响及影响机制。不同助催化剂的引入对产氢效率有显著影响，其中$Ni(OH)_2$的修饰效果最为显著，产生了明显的"诱导效应"，大幅提高了产氢速率。进一步的光物理和光化学分析表明，$Ni(OH)_2$的存在促进了光生电荷的分离和传输，抑制了电子和空穴的复合，从而提高了光催化产氢活性。这些研究为理解Ni基助催化剂的作用机制提供了重要的实验依据，也为其在光催化产氢领域的应用奠定了基础。

除了Ni基助催化剂外，一些过渡金属硫化物如MoS_2、WS_2、CuS、SrS、PdS和Ag_2S等也被广泛应用于硫化物半导体的助催化剂。通过在ZnS多孔纳米片表面沉积CuS簇，可以明显提高ZnS的产氢活性。[14]进一步的光学性质分析表明，CuS的引入导致ZnS吸收特性的显著变化，从而实现了优异的光催化产氢效果。该研究为探索硫化物复合光催化剂的设计和制备提供了新思路和方法。

此外，一些助催化剂如PdS和Ag_2S通过消耗系统中的光生空穴，促进了光生电子的参与光催化还原反应，从而提高了光催化产氢活性。CdS 在 PdS 的共同催化下表现出了显著提高的产氢量子效率。这些氧化性助催化剂的引入不仅延长了光生载流子的寿命，还能够缓解光腐蚀问题，提高催化剂的稳定性，具有重要的实际应用价值。

近年来，过渡金属碳化物也受到了研究者的关注。WC 作为硫化物复合光催化剂，不仅能够捕获光生电子，还能够为质子的还原提供活性位，从而提高了催化剂的产氢活性。这些研究为过渡金属碳化物在光催化产氢领域的应用开辟了新的途径。

二、光催化负载载体

半导体材料作为一种重要的光催化剂，其表面特性直接影响光催化反应的效率和性能。通过将半导体负载在载体表面，可以增加催化剂的比表面积，进而增加催化反应中的活性位数。具有大比表面积的载体能够提供更多的表面积，使半导体材料能够充分暴露在反应环境中，增加与反应物质接触的机会，从而提高反应速率。此外，载体的多孔结构也为反应物质提供了更多的吸附位，有利于提高反应物质在催化剂表面的浓度，进一步促进反应的进行。

载体还可以通过调控半导体材料的表面电荷状态和能带结构，影响光催化反应中的电荷转移和载流子的分离过程。例如，过渡金属化合物作为载体能够调控半导体表面的电子态密度，促进光生载流子的产生和分离。这种调控作用可以提高催化剂对光能的利用效率，增强光催化反应的活性。

载体还可以保护半导体材料免受光腐蚀和氧化的影响，提高催化剂的稳定性和持久性。光催化反应通常在光照条件下进行，半导体材料容易受到光腐蚀和氧化的影响，降低催化剂的活性和稳定性。通过将半导体负载在载体表面，可以形成一层保护膜，阻止光催化剂与周围环境的直接接触，延长催化剂的使用寿命。[15]

总的来说，将半导体催化剂负载在具有大比表面积的载体上，可以有效增加催化剂的活性位和反应物质吸附位，提高光催化反应的效率和稳定性。这种策略为设计高效、稳定的光催化剂提供了新的思路和途径。

（一）无机物载体

自 M41S 介孔分子筛的发现以来，介孔材料在光催化领域的应用受到了广泛关注。介孔材料具有独特的性能，如大比表面积、均匀的孔径和可调控的结构，这些特性使得它们成为 CdS 半导体纳米晶的理想载体，能够有效地保护 CdS 免受光腐蚀并提升光生载流子的分离效率。

多孔载体材料因其大比表面积和均匀孔径，为 CdS 纳米晶的高度分散提供了理想的平台。CdS 纳米晶通过嵌入多孔载体中，能够均匀分布于载体内部或表面，避免团聚和沉积现象，从而显著提高了催化剂的活性和稳定性。此外，多孔载体还能控制 CdS 纳米晶的结晶尺寸，调节光催化反应的性能和产物选择性。

在 CdS 催化剂的载体选择方面，已有多种微孔或介孔硅酸盐材料得到广泛应用。例如，SBA-15、MCM-41、MCM-48、HMS 等硅酸盐材料，以及不同类型的沸石和黏土等，都展现出了良好的载体性能。这些载体的选择不仅基于其结构特点，还考虑它们对 CdS 纳米晶稳定性和光催化性能的积极影响。例如，沸石的框架结构能够增强 CdS 的稳定性，降低光腐蚀程度，从而延长催化剂的使用寿命。[16]

此外，一些层状化合物，如黏土[17]和水滑石[18]等，也被证实是 CdS 纳米晶的理想载体。这些层状载体通过其特殊的层状结构，抑制了 CdS 颗粒的生长，促进了光生电子在催化剂表面的传输，并有效阻止了光生载流子的复合，从而显著提高了光催化产氢反应的效率。

（二）有机物载体

介孔硅酸盐材料和层状化合物作为 CdS 催化剂载体时，虽然展现出一定的优势，如高比表面积和良好的化学稳定性，但也存在一些不足之处。其中最为显著的问题是对入射光的遮挡，限制了光催化剂的光吸收能力和光催化效率。

与无机材料相比，有机材料作为 CdS 的载体展现出独特的优势。首先，有机材料能够有效地防止纳米颗粒的团聚现象，保持催化剂的高分散性，这对于增强催化剂的活性至关重要。其次，有机材料通常具有多孔结构，为其提供了丰富的比表面积，有利于光催化反应物质的吸附和表面反应的顺利进行。此外，有机材料的亲水性和耐高温性能使其在光催化反应的苛刻条件下仍能保持稳定性。

纤维素薄膜作为一种典型的有机材料载体，因其独特的多孔结构、耐高温特性和良好的亲水性，在光催化反应中得到了广泛的应用。聚苯胺作为一种具有优良光吸收性能和导电性的导电聚合物，能够有效地促进光生电子-

空穴对的分离，提高光催化效率。

此外，通过调控有机材料与 CdS 复合的结构和组成，可以进一步优化光催化性能。例如，通过静电纺丝法合成的 CdS-OH/聚丙烯腈（PAN）纳米纤维复合物[19]，不仅具有良好的荧光性能，还展现了卓越的光催化产氢活性。同样，通过电化学纺丝法制备的 CdS 纳米线/聚环氧乙烷（PEO）纳米纤维复合物，也表现出了高效的产氢光催化活性。

近期，碳氮聚合物 g-C$_3$N$_4$ 作为一种新型有机材料，因其与 CdS 能带结构的匹配性，引起了广泛关注。g-C$_3$N$_4$ 可以与 CdS 形成有效的异质结，从而显著提高光催化产氢反应的效率。[20]

（三）碳材料

碳材料因其独特的物理化学性质，在光催化领域中扮演着重要角色，尤其在提升半导体光催化活性方面具有显著效果。这些材料能够有效地延长光生载流子的寿命，减少半导体颗粒的团聚现象，增加反应活性位点的数量，并增强半导体对光的吸收能力。此外，碳材料还可以作为光敏化剂，提升半导体对太阳光的利用效率。碳材料的诸多优点，如良好的导电性、特殊的表面性质、卓越的耐腐蚀性和环境友好性，使其在硫化物半导体光催化剂载体中得到广泛应用，以提高光催化产氢的效率。

碳纳米管（CNTs）作为碳材料家族中的一员，在光催化领域中显示出巨大的应用潜力。CNTs 拥有独特的一维空心纳米结构、较大的比表面积、出色的机械性能和优异的导电性，这些特性使其成为理想的光催化载体材料。CNTs 的导电性能对提升光催化活性至关重要，因为它能够吸引半导体表面的光生电子，促进其快速转移，从而有效降低光生电子－空穴对的复合概率。

石墨烯作为碳材料中的新兴力量，在光催化领域同样展现出巨大潜力。石墨烯具有独特的二维结构、卓越的导电性能和化学稳定性，以及丰富的比表面积，这些特性使其成为硫化物半导体的理想载体。石墨烯的引入不仅可以提高光生载流子的传输效率，还可以通过表面化学改性来增强其与半导体的相互作用，促进光催化反应的进行[21]。通过化学方法在石墨烯表面引入亲水基团，可以提高其在水溶液中的分散性，并与半导体催化剂前驱体紧密结合，从而提高反应速率。同时，石墨烯的表面活性位和光催化反应中心可以进一步增强光催化效果，使反应不仅在半导体表面，也在石墨烯表面上发生，进而扩大反应的空间范围和提高反应效率。

在碳材料与硫化物半导体复合的研究中，已经出现了多种制备方法和研究成果。石墨烯的引入不仅提高了半导体表面的光生电荷利用效率，还有效分离了光生电子－空穴对，延长了载流子的寿命，从而显著提高了光催化产氢效率。

三、构建异质结

构建异质结是优化半导体材料光化学和光物理性质的重要策略，通过将不同半导体材料耦合，能够实现材料之间的协同作用，从而有效延长光生载流子的寿命并提高光催化剂的活性。在光催化领域，异质结的形成不仅可以改善光生电子与空穴的分离效率，还能够促进电荷的有效转移，从而提高催化反应的整体效率。

在具体实现上，CdS 与多种半导体材料的耦合形成的异质结展现出了不同的电荷传输机制。例如，当 CdS 与 n 型半导体如 TiO_2 形成异质结时，由于其导带和价带的能级差异，CdS 的导带位置相对较负，TiO_2 的价带位置则较正。这种能带排列促使光生电子从 CdS 转移到 TiO_2 的导带，同时光生空穴则从 TiO_2 转移到 CdS 的价带，从而实现了光生电荷的有效分离。这一过程大大提高了光催化剂的反应活性，并优化了其应用性能。

此外，CdS 还可以与其他 n 型半导体如 $Zn1-xCdxO_3$、$K_4Nb_6O_{17}$、$K_2Ti_4O_9$ 和 $LaMnO_3$ 等形成类似的异质结，这些材料的能带结构与 CdS 的耦合能够进一步拓展光催化剂的性能。这些异质结的构建不仅优化了电荷的分离过程，还可能影响催化反应的选择性和产物分布，为光催化领域提供了更为丰富的研究空间。

然而，传统 II 型异质结存在一个显著的缺陷，即光生电子和空穴的氧化还原能力可能会降低，这限制了催化剂的氧化还原潜力。这一问题主要源于能带位置的不匹配，导致电荷的转移未能充分利用催化剂的还原和氧化能力。在这一背景下，CdS 与 p 型半导体（如 WO_3）的耦合显得尤为重要。CdS 的价带位置与 WO_3 的导带位置接近，这一能带匹配特性使得光生电子更容易转移至 WO_3 的导带上，保持了较高的还原能力，有助于延长光催化剂的使用寿命。

基于 Z 型电荷传输机制的 $CdS-WO_3$ 复合光催化剂在光催化还原 CO_2 生成甲烷反应中表现出显著的催化活性。通过光催化活性测试及羟基自由基的检测实验，证实了 $CdS-WO_3$ 异质结能够有效生成更多的羟基自由基，这一结果为 Z 型电荷传输机制的存在提供了有力支持。Z 型电荷传输机制不仅促进了光生载流子的有效分离,也提升了光催化反应的选择性和效率。

异质结的构建不仅是优化现有光催化剂性能的重要手段,更是发展新型光催化材料的关键方向。未来,研究人员可以通过系统调控材料的能带结构、掺杂策略及界面工程等手段,进一步提升异质结的光催化性能。此外,基于异质结的光催化系统在环境治理、清洁能源等应用领域展现出的广阔前景,推动了光催化技术的不断进步。

总之,构建异质结作为优化半导体材料性能的有效方法,通过电荷的有效分离和转移,提升了光催化剂的活性和稳定性,为未来的光催化研究提供了新的思路和方向。随着对异质结机制的深入理解及新材料的不断开发,其在光催化应用中的潜力将不断得到挖掘与拓展。

第三节 典型的硫化物光催化剂的光催化性能及应用分析

一、ZnS 光催化剂的光催化性能及应用分析

ZnS 和 ZnO 具有无毒、环境友好和制备简单等优点,并且常温下拥有优异的物理化学特性和催化活性,一直都是光催化领域研究的热点材料。[22]ZnS 作为一种典型的 II - VI 族半导体材料,在光催化领域因其优异的性能受到广泛关注。在光激励下,ZnS 展现出了显著的光催化活性,尤其是在 313nm 波长的光照射下,其溶于 $Na_2S-Na_2SO_3$ 水溶液中的表观量子效率可达到 90%。这一高效能主要归功于 ZnS 的高导带位置,它有利于光生电子的产生和分离。然而,ZnS 的带隙宽度约为 3.6eV,限制了其在可见光区域的应用,因为这一带隙宽度仅允许紫外光激发。

为了扩展 ZnS 在可见光区域的应用,研究人员采取了多种策略以实现 ZnS 对可见光的吸收,并保持其高导带位置的优势。其中,元素掺杂是一种有效的策略。通过将过渡金属阳离子掺杂到 ZnS 中,可以显著增强其对可见光的吸收能力。这种掺杂不仅改变了 ZnS 的光谱特性,还在其带隙中引入了新的杂质能级,从而提高了光催化效率。掺杂后的 ZnS 材料无须负载其他贵金属催化剂,即可表现出卓越的光催化活性,主要因为其导带位置的提升。

除了元素掺杂，表面修饰也是提升 ZnS 光催化性能的有效手段。例如，C 和 N 共掺杂的多孔 ZnS 光催化剂，这种共掺杂的 ZnS 在可见光照射下表现出显著的光催化活性。[23]进一步研究显示，通过 CuS 对多孔 ZnS 纳米片层进行表面修饰，可以显著提升其在可见光下的光催化活性。这种表面修饰通过促进电子从 ZnS 转移到 CuS，导致 CuS 还原为 Cu_2S，有效抑制了载流子的再复合过程，从而提高了光催化效率。

总体而言，ZnS 光催化剂因其在环境治理、水处理和能源转化等领域的潜在应用而受到广泛关注。通过元素掺杂和表面修饰等策略，ZnS 的可见光的光催化性能得到了显著提升。尽管如此，为了推动 ZnS 在工业和环境领域的实际应用，仍需深入研究其光催化机制，以及提高其在实际应用中的稳定性和可持续性。

二、CdS 光催化剂的光催化性能及应用分析

作为 II - VI 族半导体材料的代表，CdS 因其在室温下具有较窄的禁带宽度（2.42eV）而能够有效吸收太阳光中的可见光，这一特性使其在光催化领域具有广泛的应用前景。CdS 的带隙位置有利于光催化还原反应的进行，尤其是在光解水制氢等能源转换过程中。然而，CdS 在光催化过程中易受到光腐蚀的影响，限制了其光催化性能的持续发挥和应用范围。

为了克服 CdS 的光腐蚀问题并提升其光催化活性，研究人员采取了多种策略。其中一种常见的方法是在 CdS 表面负载贵金属助催化剂，如 Pt、Pd、RuO_2 等。这些助催化剂能够降低 CdS 的超电位，提高其催化活性，尤其在光解水制氢方面表现出显著效果[24]。此外，碳化钨等非贵金属材料也被证实可以作为 CdS 的有效助催化剂，增强其在可见光照射下的光催化裂解性能。[25]

过渡金属化合物，尤其是金属硫化物，也能显著提升 CdS 的光催化活性。例如，通过同时负载氧化性的助催化剂（如 PdS）和还原性的助催化剂（如 Pt），可以进一步提高 CdS 的光解水产氢速率，实现高达 93% 的量子产率。[26]这种双助催化剂策略不仅提升了 CdS 的光催化活性，还增强了其稳定性。

除通过表层负载改善 CdS 的光催化性能外，CdS 的晶体结构、结晶度、晶体缺陷和纳米结构等内在特性也对其光催化性能有重要影响。通过调控 CdS 的晶体结构，例如，采用镉-硫脲配位体热解法，可以优化 CdS 的晶体形态，其中六方晶格结构的 CdS 显示出更好的光催化性能。此外，CdS 的不同形貌，如纳米晶粒、纳米线、纳米棒等[27]，也会导致其光催化制氢活性的

差异[28]。通过在多孔纳米结构的 CdS 粉末表面沉积贵金属如 Pt，可以获得具有高量子效率的光解水产氢材料。

特别值得关注的是，通过热硫化法制备的具有纳米台阶结构的 CdS，因其独特的纳米结构，在可见光照射下展现出卓越的光催化性能，其量子效率可达 25%。这种结构的 CdS 有效地分离了光催化反应点，提高了光催化产氢的效率，为设计新型结构的光催化剂提供了新的思路。

三、$Cd_{1-x}Zn_xS$（或 $Zn_xCd_{1-x}S$）光催化剂

CdS 和 ZnS，作为 II - VI 族半导体材料，因其相似的晶格结构和接近的原子半径，能够形成 $Cd_{1-x}Zn_xS$（或 $Zn_xCd_{1-x}S$）固溶体。这些固溶体的价带和导带位置可以通过调整 Cd 和 Zn 的比例来精确控制，使得光生电子和空穴能够在连续的能带中移动，而非离散的杂质能级中。这种特性使得固溶体的光催化性能通常优于单一的 CdS 或 ZnS[29]。具体来说，$Zn_xCd_{1-x}S$ 固溶体的导带主要由 Zn 的 4s 和 4p 轨道以及 Cd 的 5s 和 5p 轨道杂化形成，其导带位置较 CdS 更负，禁带宽度较 ZnS 更窄，这些特性有利于其在可见光区域进行光催化反应。

尽管 $Cd_{1-x}Zn_xS$（或 $Zn_xCd_{1-x}S$）固溶体在理论上和实际工业应用中都进行了广泛的研究，但它们的光催化活性尚未完全满足实际生产的需求。因此，开发提高这些固溶体光催化效率的有效方法是当前研究的重点。

研究人员已经采用多种方法制备 $Cd_{1-x}Zn_xS$（或 $Zn_xCd_{1-x}S$）固溶体，包括共沉淀法、微乳液法、水热法等。例如，通过水热法和微波法合成 $Zn_xCd_{1-x}S$ 纳米颗粒和纳米棒，并研究其光催化降解甲基橙的活性和机制[30]。$Cd_{1-x}Zn_xS$ 固溶体可以采用共沉淀法进行合成，尽管这些固溶体克服了 CdS 的光腐蚀性和 ZnS 的宽带隙问题，但它们的实际带隙仍然较宽，限制了对太阳光的利用效率。为解决这一问题，研究人员尝试引入如 Ni^{2+}、Cu^{2+}、Sr^{2+} 和 Ba^{2+} 等杂质离子[31]，以调整带隙并增强可见光吸收能力，同时保持导带位置不变[32]。这种施主能级的引入有助于提高固溶体的光催化活性，并在表面或近表面区域抑制氧化。

参考文献

[1] 任博阳，车晓刚，刘思宇，等.熔融盐法制备煤基多孔碳纳米片用于钠离子电池负极 [J]. 化工学报，2022，73（10）：4745-4753.

[2] 张博，姚伟峰，宋秀兰，等.硫化物光催化剂的形貌控制及光催化性能的研究进展 [J]. 化工进展，2012，31（1）：83-90.

[3] 汪登鹏.CdSe/CdS 量子点荧光探针的制备及其对铜、镉离子的检测 [D]. 南宁：广西大学，2023：77.

[4] 董敬敬，计江龙，王雪芬，等.反胶束法可控制备金属纳米颗粒阵列 [J]. 实验技术与管理，2014，31（6）：41-43.

[5] 王庆庆，王锦玲，姜胜祥，等.溶胶—凝胶法设计与制备金属及合金纳米材料的研究进展 [J]. 物理化学学报，2019，35（11）：1186-1206.

[6] 刘秋颖.热蒸发法制备 SiO_2 纳米材料及其参数影响研究 [D]. 锦州：渤海大学，2018：45.

[7] 牟芝梅，邓治臣，赵静銮，等.锰/锆—双金属有机骨架纳米酶比色法检测水中痕量氟 [J]. 分析测试学报，2023，42（11）：1405-1412.

[8] 刘春霞，严文，范新会，等.用热蒸发法制备 CdS 纳米带 [J]. 材料科学与工程学报，2005（1）：102-104.

[9] 陈结霞，张凯凯，张宾，等.电化学沉积 ZnS@CdS 构建光电化学传感器测定谷胱甘肽 [J]. 分析试验室，2022，41（5）：523-528.

[10] 王丽，胡海霞，王勇兵，等.溶剂对溶剂热法可控合成 $CdS/g-C_3N_4$ 复合材料的影响 [J]. 开封大学学报，2023，37（1）：76-81.

[11] 李书平，王仁智.Schottky 势垒中的电中性能级、平均键能和费米能级 [J]. 厦门大学学报（自然科学版），2003（5）：586-590.

[12] 杨敏鸽，王俊勃，刘英，等.$NaBH_4$ 还原法制备纳米锡的研究 [J]. 应用化工，2007（9）：848-850.

[13] 李维平，王金铭，马梦川，等.多孔状 Ni-NiO/CdS 催化剂的制备及其光催化性能研究 [J]. 江西师范大学学报（自然科学版），2023，47（5）：451-459.

[14] 陈燕，张萍，王晓玲.ZnS/ZnO 纳米片组装的多孔微球的制备及光催化性能研究 [J].材料导报，2016，30（16）：50-54.

[15] 马惠言，简丽，张前程.载体对负载型催化剂的光催化活性影响研究 [J].内蒙古工业大学学报（自然科学版），2011，30（3）：226-230.

[16] 冯英武.沸石负载 TiO_2-CdS 复合半导体的制备及光催化制氢研究 [D].哈尔滨：哈尔滨工业大学，2010.

[17] 戴荣玲，章钢娅，胡钟胜，等.凹凸棒石黏土对 Cd^{2+} 的吸附作用及影响因素 [J].非金属矿，2006（5）：47-49+67.

[18] 刘东.基于锌钛类水滑石 CdS/CdSe 量子点共敏化太阳能电池的研究 [D].济南：山东大学，2019：63.

[19] 王巧英，刘海清.CdS-OH/ 聚丙烯腈复合纳米纤维的制备及其表征 [C].//2012 年全国高分子材料科学与工程研讨会，2012.

[20] 支鹏伟，容萍，任帅，等.g-C_3N_4/CdS 异质结紫外—可见光电探测器的制备及其性能研究 [J].光子学报，2021，50（9）：252-259.

[21] 王玉生.基于石墨烯材料的光电子器件应用研究 [D].苏州：苏州大学，2016：76.

[22] 李合，李文江.ZnS/ZnO 异质结光催化剂的应用研究进展 [J].精细化工，2023，40（10）：2149-2160+2221.

[23]Muruganandham M, Kusumoto Y.Synthesis of N, C Codoped Hierarchical Porous Microsphere ZnS As a Visible Light-Responsive Photocatalyst[J]. Journal of Physical Chemistry C，2009（36）：16144-16150.

[24]Ma G, Yan H, Shi J, et al.Direct splitting of H_2S into H_2 and S on CdS-based photocatalyst under visible light irradiation[J].Journal of Catalysis，2008，260（1）：134-140.

[25]Jang S J, Ham J D, Lakshminarasimhan N, et al.Role of platinum-like tungsten carbide as cocatalyst of CdS photocatalyst for hydrogen production under visible light irradiation[J].Applied Catalysis A, General，2008，346（1-2）：149-154.

[26]Yan H, Yang J, Ma G, et al.Visible-light-driven hydrogen production with extremely high quantum efficiency on Pt–PdS/CdS photocatalyst[J].Journal of Catalysis，2009，266（2）：165-168.

[27]Li Y, Hu Y, Peng S, et al.Synthesis of CdS Nanorods by an

Ethylenediamine Assisted Hydrothermal Method for Photocatalytic Hydrogen Evolution[J].Journal of Physical Chemistry C, 2009 (21): 9352-9358.

[28]Jang S J, And J A U, Lee S J.Solvothermal Synthesis of CdS Nanowires for Photocatalytic Hydrogen and Electricity Production[J]. Journal of Physical Chemistry C, 2007 (35): 13280-13287.

[29]Xing C, Zhang Y, Yan W, et al.Band structure-controlled solid solution of $Cd_{1-x}Zn_xS$ photocatalyst for hydrogen production by water splitting[J]. International Journal of Hydrogen Energy, 2006, 31 (14): 2018-2024.

[30]Li W, Li D, Xian J.Specific Analyses of the Active Species on Zn0.28Cd0.72S and TiO_2 Photocatalysts in the Degradation of Methyl Orange[J]. The journal of physical chemistry, C.Nanomaterials and interfaces, 2010, 114(49): 21482-21492.

[31]Zhang K, Jing D, Chen Q, et al.Influence of Sr-doping on the photocatalytic activities of CdS-ZnS solid solution photocatalysts[J].International Journal of Hydrogen Energy, 2010, 35 (5): 2048-2057.

[32]Zhang K, Zhou Z, Guo L.Alkaline earth metal as a novel dopant for chalcogenide solid solution: Improvement of photocatalytic efficiency of $Cd_{1-x}Zn_xS$ by barium surface doping[J].International Journal of Hydrogen Energy, 2011, 36 (16): 9469-9478.

第四章 石墨烯基半导体光催化材料的制备及增强

随着环境污染日益严重和能源需求不断增长，光催化技术作为一种高效、绿色的能源转换和环境治理手段，正受到广泛关注。石墨烯基半导体光催化材料以其优异的电子传输性能和催化活性，在光催化领域显示出巨大的应用潜力。本章将研究石墨烯、氧化石墨烯及还原氧化石墨烯的制备方法，并探讨它们的光催化性质。在此基础上，进一步探索石墨烯基半导体复合光催化剂的制备与增强策略，以期提升光催化效率，从而为环境保护和可持续发展提供有力支持。

第一节 石墨烯的制备及复合材料的光催化性质

石墨烯作为由 sp^2 杂化的碳原子构成的二维蜂窝状晶格结构材料，在碳材料家族中占据着独特的地位。其基本结构单元为稳定的六元环，使得石墨烯成为构成零维富勒烯、一维碳纳米管和"三维"石墨的基本组成单元之一。不同的卷曲方式使得石墨烯能够形成多样化的碳材料形貌。例如：当石墨烯发生卷曲并形成 12 个五元环时，就可以形成零维的富勒烯结构；当石墨烯卷曲成圆筒状时，则形成一维的碳纳米管；当多个石墨烯层叠加时，便形成了"三维"石墨结构。

下一代电子产品的飞速发展对热管理提出了更高的要求。[1]石墨烯的出现不仅仅是对碳材料家族的丰富，更是因为其独特的结构和卓越的性能而受到了广泛的关注。其具有诸多优异的性质，如巨大的比表面积、快速的本征迁移率、高弹性模量、优异的热导率、高透光性以及良好的电导率等，这些性质使得石墨烯在各个领域展现出了广泛的应用前景。作为电子材料，石墨烯因其高电导率和高透光性而被广泛应用于柔性电子、透明导电膜等领域；

在能源领域，石墨烯的高热导率和高比表面积也为其在锂离子电池、超级电容器等方面的应用提供了可能性；在材料强度方面，石墨烯的高弹性模量和强度使得其成为制备高强度复合材料的理想选择。因此，石墨烯的光芒不断超越其他碳族成员，成为当前材料科学和工程领域中备受关注的焦点之一。

一、石墨烯的性质与制备方法

石墨烯的形貌是其结构和性质的重要方面，单层石墨烯的表面并不是完全平整的，而是存在着许多微小的起伏和褶皱。这些褶皱可能是由于石墨烯的制备过程中产生的机械应力或外界环境因素导致的。石墨烯表面的平均褶皱范围通常在 8～10 纳米，高度为 0.7～1 纳米。此外，石墨烯表面还可能存在其他缺陷结构，如拓扑缺陷（五元环、七元环及其混合形式）、空位、边缘/裂纹和吸附杂质等。这些缺陷对石墨烯的性质和应用具有重要影响，因此对其进行深入研究具有重要意义。

在结构方面，石墨烯由 sp^2 杂化的碳原子组成，具有类似蜂窝状的六角晶格结构。在这种结构中，碳原子的三个 sp^2 杂化轨道形成 σ 键，使得相邻碳原子之间形成了非常稳定的共价键。此外，碳原子的第四个价电子位于垂直于 σ 键平面的 pπ 轨道上，与周围的碳原子形成了相对较弱的 π 键。这种碳原子之间的强共价键和弱 π 键是石墨烯具有特殊性质的重要原因之一。

石墨烯的结构特点使得其具有许多独特的性质。例如，石墨烯具有极高的机械强度和弹性模量，使得其在纳米材料加固剂、复合材料和柔性电子器件等领域有着广泛的应用。此外，石墨烯还具有优异的导电性和热导性，使得其在电子器件、热管理和传感器等方面展现出了巨大的潜力。

（一）石墨烯的性质

石墨烯作为一种仅由单层碳原子组成的二维材料，具有许多独特而优异的性质，这些性质在实验和理论研究中得到了广泛的验证和探究。

第一，电子输运性质。在电子输运性质方面，石墨烯的特殊晶格结构决定了其具有金属性的特性。碳原子之间形成的 sp^2 键极大地促进了电子在石墨烯中的传输，使得石墨烯具有极高的电子迁移率。这种迁移率几乎不受温度的影响，在室温下仍能保持在极高的水平。[2] 此外，石墨烯在室温下还能够展现出量子霍尔效应，这一现象为其在电子学领域的应用提供了重要基础。

第二，光学性质。石墨烯不仅在电子领域表现出色，其光学性质也是非

第四章 石墨烯基半导体光催化材料的制备及增强

常重要的特征。具体来说，石墨烯在可见光区域展现出了极高的透光率，这一数值大约为 97.7%。这种高透光率使得石墨烯成为制造光电子器件时的理想电极材料。由于其具有高透光性，我们可以通过光学图像快速地定位和识别石墨烯的形貌以及其层数，对于材料的研究和应用具有极大的便利性。此外，根据石墨烯的光学性质，还可以通过改变其带隙来实现发光特性。这一特性在发光器件的研究和开发中具有重要的意义。通过调整石墨烯的带隙，可以使其在特定波长范围内发光，从而在光电子器件中发挥更多的功能。这种可调控的发光特性使得石墨烯在未来的光电子器件和光电器件中具有广泛的应用前景。因此，石墨烯的光学性质不仅为其在电子领域的应用提供了新的可能性，也为光电子器件的发展带来了新的机遇。

第三，热学性质。石墨烯的热导率非常高，大约为 5000W/(m·K)，这一数值远远超过了传统材料，例如金刚石和碳纳米管。这种卓越的热导性能使得石墨烯在热管理和传感器等多个领域展现出了巨大的应用潜力。石墨烯的热导率不仅使其成为一种理想的热管理材料，还为研究人员提供了新的研究方向和挑战。科学家们正在努力探索如何利用石墨烯的热学性质，以期在未来的电子设备、能源存储和转换等领域取得突破性进展。

第四，力学性质。石墨烯不仅在电子领域表现出色，力学性质也是其重要特征之一。具体来说，石墨烯的杨氏模量高达约 1.0TPa，这一数值在目前已知的所有材料中是最高的，显示出其卓越的力学性能。这种高强度的特性使得石墨烯在承受拉伸和压缩等外力时表现出极高的稳定性，从而赋予其在纳米材料加固剂、复合材料和柔性电子器件等领域广泛的应用前景。石墨烯的高断裂强度使其在这些领域中具有显著的优势。例如：在纳米材料加固剂中，石墨烯可以显著提高复合材料的力学性能，使其更加坚固耐用；在柔性电子器件中，石墨烯的高强度和高弹性使其能够承受反复的弯曲和拉伸，从而延长器件的使用寿命。此外，石墨烯在复合材料中的应用也显示出其优异的力学性能，从而提升材料的整体性能。对石墨烯的衍生材料，如氧化石墨烯等的研究，也为开发具有更优异力学性能的石墨烯材料提供了新的思路和途径。通过化学修饰和功能化，研究人员可以进一步优化石墨烯的力学性能，使其在特定应用中表现出更好的性能。例如，氧化石墨烯可以通过化学还原等方法恢复其导电性，保留其优异的力学性能，从而在柔性电子器件等领域中发挥更大的作用。

（二）石墨烯的制备方法

石墨烯的制备方法是当前石墨烯研究领域的一个重要议题，石墨烯的制备方法主要包括剥离法、外延生长法、化学气相沉积法和解链碳纳米管方法。

第一，剥离法。剥离法是一种通过机械剥离或超声波剥离的方式，从热解石墨等原料中获得单层石墨烯的技术。这种方法能够获得品质较高的石墨烯，但由于其生产过程不能实现量产且生产成本较高，因此主要用于实验室的基础研究。具体来说，机械剥离法是通过使用胶带或其他机械工具，将热解石墨表面的石墨烯逐层剥离下来，最终获得单层石墨烯。这种方法的优点是可以获得较高品质的石墨烯，缺点是剥离过程较为烦琐，且难以实现大规模生产。超声波剥离法则是在含有石墨烯的溶液中，通过超声波的作用，将石墨烯层从热解石墨表面剥离下来。这种方法的优点是可以实现一定程度的量产，缺点是剥离过程中可能会对石墨烯的品质产生一定的影响。

第二，外延生长法。外延生长法是一种特定的技术，用于在其他晶体层的表面培育和生长石墨烯。这种方法通常涉及将石墨烯层生长在过渡金属的表面，或者在硅碳化物（SiC）片的表面进行石墨烯的外延生长。通过这种技术制备出的石墨烯，通常具有非常优良的结晶性，意味着其晶体结构非常完整和有序。然而，外延生长法在实际操作过程中，对生长条件的要求相当严格。这些条件包括温度、压力、气氛以及生长速率等，都需要精确控制，以确保石墨烯层能够正确地生长在基底表面。尽管如此，这种方法仍然容易导致石墨烯层中出现缺陷，例如空位、位错和杂质掺杂等。此外，由于生长条件的复杂性，石墨烯层在生长过程中容易形成多晶结构，即由多个小的晶体区域组成，而不是单一的大晶体。这些缺陷和多晶结构的存在，限制了外延生长法制备的石墨烯在大面积应用和厚度均匀性方面的表现。在大面积应用中，石墨烯层需要保持一致的性质和质量，以确保其在电子器件、传感器或其他应用中的性能。然而，由于缺陷和多晶结构的存在，石墨烯层在大面积上可能表现出不均匀的电学、热学和机械性能，从而影响其整体应用效果。因此，尽管外延生长法在制备高质量石墨烯方面具有一定的优势，但在实际应用中仍需克服这些挑战，以实现大面积、厚度均匀的石墨烯层的制备。

第三，化学气相沉积法。化学气相沉积法（CVD）被认为是目前最具发展前景的石墨烯批量化生产技术之一。这种方法主要依赖于过渡族金属作为基底材料，在高温环境下，通过碳氢化合物气体的化学反应来生成石墨烯薄膜。

化学气相沉积法的优势在于它能够生产出尺寸较大、结晶度较高的石墨烯片层，并且该方法具备较为成熟的批量化生产工艺，因此，化学气相沉积法在石墨烯的产业化生产过程中受到了广泛的关注和应用。由于其生产出的石墨烯具有优异的电学、热学和力学性能，因此化学气相沉积法在石墨烯材料的商业化应用中占据了重要地位。

第四，解链碳纳米管方法。解链碳纳米管方法是一种通过物理或化学手段沿着碳纳米管的纵轴方向打开碳－碳键，从而制备出带状石墨烯的技术。这种方法的核心在于将碳纳米管的管状结构转化为二维的石墨烯片层结构。尽管这种方法在理论上能够实现石墨烯的解链制备，但在实际应用中，仍面临诸多挑战和问题。①解链碳纳米管的方法在效率方面存在显著的不足。由于碳纳米管的结构非常稳定，打开碳－碳键需要较高的能量或特定的化学反应条件，导致整个解链过程耗时较长，难以实现大规模生产。②成本问题也是制约该方法广泛应用的重要因素。无论是物理手段还是化学手段，所需的设备和技术条件往往较为复杂，而且成本高昂，导致整体成本居高不下。③在解链过程中可能会引入一些杂质或缺陷，从而影响石墨烯的质量和性能，这也是需要进一步研究和改进的地方，因此，尽管解链碳纳米管的方法在理论上具有一定的可行性，但在实际操作中仍需克服效率低、成本高以及质量控制难等多重挑战。为了推动该技术的进一步发展和应用，研究人员需要在优化解链工艺、降低成本以及提高石墨烯质量等方面进行深入研究和持续改进。

二、石墨烯基复合材料的光催化性质

（一）光催化产氢方面

光催化产氢作为一种可再生能源技术，近年来受到了广泛关注。石墨烯基复合材料因其独特的物理化学特性，在光催化产氢方面展现出了巨大的潜力。石墨烯的引入不仅提高了催化剂的光吸收范围，还促进了光生电荷载流子的分离和迁移，从而提高了产氢效率。

石墨烯的光催化机制主要基于其宽带隙特性和高电子迁移率。当石墨烯吸收光子后，价带中的电子被激发至导带，形成光生电子－空穴对。在内建电场或外部偏压的作用下，电子和空穴得以有效分离，避免了它们的复合。电子在导带中向催化剂表面迁移，与水分子发生还原反应生成氢气，而空穴在价带中与水分子发生氧化反应生成氧气。

为了进一步提升石墨烯基复合材料的光催化产氢性能，研究人员采取了多种策略构建复合材料。其中，石墨烯与半导体材料的复合是最常见的方法。例如，石墨烯与CdS、TiO_2等半导体材料的复合[3]，不仅拓宽了光吸收范围，还形成了Ⅱ型或Z型异质结构，有利于电子和空穴的分离和迁移。此外，石墨烯与金属纳米颗粒的复合，如石墨烯与Au、Pt等，可以作为助催化剂，进一步促进电子的转移和催化反应的进行。

石墨烯基复合材料的结构和组成对其光催化产氢性能有着决定性的影响。通过调控石墨烯的层数、形貌和掺杂，可以改变其电子结构和光吸收特性。例如，单层石墨烯与多层石墨烯相比，具有更高的电子迁移率和更大的比表面积，从而提高了光生电荷载流子的分离效率。此外，通过非金属掺杂或金属掺杂，可以引入局部能级，促进电子和空穴的分离，从而提高光催化活性。

石墨烯基复合材料的界面工程是提高光催化产氢效率的另一关键因素。界面的优化可以促进电子从石墨烯转移到半导体或金属纳米颗粒，以减少能量损耗。通过表面修饰、自组装单层或构建核壳结构，可以改善石墨烯与复合材料的界面接触，从而提高电荷转移效率。此外，界面的亲水性或疏水性调控也对光催化反应的进行具有重要影响。

（二）有机污染物的降解方面

在当今工业化和城市化迅速发展的背景下，环境污染问题日益严重，尤其是有机污染物对水体和土壤的污染。有机污染物的降解成为环境保护领域的一个重要议题。石墨烯基复合材料因其独特的物理化学特性，在降解有机污染物方面表现出了良好的活性和潜力。

石墨烯的高比表面积和特殊的表面性质使其成为一种高效的吸附材料。石墨烯表面的π-π堆积作用能够与有机污染物的芳香环结构发生相互作用，从而实现对有机污染物的有效捕获。此外，石墨烯表面的官能团如羟基、羧基等可以与有机污染物形成氢键或离子键，增强其吸附能力。石墨烯的这些特性对于处理含有多种有机污染物的废水具有重要意义。

石墨烯基复合材料在光催化降解有机污染物方面展现出了优异的性能。石墨烯与半导体材料如TiO_2、ZnO等复合，可以形成异质结构，促进光生电子和空穴的有效分离，提高光催化活性。在光照条件下，石墨烯基复合材料能够产生活性氧物种如羟基自由基和超氧阴离子，这些活性物种具有强氧化性，能够氧化并矿化有机污染物，最终转化为无害的小分子，如水和二氧化碳。

第四章　石墨烯基半导体光催化材料的制备及增强 ◎

为了提高石墨烯基复合材料在有机污染物降解方面的效率，研究人员采取多种构建策略。一种策略是通过物理混合或化学键合将石墨烯与其他材料结合，形成复合结构，这也是一种常见策略。例如，石墨烯与金属氧化物的复合可以提高光催化活性，同时石墨烯的导电性也有助于电子的传输。另一种策略是利用石墨烯的表面活性，通过非共价作用或共价作用将石墨烯与其他功能材料如光敏剂、助催化剂等结合，形成具有协同效应的复合体系。

石墨烯基复合材料在有机污染物降解中的反应机制涉及光吸收、电荷分离、活性物种生成和污染物降解等多个步骤。在光照条件下，石墨烯基复合材料吸收光能，激发电子从价带跃迁到导带，形成光生电子-空穴对。石墨烯的高电子迁移率有助于电子的快速传输，其与复合材料中其他组分的相互作用则有助于空穴的分离和迁移。这些光生电子和空穴可以与水或氧分子反应生成活性氧物种，进而氧化有机污染物。石墨烯的表面官能团也可以直接参与有机污染物的吸附和降解。

石墨烯基复合材料在有机污染物降解方面的应用前景十分广阔，不仅可以用于处理工业废水和城市污水，还可以应用于土壤修复和空气净化。石墨烯基复合材料的高效吸附和光催化性能使其成为解决环境污染问题的一种有力工具。此外，石墨烯的可调控性和可设计性为开发新型高效环保材料提供了可能。

（三）空气净化方面

空气净化是环境保护和公共健康领域的重要议题。随着工业化和城市化的加速，空气中的有害气体污染问题日益突出，对人类健康和生态环境构成了严重威胁。石墨烯基复合材料因其独特的光催化性能，为空气净化提供了新的解决方案。

石墨烯具有优异的光催化特性，主要归功于其宽带隙、高比表面积和出色的电子传导性。在光照条件下，石墨烯能够吸收光子能量，激发电子从价带跃迁到导带，从而产生光生电子-空穴对。这些高活性的光生电子和空穴可以驱动氧化还原反应，分解空气中的有害气体。

为了提高石墨烯在空气净化中的效率，研究人员开发了多种石墨烯基复合材料。通过将石墨烯与其他光催化活性物质，如 TiO_2、ZnO 等半导体材料复合，可以构建高效的光催化体系。这些复合材料不仅拓宽了光响应范围，还通过形成异质结构促进了电荷载流子的有效分离和迁移。此外，通过调控复合材料的形貌、尺寸和组成，可以进一步优化其光催化性能。

石墨烯基复合材料光催化分解有害气体的过程涉及复杂的物理和化学过程。在光照条件下，石墨烯基复合材料产生的光生电子和空穴可以与空气中的 O_2、H_2O 等分子反应，生成具有强氧化性的活性氧物种（ROS），如羟基自由基和超氧阴离子。这些活性氧物种能够氧化并分解有害气体，将其转化为无害的小分子，如水和二氧化碳。

石墨烯基复合材料在空气净化中的应用前景广阔。它们可以被用于室内空气净化，去除甲醛、苯等挥发性有机化合物（VOCs），提高室内空气质量。[4] 此外，石墨烯基复合材料也可以应用于工业排放处理，减少工厂排放的有害气体对环境的影响。在城市环境治理中，石墨烯基复合材料可以作为光催化涂层，覆盖在建筑物表面或道路标志上，实现自清洁和空气净化的双重功能。

第二节 氧化石墨烯的制备及性质分析

一、氧化石墨烯膜的制备方法

氧化石墨烯（GO）是石墨烯的一种衍生物，其结构特征为在二维碳晶格中嵌入多种含氧官能团，如羧基、环氧基、羰基和羟基。[5] 这些官能团不仅赋予 GO 独特的化学性质，还使其在分散性和力学性能方面具有优势。GO 通常通过改进的 Hummers 方法制备，该方法使用强氧化剂如浓硫酸和高锰酸钾处理天然石墨，随后通过超声处理得到 GO 纳米片的水分散液。

GO 在水中的优异分散性为基于 GO 水溶液的成膜方法提供了便利，常见的成膜技术包括滴涂、旋涂、刮涂、喷涂、真空抽滤和高压辅助沉积等。通过精确控制成膜条件，可以制备出宏观均匀、微观有序的 GO 膜。GO 层间形成的互锁结构赋予 GO 膜优异的力学性能，可应用于多个领域。

（一）滴涂法

滴涂法是一种简单易行且高效的制备 GO 膜的方法。这种方法主要是将含有 GO 的水溶液滴加到一个光滑的基底表面上，然后让溶液在自然条件下逐渐干燥。通过这种方式，可以得到一层均匀且平整的 GO 膜。在制备过程中，通过精确控制 GO 溶液的体积和浓度，可以有效地调节所制备的 GO 膜的面积和厚度，以满足不同的应用需求。

滴涂法的优点在于其操作简便，设备要求低，且制备过程快速高效。此外，这种方法还具有较高的可重复性和可控性，使得研究人员可以根据实验需求，灵活调整制备参数，从而获得具有特定性能的 GO 膜。通过优化滴涂条件，可以制备出具有优异力学性能的 GO 膜，例如较高的拉伸强度和良好的柔韧性。这种 GO 膜在多个领域具有广泛的应用前景。例如，在过滤领域，GO 膜可以用于高效分离和过滤各种微粒和分子，从而在水处理和空气净化等方面发挥重要作用。此外，GO 膜还具有良好的离子分离性能，使其在电池和超级电容器等能源存储设备中具有潜在的应用价值。通过进一步的化学修饰和功能化，GO 膜的性能还可以进一步提升，以满足更复杂的应用需求。总之，滴涂法作为一种简便的 GO 膜制备方法，不仅操作简便，而且具有广泛的应用潜力，为科研和工业应用提供了新的可能性。

（二）刮涂法

刮涂法是一种特别适合于大规模连续化生产的液相成膜技术。这种技术通过使用刮刀将浓稠的 GO 溶液均匀地涂布在基底表面，从而能够制备出均匀且连续的 GO 膜。通过精确控制高吸水性高分子凝胶珠的含量以及加入时间，可以有效地调节 GO 溶液的浓度，以达到所需的成膜效果。此外，通过对 GO 悬浮液的流变性质进行深入研究，可以进一步优化刮涂工艺参数，从而制备出厚度为 65～360nm 的高质量 GO 膜。这种膜不仅具有良好的均匀性和连续性，而且在厚度控制方面也表现出色，使其在各种应用领域中具有广泛的应用潜力。

（三）旋涂法

旋涂法是一种利用离心力和重力作用将 GO 溶液均匀涂布在基底表面的技术。通过精确控制旋涂过程中的时间、转速和加速度，可以有效地调节 GO 膜的质量和均匀性。这种方法在制备大面积、高质量的 GO 膜方面具有显著优势。然而，旋涂法对基底与 GO 溶液之间的亲和性要求较高，如果基底与溶液之间的相互作用不够强，可能会导致 GO 膜的附着力不足，从而影响膜的质量。此外，尽管旋涂法在大面积膜的制备上具有优势，但在对 GO 膜厚度进行精确控制方面存在一定的局限性。为了突破这些局限，需要进一步优化旋涂参数，或者探索其他更先进的涂布技术。

（四）喷涂法

喷涂法是一种通过施加压力将 GO 溶液分散成细微液滴，并均匀涂布在基底表面的技术。这种方法不仅可以实现大面积的均匀涂覆，还能有效控制液滴的粒径，从而提高涂膜的质量。通过喷涂法，可以制备具有优异性能的 GO/FLG（少数层石墨烯）复合膜。这种复合膜在经过热处理和 Ca^{2+} 交联后，其力学性能得到了显著提升。

在喷涂过程中，聚乙烯醇（PVA）作为界面吸附层，起到了至关重要的作用。PVA 层能够有效地吸附在基底表面，增强 GO 溶液与基底之间的黏附力，从而提高薄膜的整体稳定性。此外，PVA 层还能够改善 GO 溶液在基底上的分散性，进一步提升薄膜的均匀性和致密性。通过优化 PVA 的浓度和喷涂工艺参数，可以进一步优化薄膜的力学性能，使其在各种应用场合中表现出色。

（五）真空抽滤法

真空抽滤法是一种广泛应用于制备 GO 膜的技术。这种方法主要利用了真空环境下的压力差，通过在微孔滤膜或阳极氧化铝陶瓷膜上施加真空，使得 GO 溶液中的 GO 纳米片能够有序地沉积在滤膜的表面。这种技术操作简便，可靠性高，能够有效地制备高质量的 GO 膜。

在真空抽滤法中，通过调节 GO 溶液的浓度，可以精确控制所制备的 GO 膜的厚度。浓度较高的溶液会使得膜的厚度增加，浓度较低的溶液则会使得膜的厚度减小。然而，随着膜厚度的增加，制备速度会逐渐降低。这是因为较厚的膜需要更长的时间来完成沉积过程，从而导致整体制备效率的下降。尽管如此，真空抽滤法仍然是制备 GO 膜的一种高效且实用的技术，尤其适用于需要精确控制膜厚度的场合。

（六）高压辅助沉积法

高压辅助沉积法是一种高效的制备技术，特别适用于快速制备 GO 膜。这种方法的核心在于利用高压罐中的氮气压力，将 GO 溶液中的 GO 纳米片均匀地沉积在基底表面。与传统的真空抽滤法相比，高压辅助沉积法施加的压力更高，使得 GO 纳米片能够更加紧密地结合在基底上，从而制备出厚度更大、与基底结合更加牢固的 GO 膜。这种高压辅助沉积法的优势在于其能够制备出适用于多种应用场景的高质量 GO 膜。特别是对于纳滤和反渗透膜等需要密实基底的应用，高压辅助沉积法能够提供更加稳定和高效的膜材料。通过这种方法制备的 GO 膜不仅具有良好的机械强度，还能够保持较高的渗透性和选择性,从而在水处理、气体分离等领域展现出巨大的应用潜力。

二、氧化石墨烯膜的传质特性

(一)水和离子传输性质

氧化石墨烯(GO)膜因其卓越的亲水性、柔韧性、化学稳定性、水分散性、成膜性、可批量化生产能力以及显著的力学强度,被广泛认为是在过滤与分离领域具有巨大应用潜力的石墨烯基薄膜。GO 膜内部的层状结构由 GO 片层间的孔道相互连通,形成了跨膜的通道,这一独特的物理化学结构赋予了 GO 膜出色的传质性能。

在水传输特性方面,GO 膜展现出对水分子的超快传输能力。通过旋涂法制备的微米级厚度的 GO 膜,其内部 GO 纳米片平行于膜表面有序堆叠,形成书页状层状结构。这种结构使得 GO 膜对大多数液体和所有气体(包括氦气)具有阻隔作用,而水蒸气却能够快速、无阻碍地通过。这一现象可以归因于 GO 层片间形成的纳米毛细网络通道,这些通道内部具有较高的毛细管压力,同时碳原子的规整排列结构提供了超低的摩擦力,使得水蒸气的传输极为迅速。在低湿度条件下,毛细通道可能会可逆地收缩变窄,或被水分子阻塞,从而阻止其他分子的通过。[6]

在离子分离性能方面,GO 膜展现出选择性离子透过性,并提出了基于尺寸效应的离子排除机制。这种选择性传输归因于 GO 膜在水环境中纳米毛细管网络的开启,使得只有尺寸适合的溶质分子能够跨膜输运。此外,GO 膜在润湿状态下的 X 射线衍射(XRD)结果显示 GO 纳米层片间的层间距约为 0.9nm,这一数据对于理解 GO 膜的离子截留机制至关重要。

GO 膜的离子截留机制还受到离子与 GO 膜间化学相互作用的调控。系统研究 GO 膜对不同阳离子的渗透行为揭示了不同金属离子与 GO 膜中的含氧官能团及 sp^2 杂化团簇之间的相互作用差异。例如,碱金属和碱土金属阳离子倾向于通过"阳离子-π"相互作用与 sp^2 杂化团簇结合,过渡金属阳离子则更倾向于通过配位作用与 sp^3C-O 基体键合。基于这一机制,可以通过对 GO 膜进行官能化处理,如羟基化、羧基化和氨基化等,赋予 GO 膜不同的电荷特性,从而实现对不同金属阳离子的有效选择性分离。

（二）传质机制

GO膜因其独特的物理化学性质，在传质机制研究领域引起了广泛关注。GO膜对水蒸气的超高渗透率主要归因于GO层间石墨烯区域构成的通道内的超润滑特性，这种特性大幅降低了水传输过程中的阻力，同时，超高的毛细压力也为水传输提供了额外的驱动力。

在石墨烯纳米通道中，水分子展现出极快的传输速率，理论上可达1米/秒。在纳米尺度下，固液界面相互作用对流体流动行为具有决定性影响，且流体在纳米尺度表现出与宏观尺度不同的尺寸效应。然而，水分子在GO膜中的传输并非完全不受阻碍。水分子在传输过程中会受到两侧氧化区域的永久侧面钉扎作用[①]，水分子与氧化区域形成的氢键会减缓水传输速率，从而削弱纳米限域效应的影响，增强因子仅为1～10。石墨烯片之间的水流经历了显著的边界滑移，导致速度分布变得平坦。GO片层之间的水流速度减小，滑移长度变短。在由原始通道和氧化石墨烯区域组成的通道内，边缘钉扎效应显著阻碍了原始通道内的超快水流动。

在高湿度或完全水合的条件下，GO膜层间可能被水填满，此时压力驱动机制适用于这种互穿网络结构。然而，在部分水合的GO膜内，气态或液态水的传输受到GO膜层间距的限制，膜层水分子之间的静水压力无法传递，不能形成穿透的流体网络。水分子的渗透主要通过集体扩散而非对流进行。

近期的研究进一步探讨了水流在GO膜内部的传质机制。通过合成片层尺寸具有显著差异但化学组成相似的GO片层，并制备不同厚度的GO膜来测试水透过速率，发现GO片层大小的差异因子高达100，而水流通量的差异因子仅为1.45～2.50。这一结果表明，水流的跨层传输是GO存在无序堆叠和孔隙的结果。如果不存在这些非理想情况，水流需要先横向通过整个GO片层，那么片层大小的差异将导致水流速度产生显著差异。

（三）水环境中的稳定性

GO在水环境中的稳定性，是其在水过滤与分离领域的应用中一个关键的考量因素。GO必须在水溶液中保持结构的完整性，以避免解离，确保其在应用过程中的有效性和可靠性。GO层表面丰富的含氧官能团使其在水溶液中带

---

① "钉扎作用"是用来描述某种物理约束或阻碍效应的术语。具体来说，当水分子在GO膜中传输时，它们会遇到膜两侧的氧化区域。这些区域由于其特殊的化学性质和结构，会对水分子产生一种"吸引"或"固定"的作用，即钉扎作用。

负电荷，这些官能团的离子化增强了 GO 的水溶液分散性。然而，这些官能团也可能导致 GO 层间的静电斥力增加，从而在水合后导致 GO 层的分离和 GO 膜的破碎。

尽管存在这些潜在的问题，研究表明，GO 膜在水溶液中可以展现出优异的稳定性。例如，以阳极氧化铝（AAO）为基底制备的 GO（AAO）膜比以聚四氟乙烯（Teflon）为基底制备的 GO（Teflon）膜具有更高的力学强度和稳定性。GO（AAO）膜的弹性模量显著高于 GO（Teflon）膜，且在水溶液中能够保持完整，GO（Teflon）膜则会迅速分解和溶解。[7] 这一差异被归因于 AAO 基底在酸性溶液中的刻蚀作用，释放出的 Al^{3+} 离子能够有效交联 GO 层，从而增强 GO 膜的稳定性。

然而，GO 膜在极端 pH 条件下的稳定性仍然是一个挑战。GO、rGO-TA 和 rGO-TH 膜的接触角分别为 54°、26° 和 73°，表明改性 GO 膜的亲水性有所提高。此外，rGO-TA 和 rGO-TH 膜的平衡溶胀比（ESR）明显低于 GO 膜，显示出更好的溶胀抑制效果。长期稳定性测试表明，GO 膜在纯水中 5 天后开始解离，而 rGO-TA 和 rGO-TH 膜在 90 天后仍保持稳定。在酸性（pH=1.5）和碱性（pH=11）溶液中，GO 膜在 2 天后就会破坏，rGO-TA 和 rGO-TH 膜则能保持 30 天的稳定性，这一发现对于 GO 膜的应用具有重要意义。

第三节　还原氧化石墨烯的制备及性质分析

一、还原氧化石墨烯的制备方法

石墨烯具有优异的光学、热学、物理、化学和机械性能，在很多领域具有巨大的应用潜力。[8] 还原氧化石墨烯（rGO）的制备是将氧化石墨烯（GO）的氧化层还原，恢复其类似石墨烯的导电性和力学性能的过程。这一过程涉及多个步骤，包括氧化石墨的制备、GO 的剥离以及 GO 到 rGO 的转化。目前，制备 rGO 的主要方法如下：

在化学还原法中，使用各种有机和无机还原剂是常见的做法。这些还原剂包括水合肼、硼氢化钠、氢氧化钾、维生素 C、对苯二酚等。此外，为了避免使用有毒还原剂，一些活泼金属如锌和铁也被用于 GO 的还原过程。例如，使用水合肼作为还原剂时，通过调节溶液的 pH 至约 10，可以有效地获得均匀分散的 rGO 水溶液。[9]

除采用化学还原方法之外，热还原法和水热反应同样是制备 rGO 的有效途径。具体来说，热还原法通常涉及在惰性气体氛围中对 GO 进行高温处理，通过这种方式，可以有效地去除 GO 中的含氧官能团，从而实现其还原。水热法则涉及在封闭的反应容器中利用水作为溶剂和反应介质，通过高温高压的条件来促进氧化石墨烯层的还原。这种方法不仅能够有效还原氧化石墨烯，还能在一定程度上控制其结构和性能。

电化学还原法是一种有效的制备 rGO 的方法。这种方法的核心在于通过在电化学池中对 GO 薄膜施加恒定的低电位，从而实现 GO 层的还原。具体操作过程中，将 GO 薄膜作为工作电极，然后在电解液中施加一个恒定的低电位。在电位的作用下，GO 层中的含氧官能团逐渐被还原，从而形成 rGO。电化学还原法的优点在于它可以在工作电极上形成具有多孔膜结构的 rGO。这种多孔膜结构不仅增加了 rGO 的比表面积，还提高了其导电性和机械强度。此外，电化学还原法还具有较高的还原效率和可控性。通过调整施加的电位、电解液的种类和浓度、反应时间等因素，可以精确控制还原过程，从而获得具有特定性能的 rGO。

光还原法是一种相对较新的制备 rGO 的方法，它巧妙地利用光能来激发 GO 层中的电子，从而有效地促进还原反应的进行。具体来说，这种方法是将 GO 自支撑膜放置在光盘刻录机中，例如 CD 或 DVD 刻录机，通过这些设备发出的红外光辐射，可以实现 GO 的高效还原过程。这一过程的一大优势在于，它无须添加任何额外的化学还原剂，简化了制备过程，减少了环境污染的可能性。光还原法不仅提供了一种环保的 rGO 制备途径，还展示了光能作为一种绿色能源在材料科学中的巨大潜力。

二、还原氧化石墨烯的性质分析

还原氧化石墨烯（rGO）的性质分析是评估其在各种应用中潜力的关键。rGO 的电学性能、光学性能、力学性能以及在功能材料中的表现都是研究的重点。

在电学性能方面，rGO 由于其结构中残留的氧原子、缺陷以及碳原子的缺失，与通过机械剥离法获得的石墨烯相比，表现出较低的导电性。但是，研究证明，通过调整 rGO 的还原程度和薄膜的厚度，可以有效地改善其电学性能。例如，通过控制薄膜的厚度和还原程度，可以调节 rGO 薄膜的透光率和导电性。在可见光和近红外区域，较薄的 rGO 薄膜表现出半透明的特性，而随着还原程度的提高，其导电性也得到相应的增强。[10] 此外，rGO 薄膜在经历拉伸应力或弯曲循环时，显示出良好的电阻稳定性，为其在柔性电子器件中的应用提供了可能性。

在光学性能方面，rGO 因其表面残留的亲水性氧官能团，如羧基（-COOH）和羟基（-OH），具有较高的染料吸附能力，尤其在阳离子染料的吸附上表现出色。rGO 与染料分子之间的 π-π 堆积作用增强了其吸附能力，使其在光催化降解染料等污染物方面具有潜在的应用价值。实验数据表明，经过亚硫酸钠原位还原处理的 rGO 对染料的吸附量超过了未还原的 GO，这一结果进一步证实了 rGO 在光催化降解领域的应用潜力。[11]

总体而言，尽管 rGO 的电学性能可能不如完全还原的石墨烯，但其在光学性能和力学性能方面的优势，以及在功能材料应用中的潜力，使其在透明电极、薄膜晶体管、太阳能电池、光催化等领域具有广泛的应用前景。

第四节　石墨烯基半导体复合光催化剂的制备及增强

近年来，半导体光催化剂在环境和能源领域备受研究者关注。然而，半导体内光致电子 – 空穴对的快速复合现象限制了其实际应用效果。为了提高半导体光催化剂的催化活性，抑制载流子的复合成为关键因素。

石墨烯作为碳材料家族的一员，具有独特的性能，因此与半导体材料的复合被认为是改善半导体光催化性能的有效途径。首先，石墨烯具有大的比表面积，可以有效负载半导体纳米颗粒，增强复合材料的吸附能力；其次，石墨烯具有较强的电子输运能力，可以作为电子受体，降低电子 – 空穴对的再复合概率，从而提高光生载流子的利用率。此外，石墨烯作为敏化剂，能够改善半导体光催化材料的能带宽度，使复合材料的光谱响应范围扩展至可见光区，提高光催化活性。

一、石墨烯基半导体复合光催化剂的制备方法

石墨烯或者 GO 基半导体复合物作为光催化剂已经被广泛研究和应用，

其半导体材料主要包括金属氧化物（如 TiO_2、ZnO、SnO_2、Cu_2O 等）、金属硫化物（如 ZnS、CdS 等）、非金属聚合物（如类石墨的碳氮化合物）以及银/卤化银（如 Ag/AgCl，Ag/AgBr）等。制备上述材料广泛采用的方法主要有以下几种：

（一）溶液混合法

溶液混合法是一种常用的制备石墨烯基半导体复合光催化剂材料的方法，其操作简单、经济，并且反应条件温和，被广泛的关注和应用。该方法的基本原理是将石墨烯（或氧化石墨烯）的悬浮液与含有半导体粉末（或半导体前驱物金属盐）的溶液混合，通过简单的处理步骤，如干燥、煅烧等，制备出复合光催化剂。然而，由于溶液混合法制备的复合材料难以在石墨烯与半导体之间形成强的化学键合，因此可能会影响光催化剂的性能。

在实际制备过程中，研究人员采用了多种不同的策略来改进溶液混合法制备的石墨烯基半导体复合光催化剂材料。例如，通过将 $SnCl_4$ 与 NaOH 反应水解合成 SnO_2 胶粒，将分散在乙二醇中的石墨烯悬浮液与 SnO_2 胶粒溶液混合，形成 SnO_2/石墨烯复合物。这种方法利用了半导体前驱物的水解反应与石墨烯的混合，在溶液中形成了半导体纳米颗粒与石墨烯的复合结构。[12]

另外，通过将 $Sr_2Ta_2O_{7-x}N_x$ 和 GO 溶液混合，利用氙灯照射还原 GO，并形成氮掺杂的 $Sr_2Ta_2O_7$/石墨烯复合物。这种方法是利用光照对 GO 的还原作用，使其与半导体材料形成复合结构，从而提高了光催化剂的性能。[13]

此外，采用水浴/油浴体系，在室温磁力搅拌条件下，将 GO 和 $AgNO_3$ 的混合溶液加入三氯甲烷溶液中，制备 Ag/AgX（X=Br，Cl）纳米颗粒包覆 GO 的复合物。该方法利用了溶液混合与化学还原相结合的方式，形成了复合结构，使得石墨烯与半导体纳米颗粒之间形成良好的相互作用，从而提高了光催化剂的性能。[14]

通过采用类石墨的碳氮化合物、吡啶修饰的 CdSe 等材料与石墨烯混合，形成石墨烯基半导体复合光催化剂。这些材料之间通过 π-π 键的相互作用形成复合结构，从而提高了光催化剂的性能。[15]

（二）原位生长法

原位生长法被广泛应用于制备石墨烯基复合材料，其优势在于能够有效避免半导体纳米粒子在石墨烯表面形成团簇。通常选择氧化石墨烯（GO）和金属盐作为制备石墨烯和金属化合物的前驱体，通过控制半导体前驱物的水解过程,使半导体在石墨烯上原位生长晶核并逐渐生长,同时还原氧化石墨烯,获得石墨烯基半导体复合光催化剂。

例如,将 Sn^{2+} 或 Ti^{3+} 盐加入分散的氧化石墨烯溶液中,在低温条件下转变为 SnO_2 或 TiO_2 纳米颗粒,同时氧化石墨烯被 $SnCl_2$ 或 $TiCl_3$ 还原为石墨烯。[16] 在反应过程中,不同形貌的 SnO_2 或 TiO_2 纳米颗粒生长在还原氧化的石墨烯表面,形貌的差异可归因于 Sn^{2+} 和 Ti^{3+} 具有不同的还原能力和水解速率。在另一个研究中,采用原位生长法制备了石墨烯/ZnO 复合光催化剂。在反应过程中,Zn^{2+} 离子吸附在氧化石墨烯片上形成 ZnO 纳米颗粒,同时碱性条件和还原剂使得氧化石墨烯得到还原,最终形成石墨烯/ZnO 复合光催化剂,其 ZnO 纳米颗粒尺寸为 $10\sim20nm$。[17]

另外,使用原位生长法将 TiF_4 分散在氧化石墨烯水溶液中,通过水解反应形成了花状、锐钛矿结构的 TiO_2/氧化石墨烯复合材料。当氧化石墨烯的浓度足够高时,在没有搅拌的条件下,可以获得一种长程有序的 TiO_2/氧化石墨烯片层复合材料。[18] 此外,还可采用无模板的自组装方法,直接在石墨烯片上原位生长出均匀的、介孔结构的 TiO_2(锐钛矿结构)纳米球。硫酸钛和功能化石墨烯片被用作反应起始原料,反应过程中功能化石墨烯上的官能团可以作为异相成核点来固定锐钛矿 TiO_2 纳米颗粒,并且这些颗粒能够均匀分散在石墨烯上。

利用聚苯乙烯胶球作为模板,制备分层有序大孔-介孔 TiO_2/石墨烯复合薄膜。在该方法中,聚苯乙烯胶球被涂敷在玻璃衬底上,经过反复浸泡和热处理等步骤,将 TiO_2 和氧化石墨烯复合材料原位生长在模板上。最终,通过肼蒸汽还原氧化石墨烯,并进行煅烧,得到以聚苯乙烯胶球为模板的分层有序大孔-介孔 TiO_2/石墨烯复合薄膜。

(三)水热/溶剂热法

水热/溶剂热法作为一种重要的制备方法,被广泛用于合成石墨烯基半导体复合光催化剂材料。这种方法可以在简单有效的过程中将半导体纳米粒子或其前驱体负载到石墨烯上,同时实现石墨烯的还原,从而制备出具有良好光催化性能的复合材料。

在水热/溶剂热法合成的石墨烯基半导体复合光催化剂中,半导体纳米颗粒通常能够较均匀地分布在石墨烯基底上,从而提高了材料的光催化性能。例如,利用水热法在乙醇溶液中合成 $ZnFe_2O_4$/石墨烯复合材料,通过调控石

墨烯含量探究其对 $ZnFe_2O_4$ 光催化性能的影响。在水热反应过程中，石墨烯被有效还原，同时 $ZnFe_2O_4$ 纳米粒子均匀地沉积在石墨烯的表面，形成复合材料。

另外，通过控制溶液中半导体前驱体的热分解速率，可以实现半导体纳米颗粒在石墨烯上的均匀分布。例如，制备 TiO_2 纳米粒子均匀分布在石墨烯上的复合材料，通过调控 TiO_2 源的热分解速率，实现了对复合材料结构的精确控制。[19]

此外，一些特殊形态的石墨烯基半导体复合光催化剂也可以通过水热／溶剂热法制备。例如，通过溶剂热法合成了超薄的、具有（001）晶面的锐钛矿 TiO_2 薄膜，并直接将其生长在石墨烯的表面，从而形成了石墨烯／TiO_2 复合材料。通过在 N_2/H_2 气氛下热还原 GO，使得石墨烯／TiO_2 具有特殊的复合结构。[20]

近年来，一些研究者还利用水热法在环境友好的条件下制备了具有良好光催化性能的复合材料。例如，使用水热法制备了树叶状 TiO_2／石墨烯复合材料，该方法操作简便、环境友好、安全，并且具有可行性。

（四）其他方法

除上述方法之外，还有一些其他方法可用于制备石墨烯基半导体复合光催化剂，包括原子层沉积法和电化学沉积法等。这些方法在研究和应用中都展现了一定的优势和特点。

1. 原子层沉积法

原子层沉积法（ALD）是一种逐层生长材料的方法，通过在表面循环沉积精确的原子或分子层来形成所需的结构。使用 $SnCl_4$ 气体和水蒸气作为前驱体，采用原子层沉积法成功制备了 SnO_2／石墨烯纳米复合材料。通过调整反应条件，能够实现多晶／单晶的 SnO_2 纳米粒子薄膜的合成。原子层沉积法制备的复合材料具有较高的控制性和均匀性，能够有效地调控材料的结构和性能。[21]

2. 电化学沉积法

电化学沉积法是一种利用电化学原理，在电极表面沉积所需材料的方法。例如，在玻璃电极上利用电化学沉积法制备了石墨烯／ZrO_2 复合材料。电化学沉积法具有操作简单、成本低廉的优点，并且能够在特定电化学条件下实现对复合材料的精确控制。[22]

第四章 石墨烯基半导体光催化材料的制备及增强 ◎

从制备路径的角度来看，石墨烯基半导体复合光催化剂的合成方法主要可以分为预石墨烯化法、后石墨烯化法和共石墨烯化法或一锅出法三类。

（1）预石墨烯化法。预石墨烯化法是一种先进的材料制备技术，其核心步骤是首先通过化学还原方法合成出 rGO。这一过程涉及将 GO 在特定的还原剂作用下，去除其中的含氧官能团，从而恢复其石墨烯的特性。然后将合成出的 rGO 与第二组分，即半导体材料进行混合，以期获得具有优异性能的复合材料。在混合 rGO 和半导体材料的过程中，必须特别注意防止 rGO 发生聚集现象。因为 rGO 片层之间存在较强的 $\pi\text{-}\pi$ 堆积作用和范德华力，容易导致其在溶液中重新聚集，影响复合材料的均匀性和性能。为了解决这一问题，通常会采用化学修饰技术来改善 rGO 的溶解性。通过引入特定的化学基团或分子，可以有效地增加 rGO 表面的亲水性或与溶剂的相容性，从而减少其聚集倾向。

此外，化学修饰还可以增强 rGO 与半导体材料之间的相容性和界面结合力。通过在 rGO 表面引入与半导体材料相匹配的官能团，可以促进两者之间的化学键合或物理吸附，从而提高复合材料的整体性能。例如，可以在 rGO 表面引入硫醇基团，使其与金属半导体材料形成稳定的硫醇盐键，从而增强界面结合力。

预石墨烯化法的优势在于其能够对 rGO 的结构和性能进行微调。通过对 rGO 进行化学修饰，可以精确控制其表面性质、电导率、机械强度等关键参数。这种微调能力使得预石墨烯化法在制备高性能复合材料方面具有显著的优势。通过精确控制 rGO 的结构和性能，可以实现对复合材料性能的精确控制，从而满足不同应用场景的需求。

（2）后石墨烯化法。后石墨烯化法则是一种先进的材料制备技术，其核心步骤是首先将 GO 与第二组分的半导体材料进行混合。氧化石墨烯是一种经过化学修饰的石墨烯，具有丰富的含氧官能团，这使得它在混合过程中能够更好地与半导体材料结合。混合完成后，通过还原处理将氧化石墨烯转化为石墨烯，同时保持其与半导体材料的复合状态。这种方法的优点在于能够有效防止还原过程中附着有纳米颗粒的石墨烯发生团聚与堆叠现象。团聚与堆叠会严重影响复合材料的均匀性，进而影响其性能。通过后石墨烯化合成法，可以确保复合材料在整个制备过程中保持均匀分布，并获得优异的物理和化学性质。

复合材料之间的结合方式多种多样，可以通过物理吸附、静电作用或者共价键合相互作用来实现。物理吸附主要是依靠分子间的范德华力，使得石墨烯与半导体材料紧密贴合；静电作用是利用带电粒子之间的静电力，使得两种材料在电荷作用下紧密结合；共价键合是通过化学反应形成稳定的化学键，从而实现两种材料的牢固结合。这些结合方式的选择取决于具体的应用需求和材料特性，通过优化结合方式，可以进一步提升复合材料的性能。

（3）共石墨烯化法。共石墨烯化法是一种简便的合成技术，通过将氧化石墨烯与金属盐溶液进行混合，从而一步到位地制备出石墨烯/金属纳米颗粒复合物。这种方法不仅操作简便，而且非常适合大规模的制备过程。通过这种方法，可以在较短的时间内获得高质量的复合材料，从而大幅提高生产效率和材料性能。

二、石墨烯基半导体复合光催化剂的增强原理

石墨烯，由于具有大的二维蜂窝状网格结构，因此被广泛选作半导体的支撑材料去制备石墨烯基半导体复合材料。目前，常见的石墨烯基半导体复合光催化剂中石墨烯增强光催化性能的机制可归结为以下三种：

（一）作为光致电子的接受体和传输体

在石墨烯基半导体复合光催化剂中，石墨烯的引入旨在增强光催化性能，其中石墨烯作为半导体光致电子的接受体和传输体发挥着关键作用。光催化反应的基本原理是半导体在受光照射后产生电子－空穴对，这些光致电子－空穴对参与表面氧化还原反应。然而，光致电子和空穴往往具有很短的寿命，因此需要一种有效的载流子传输体来延长其寿命并提高其利用率。

石墨烯在复合光催化剂中的作用主要体现在其作为半导体光致电子的接受体和传输体。由于许多半导体的导带能级高于石墨烯的费米能级，因此光致电子很容易从半导体的导带通过半导体/石墨烯界面传递到石墨烯上。石墨烯的 π 共轭体系构成的二维平面结构能够以高达 $1.5 \times 10^4 cm^2 \cdot V^{-1} \cdot s^{-1}$ 的载流子迁移速率将电子快速转移到目标反应物上，从而延长了光致电子的平均自由程，并参与高活性自由基的形成[23]，如羟基自由基（•OH）和超氧自由基（•O_2^-）[24]。这些自由基能够应用于非选择性氧化降解有机污染物、光催化杀菌、还原 CO_2 制有机燃料等反应[25]。

石墨烯具有存储和转运电子的能力，能够有效地促进光致电子的传输。通过对 TiO_2/石墨烯溶液颜色变化的观察，实验证实了石墨烯在复合光催化剂

中传递电子的可行性。此外，只要半导体与石墨烯的能级相匹配，便能够形成利于载流子传输的界面，从而合理设计一款高光催化效率的石墨烯基半导体光催化剂。

在石墨烯与半导体之间形成的界面中，电子能够从半导体转移到石墨烯上，从而有效地延长了电子－空穴对的寿命。例如，石墨烯的功函数大约为4.42eV，而TiO_2的导带底大约为4.2eV，使得光致电子从TiO_2转移到石墨烯变得更为容易。类似地，当CdSe量子点修饰的石墨烯存在时，CdSe量子点的光致电子也能够迅速转移到石墨烯上，从而促进了光催化反应的进行。[26]

然而，当半导体的导带能级低于石墨烯的费米能级时，光致电子不能直接从半导体转移到石墨烯上。这种情况下，如果体系中存在敏化剂，则敏化剂可以接收光子并产生电子，然后这些电子能够从敏化剂转移到石墨烯，最终转移到半导体上参与反应。

（二）拓宽光吸收范围

在石墨烯与半导体复合的过程中，可能会发生一定程度的化学作用，从而导致在两者表面甚至一定深度上形成M-C或M-O-C（M表示金属）掺杂化学键。这种化学键类似于半导体碳掺杂所形成的掺杂能级，会影响半导体的电子结构，进而改变其光学特性。其中，半导体的带隙边缘可能发生一定程度的红移，从而使半导体材料对可见光的吸收范围得到拓宽。

例如，石墨烯/TiO_2纳米复合材料表现出了带隙边的红移和带隙的减小，这一现象可以归因于石墨烯未配对的 π 电子与TiO_2中Ti原子之间的相互作用，以及石墨烯和TiO_2之间Ti-O-C化学键的存在。这种化学键的形成导致半导体TiO_2的电子结构发生改变，使其能带结构发生调整，带隙边缘向较低能级方向移动，从而增加了材料对可见光的吸收能力。

此外，石墨烯作为复合光催化剂的支撑材料，具有较大的比表面积，使复合催化剂的表面积增加。增大的表面积为更多的表面催化活性点提供了空间，从而增强了催化剂对反应物的吸附能力。这种增加的吸附能力有助于提高反应物与催化剂之间的接触频率，促进光催化反应的进行。

（三）增强吸附能力

石墨烯作为独特的单原子层二维平面苯环结构具有优异的吸附性能，归功于其特殊的 π-π 作用特性，使其能够与污染物分子之间形成强烈的吸附作用。在石墨烯基半导体复合光催化剂中，石墨烯的存在能够显著提高污染物在催化剂表面的吸附性能，提高了光催化反应的效率和活性。

相较于其他几何结构的碳纳米材料，如石墨、炭黑、活性炭、碳纤维、碳纳米管和富勒烯等，石墨烯具有最大的比表面积，意味着单位质量的石墨烯具有更多的表面积可供吸附反应物，提供了更多的吸附位点。这种额外的吸附位点为光催化反应提供了更多的可能性，增加了催化剂与反应物之间的接触机会。

此外，石墨烯的高比表面积也有助于分散半导体纳米材料，如 TiO_2、ZnO 等，减少了纳米粒子的团聚现象。纳米粒子的均匀分散使得更多的活性位点暴露在催化剂表面上，增大了催化剂与污染物之间的接触面积，提高了反应的活性。

因此，石墨烯在石墨烯基半导体复合光催化剂中的作用不仅体现在其与半导体的界面相互作用，还体现在其优异的吸附性能。石墨烯通过其独特的结构特征，提高了催化剂对污染物的吸附能力，为光催化反应的进行提供了重要的支持。

参考文献

[1]Kumar S，Goswami M，Singh N，et al. 快速热处理化学气相沉积法制备用于电子产品热管理的轻质柔性石墨烯（英文）[J]. 新型炭材料（中英文），2023，38（3）：534-542.

[2]Morozov S V, Novoselov K S, Katsnelson M I, et al. Giant intrinsic carrier mobilities in graphene and its bilayer[J]. Physical review letters, 2008, 100(1): 016602.

[3] 辛王鹏，李艳敬，周国伟. 石墨烯/TiO_2基三元复合材料的制备及应用研究进展 [J]. 化工新型材料，2019，47（6）：1-6.

[4] 胡洪亮，徐海博，李晶辉. 石墨烯光催化降解甲醛复合材料性能的研究进展 [J]. 化工技术与开发，2024，53（Z1）：79-84+114.

[5] 王新伟，段潜，李艳辉，等. 石墨烯基金属硫化物复合光催化材料 [M]. 北京：化学工业出版社，2016：69.

[6] 郭雯霁，陈建波，孙素琴，等. ATR 红外探测 GO 膜中 DMF/乙二醇混合溶剂的扩散 [J]. 光谱学与光谱分析，2016，36（S1）：189-190.

[7] 祁文旭. 氧化石墨烯复合膜结构稳定性调控及纳滤性能 [D]. 大连：大连理工大学，2020：70.

[8] 林童，解春艳，丁文其，等. 生物法还原氧化石墨烯研究进展 [J]. 化学与生物工程，2022，39（6）：13-17.

[9] Dan L，B M M，Scott G，et al.Processable aqueous dispersions of graphene nanosheets[J].Nature nanotechnology，2008，3（2）：101-105.

[10] Becerril H A, Mao J, Liu Z, et al. Evaluation of solution-processed reduced graphene oxide films as transparent conductors[J]. ACS nano, 2008, 2(3): 463-470.

[11] Sun L，Yu H，Fugetsu B.Graphene oxide adsorption enhanced by in situ reduction with sodium hydrosulfite to remove acridine orange from aqueous solution[J].Journal of Hazardous Materials，2011：203101-203110.

[12] Seung-Min P，EunJoo Y，Itaru H.Enhanced cyclic performance and lithium storage capacity of SnO_2/graphene nanoporous electrodes with three-dimensionally delaminated flexible structure[J].Nano letters，2009，9（1）：72-75.

[13] Mukherji，A，Seger，et al.Nitrogen Doped $Sr_2Ta_2O_7$ Coupled with Graphene Sheets as Photocatalysts for Increased Photocatalytic Hydrogen Production[J].ACS nano，2011，5（5）：3483-3492.

[14] Mingshan Z，Penglei C，Minghua L.Graphene oxide enwrapped Ag/AgX（X=Br，Cl）nanocomposite as a highly efficient visible-light plasmonic photocatalyst[J].ACS nano，2011，5（6）：4529-4536.

[15] Xiumei G，Liang N，Zhenyuan X，et al. Aqueous‐processable noncovalent chemically converted graphene–quantum dot composites for flexible and transparent optoelectronic films[J]. Advanced Materials, 2010, 22(5): 638-642.

[16] Hao Z，Xiaojun L，Yueming L，et al.P25-graphene composite as a high performance photocatalyst[J].ACS nano，2010，4（1）：380-386.

[17] Zhang J, Xiong Z, Zhao S X. Graphene–metal–oxide composites for the degradation of dyes under visible light irradiation[J]. Journal of Materials Chemistry, 2011, 21(11): 3634-3640.

[18] Lambert N T, Chavez A C, Hernandez-Sanchez B.Synthesis and Characterization of Titania-Graphene Nanocomposites[J]. Journal of Physical Chemistry，C.Nanomaterials and interfaces，2009，113（46）：19812-19823.

[19]Ping W, Yueming Z, Dejun W, et al.Synthesis of reduced graphene oxide-anatase TiO$_2$ nanocomposite and its improved photo-induced charge transfer properties[J].Nanoscale, 2011, 3（4）: 1640-1645.

[20]Ding, S., Chen, et al.Graphene-supported anatase TiO$_2$ nanosheets for fast lithium storage[J].Chemical communications, 2011, 47（20）: 5780-5782.

[21]Meng X, Geng D, Liu J, et al. Non-aqueous approach to synthesize amorphous/crystalline metal oxide-graphene nanosheet hybrid composites[J]. The Journal of Physical Chemistry C, 2010, 114(43): 18330-18337.

[22]Du D, Liu J, Zhang X. One-step electrochemical deposition of a graphene-ZrO$_2$ nanocomposite: preparation, characterization and application for detection of organophosphorus agents[J]. Journal of Materials Chemistry, 2011, 21(22): 8032-8037.

[23]Jing C, Feng X, Jun W, et al.Flexible photovoltaic cells based on a graphene-CdSe quantum dot nanocomposite[J].Nanoscale, 2012, 4（2）: 441-443.

[24]Lightcap I V, Kosel T H, Kamat P V. Anchoring semiconductor and metal nanoparticles on a two-dimensional catalyst mat. Storing and shuttling electrons with reduced graphene oxide[J]. Nano letters, 2010, 10(2): 577-583.

[25]Bourlinos A B, Gournis D, Petridis D, et al. Graphite oxide: chemical reduction to graphite and surface modification with primary aliphatic amines and amino acids[J]. Langmuir, 2003, 19(15): 6050-6055.

[26]Lee S J, You H K, Park B C. Highly photoactive, low bandgap TiO$_2$ nanoparticles wrapped by graphene[J]. Advanced Materials (Deerfield Beach, Fla.), 2012, 24(8): 1084-1088.

第五章 石墨相氮化碳光催化材料的制备及改性调控

石墨相氮化碳作为一种新兴的光催化材料，以其独特的电子结构和优异的光催化性能，在能源转换和环境污染治理等领域展现出巨大的应用前景。然而，其光催化效率仍受限于光吸收范围、电荷分离效率等因素。本章将探讨石墨相氮化碳光催化材料的制备与调控方法，通过构建石墨相氮化碳基复合光催化材料以及改性氮化碳来调控其光催化性能。这些研究旨在提升石墨相氮化碳的光催化效率，为其在光催化领域的应用提供理论支持和实验依据，具有重要的研究意义和应用价值。

第一节 石墨相氮化碳光催化材料的制备与调控

半导体光催化技术在解决能源短缺和环境污染方面具有巨大潜力。虽然许多半导体材料在紫外或可见光范围内表现出良好的光催化活性，例如 TiO_2、ZnO、Fe_2O_3、$BiVO_4$、Cu_2O 和 CdS 等，但也存在着一些明显的缺陷，如仅在紫外光区域具有活性、易被光腐蚀或缺乏足够的还原能力等。因此，研发稳定、可见光活性的光催化剂具有重要意义。

作为一种无机非金属半导体光催化材料，石墨相氮化碳（$g\text{-}C_3N_4$）由于具有独特的能带结构和晶体结构特征，在环境治理和清洁能源领域受到了广泛的关注。[1] 与传统的无机半导体材料相比，作为一种聚合物半导体，$g\text{-}C_3N_4$ 具有多项优势。首先，其较窄的带隙（约为 2.7eV）使其在可见光范围内具有活性，导带底和价带顶的位置使其在太阳能利用方面具有独特的优势。其次，$g\text{-}C_3N_4$ 具有良好的热稳定性和化学稳定性，使其在高温和不同溶剂中都能稳定存在。再次，$g\text{-}C_3N_4$ 的层状结构使其具有较大的比表面积，有利于提高反应活性和载流子的传输。最后，$g\text{-}C_3N_4$ 的制备成本低廉，且仅含有地球上丰富的碳和氮元素，使得其具有良好的可塑性和改性潜力，可以通过简单的方法进行改进。

然而，像许多其他单组分光催化剂一样，g-C$_3$N$_4$也存在着光生载流子快速复合的问题，严重影响了其光催化活性。因此，研究人员通过不同的方法对g-C$_3$N$_4$进行改性，以提高其光吸收能力和电荷分离效率，从而实现更高效的光催化反应。对于一种理想的半导体光催化剂来说，它需要具备良好的光吸收能力、高效的电荷分离和持久的稳定性。尽管商用的TiO$_2$光催化剂已被广泛研究，但其无法吸收可见光，因此限制了其在实际应用中的使用。相比之下，g-C$_3$N$_4$的可见光活性使其具有巨大的潜力，但需要解决光生载流子复合问题，这成为未来研究的重点方向之一。

一、g-C$_3$N$_4$光催化材料的合成与制备

（一）大比表面积g-C$_3$N$_4$的可控合成

g-C$_3$N$_4$的可控合成是实现其特定性能的关键步骤，其结晶度、带隙宽度以及比表面积等参数直接影响其在光催化领域的应用效果。通过合适的前驱体选择和反应条件控制，可以实现g-C$_3$N$_4$的精确合成及性能调控。

g-C$_3$N$_4$的合成通常采用热解聚合法，通过热解富氮前驱体得到。X射线衍射（XRD）图谱显示了g-C$_3$N$_4$的两个特征衍射峰，分别对应于芳香类物质和melon类物质的层间堆积特征（图5-1）。紫外可见漫反射光谱用于测定g-C$_3$N$_4$的带隙值，X射线光电子能谱（XPS）则显示了其中碳和氮的化学状态，提供了材料表面化学成分的信息。此外，元素分析等测试方法可用于确定g-C$_3$N$_4$的元素含量和化学计量比。

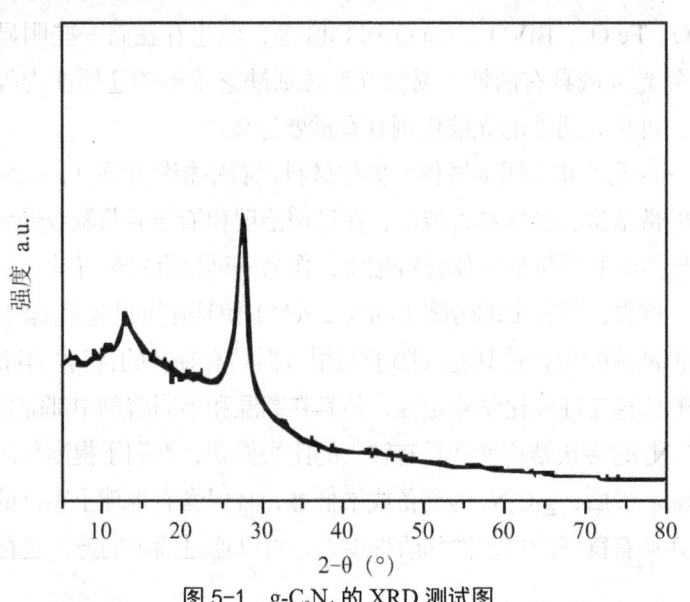

图5-1 g-C$_3$N$_4$的XRD测试图

在制备过程中使用的前驱体和反应参数对 g-C$_3$N$_4$ 的性质影响巨大。例如，三聚氰胺的热解温度从 500℃升至 580℃，会使产物的 C/N 比率上升，禁带宽度则略微降低。通常情况下，由于聚合不完全，难以获得理想的 C/N 化学计量比，但适量氨基的存在有利于调节 g-C$_3$N$_4$ 的带隙和提高其表面活性。然而，过低的 C/N 化学计量比会对电荷传输和分离产生负面影响。

此外，g-C$_3$N$_4$ 的比表面积也与使用的前驱体和合成条件有关。通过调节煅烧温度和时间，以及采用不同的前驱体或改性方法，可以实现 g-C$_3$N$_4$ 比表面积的控制。例如，三聚氰胺和硫脲等前驱体的选择，以及煅烧温度和时间的调节，都会影响 g-C$_3$N$_4$ 的比表面积。尿素作为前驱体通常能够制备出具有较大比表面积的 g-C$_3$N$_4$。通过硫酸等改性方法可以进一步提高 g-C$_3$N$_4$ 的比表面积，同时控制其表面缺陷数量。[2]

（二）二维超薄 g-C$_3$N$_4$ 纳米片的制备

制备二维超薄 g-C$_3$N$_4$ 纳米片是为了克服块体 g-C$_3$N$_4$ 存在的层间堆积问题，从而获得具有更大比表面积和优异性能的材料。在制备过程中，采用了多种方法，包括超声液相剥离、热剥离以及复合剥离等策略。

首先，超声液相剥离法是一种常用的制备二维超薄 g-C$_3$N$_4$ 纳米片的方法。该方法利用超声波的作用，将块体 g-C$_3$N$_4$ 剥离成薄层纳米片。研究表明，使用异丙醇等有机溶剂可以有效剥离块体 g-C$_3$N$_4$，获得厚度约为 2nm 的纳米片，其比表面积高达 384m^2·g^{-1}。[3] 类似地，也可以使用 1,3-丁二醇等溶剂，在连续超声的条件下剥离块体 g-C$_3$N$_4$，得到具有较大比表面积的薄层纳米片。[4]

其次，酸和碱溶液也被用于剥离块体 g-C$_3$N$_4$，实现薄层纳米片的制备。通过浓硫酸等溶液的处理，可将块体 g-C$_3$N$_4$ 剥离成单原子层厚度的纳米片，其比表面积可达 206m^2·g^{-1}。[5] 另外，利用 NaOH 溶液水热处理三聚氰胺制备的 g-C$_3$N$_4$，也可获得具有介孔结构的薄层纳米片，其比表面积达到 65m^2·g^{-1}。[6]

最后，热剥离法也是制备超薄 g-C$_3$N$_4$ 纳米片的一种有效方法。通过简单的热氧化剥离或结合 NH$_4$Cl 等嵌入物的热处理，可以将块体 g-C$_3$N$_4$ 剥离成厚度仅为 2nm 的纳米片，其比表面积高达 306m^2·g^{-1}。这种方法被认为是一种低成本、大规模且环境友好的制备薄层 g-C$_3$N$_4$ 的方法。

二、$g-C_3N_4$光催化材料的调控方法

（一）纳米结构调控

$g-C_3N_4$作为一种高分子材料，其纳米结构的调控对于在光催化领域的应用至关重要。目前，已经成功制备了多种典型的$g-C_3N_4$纳米结构，包括多孔结构、空心球结构、一维纳米结构和三维分等级结构。

第一，多孔结构的$g-C_3N_4$在光催化领域具有重要意义。多孔结构能够提供大的比表面积和丰富的孔道结构，有利于反应物和产物的扩散，也促进了电荷的传输和分离。制备多孔$g-C_3N_4$常采用模板法，包括硬模板法和软模板法。硬模板法中，以二氧化硅纳米颗粒或有序介孔二氧化硅为模板，可以制备出介孔$g-C_3N_4$，其孔径和孔结构可以通过选择不同的模板进行调控。软模板法则常使用三嵌段共聚物P123等作为模板，制备出具有较小孔径的介孔$g-C_3N_4$。此外，气泡模板法和无模板法也被用于制备多孔$g-C_3N_4$，进一步丰富了制备方法的多样性和灵活性。[7]

第二，空心球结构的$g-C_3N_4$在光催化领域表现出了独特的优势。通过空心结构，光在空腔内可以连续多次反射，增强了光的吸收效果，从而提高了光催化反应的效率。制备空心球结构的$g-C_3N_4$常采用模板法，如利用单分散的二氧化硅纳米颗粒为模板，制备出尺寸均一的$g-C_3N_4$中空纳米球。此外，也可以利用超分子化学方法或氨气辅助的热剥离法制备空心结构的$g-C_3N_4$，为其在光催化领域的应用提供了新的思路和方法。[8]

第三，一维纳米结构的$g-C_3N_4$在光催化领域展现出了独特的特性。一维结构的$g-C_3N_4$，如纳米线、纳米棒等，具有较大的比表面积和良好的载流子迁移性能，能够优化光催化反应的活性。制备一维纳米结构的$g-C_3N_4$常采用模板法或溶剂热反应法，通过调节反应条件和前驱体的选择，可以获得不同形态和尺寸的$g-C_3N_4$纳米棒。这种一维结构的$g-C_3N_4$不仅本身具有优异的光催化性能，还可作为载体与其他功能材料复合，形成高效的光催化体系。

第四，三维分等级结构的$g-C_3N_4$在光催化领域展现出了良好的性能。通过结构的分层和分级，可以增大材料的比表面积和改善孔结构，进一步提高光催化反应的效率。制备三维分等级结构的$g-C_3N_4$常采用氨气辅助的热剥离法，通过调节处理条件和前驱体的选择，可以实现对$g-C_3N_4$结构和表面的改性，进而获得具有优异光催化性能的材料。

（二）能带调控

能带调控对于提升 g-C$_3$N$_4$ 光催化性能至关重要。该策略旨在调整 g-C$_3$N$_4$ 的带隙结构，以增强其光吸收能力并调节其载流子的氧化还原能力。一般而言，能带调控的方法主要包括原子水平上的元素掺杂和分子水平上的共聚合修饰。

首先，针对元素掺杂，主要分为非金属掺杂和金属掺杂两类。非金属掺杂的基本原理在于非金属元素取代或与 g-C$_3$N$_4$ 形成键结构，从而引入杂质能级或使带隙变窄，增强光吸收性能。例如，氟元素掺杂可引起 C-F 键的形成，导致 g-C$_3$N$_4$ 的带隙变窄，扩大光吸收范围。类似地，硼元素掺杂也能使带隙变窄，增强光吸收性能，其掺杂机制可通过热处理过程中的反应路径得以解释。此外，硫、碘等元素掺杂也被证实有效改善了 g-C$_3$N$_4$ 的光吸收性能。[11] 金属掺杂则是将金属原子嵌入 g-C$_3$N$_4$ 的间隙位，调节其能带结构。金属原子与氮原子之间的相互作用引发了杂质能级的形成，有助于改善光催化性能。以过渡金属离子掺杂为例，Fe^{3+}、Mn^{3+}、Co^{3+} 等掺杂元素的引入不仅拓宽了 g-C$_3$N$_4$ 的光吸收范围，还影响了光生载流子的复合效率。[12]

其次，分子改性作为另一种能带调控的手段，主要通过共聚合方式在分子水平上调整 g-C$_3$N$_4$ 的化学组成和局部分子结构。该方法通过引入不同单体或共聚单体，改变 g-C$_3$N$_4$ 的高分子链组成结构，从而调节其带隙结构。例如，双氰胺和巴比妥酸、尿素和苯基脲等单体的共聚合制备了一系列分子改性的 g-C$_3$N$_4$ 光催化剂。这种共聚合反应引入了改性基团，有效拓展了 g-C$_3$N$_4$ 的 π 共轭体系，提升了其光吸收性能和电子传导能力。分子改性方法的优势在于可实现带隙连续可调，且不同单体组合可产生不同的 g-C$_3$N$_4$ 光催化剂，具有较高的灵活性和选择性。[13]

第二节 石墨相氮化碳基复合光催化材料的构建

石墨相氮化碳（g-C$_3$N$_4$）作为一种对环境温和的半导体材料，在光催化领域具有良好的应用前景。但是，纯 g-C$_3$N$_4$ 因比表面积小、光生载流子分离难等缺点影响了其光催化性能，限制了其大规模应用，因此对 g-C$_3$N$_4$ 进行改性，使其光催化性能得到提升具有重要意义。[14] 半导体异质结的构建可以显著促进光生电子和空穴的分离，从而有效增强半导体光催化剂的活性。

g-C$_3$N$_4$ 作为 种柔性材料，其聚合物结构特性有利于 g-C$_3$N$_4$ 同其他半导体光催化剂的紧密复合。迄今为止，已有大量的半导体光催化剂同 g-C$_3$N$_4$ 复合，形成高效的复合光催化材料。其中包括：单金属氧化物如 TiO$_2$、ZnO、WO$_3$、Cu$_2$O、In$_2$O$_3$、Fe$_2$O$_3$、MoO$_3$、CeO$_2$、SnO$_2$ 和 Nb$_2$O$_5$ 等；多元氧化物如 ZnWO$_4$、ZnFe$_2$O$_4$、Zn$_2$GeO$_4$、SrTiO$_3$、In$_2$TiO$_5$、GdVO$_4$、LaVO$_4$、YVO$_4$、NaTaO$_3$ 和 NaNbO$_3$ 等；金属氮氧化物如 TaON 和 ZnGaNO 等；硫族金属化合物如 CdS、CuInS、CuGaSe$_2$ 等；铋基化合物如 BiPO$_4$、BiVO$_4$、Bi$_2$WO$_6$、BiOCl、BiOBr、BiOI 和 Bi$_2$O$_2$CO$_3$ 等；银基化合物如 Ag$_2$O、Ag$_3$PO$_4$、Ag$_3$VO$_4$、Ag$_2$S、AgCl、AgBr 和 AgI 等，以及有机半导体如聚 3- 己基噻吩和聚吡咯等。这里主要介绍这些 g-C$_3$N$_4$ 基复合半导体光催化材料中的三种异质结，包括传统 II 型异质结，直接 Z 型异质结和间接 Z 型异质结。

一、g-C$_3$N$_4$ 基 II 型异质结复合光催化材料的构建

在构建 g-C$_3$N$_4$ 基 II 型异质结复合光催化材料中，通常会利用两种半导体的能带结构的差异来实现电子和空穴的有效分离，从而提高光催化性能。在传统 II 型异质结中，g-C$_3$N$_4$ 与另一种半导体的价带和导带位置同时高于或同时低于对方，形成了内建电场，有利于光生电子和空穴的迁移。当两种半导体同时吸收光子并激发出电子和空穴时，由于能带结构的不同，光生电子和空穴可以实现空间上的分离，分别富集在不同半导体的导带或价带上，从而促进了有效的光生载流子分离和传输。这种电荷分离的机制对于提高光催化活性至关重要。

利用双氰胺制备的 g-C$_3$N$_4$ 与三聚硫氰酸制备的 g-C$_3$N$_4$ 构建了同型 II 型异质结。由于前者的带隙结构使其价带和导带位置均高于后者，两者形成了有效的 II 型异质结[15]。这种结构的形成实现了光生电子和空穴的有效分离，从而显著提高了光催化产氢的效率。类似地，以尿素和硫脲为前驱体制备的 g-C$_3$N$_4$ 进行复合，形成了有效的 II 型异质结光催化剂，用于去除空气中的 NO。这种 II 型异质结光催化剂具有良好的光催化活性。此外，通过在 g-C$_3$N$_4$ 表面原位生长 CdS 量子点和 In$_2$O$_3$ 纳米颗粒[16]，成功构建了 II 型异质结复合光催化剂，显著增强了产氢活性。重要的是，由于 II 型异质结的形成，光生空穴从 CdS 转移到 g-C$_3$N$_4$，有效抑制了 CdS 的光腐蚀，保持了光催化剂的稳定性。

二、g-C$_3$N$_4$ 基 Z 型光催化材料的构建

传统的 II 型异质结在光电催化领域发挥着重要作用，能够有效实现光生电子与空穴的空间分离，从而提高光催化反应效率。然而，这种结构的局限性在于光生电子和空穴分别聚集在导带和价带位置，导致其氧化还原能力受到限制。特别是对于窄带隙半导体而言，这一局限性更加显著，因为光生载流子的氧化还原能力对于提高光催化活性至关重要。

为了克服传统 II 型异质结的缺点，提出了直接 Z 型异质结的概念。与 II 型异质结不同，直接 Z 型异质结的构建旨在实现光生载流子的有效分离，并同时保持其强氧化还原能力。在直接 Z 型异质结中，半导体 2 产生的光生电子会通过接触界面转移到半导体 1 中，进一步到达半导体 1 的价带中，空穴则留在半导体 2 的价带中。这种结构的优势在于，光生载流子的氧化还原能力得以保持，从而增强了光催化活性。相比之下，间接 Z 型异质结在电荷转移路径上引入了导电介质，虽然也能实现光生电子和空穴的分离，但相对于直接 Z 型异质结而言，其光催化性能可能受到一定的限制。

对于窄带隙半导体而言，直接 Z 型异质结的构建具有重要意义。这种结构不仅实现了光生载流子的有效分离，而且保持了其强氧化还原能力，从而提高了光催化活性。以 g-C$_3$N$_4$/TiO$_2$ 直接 Z 型异质结为例，其在光照过程中产生大量羟基自由基（•OH），这一结果证明了直接 Z 型异质结在提高光催化活性方面的潜力。此外，理论计算和电荷密度分析揭示了该结构的能带结构和电子结构，进一步支持了实验结果的解释。

（一）g-C$_3$N$_4$ 基直接 Z 型异质结

通过合成一种 g-C$_3$N$_4$/TiO$_2$ 直接 Z 型光催化剂，成功应用于室内甲醛气体的分解。这一直接 Z 型光催化剂不仅无须电子传导媒介，即可实现光生电子和空穴在 g-C$_3$N$_4$ 导带和 TiO$_2$ 价带上的空间分离，而且还保持了光生电荷的强氧化还原能力。直接 Z 型机制首先通过羟基自由基（•OH）的检测实验得到了证实，使用对苯二甲酸为荧光探针分子，通过荧光强度的变化判断 •OH 的产生情况。所制备的 g-C$_3$N$_4$/TiO$_2$ 复合光催化剂在光照过程中产生了大量的 •OH，而纯的 g-C$_3$N$_4$ 在光照过程中并未检测到 •OH。这一结果说明，传统 II 型异质结中的氧化还原能力受到限制，而直接 Z 型异质结的构建有效解决了这一问题。

直接 Z 型异质结的形成机制得到了进一步理论计算的支持。采用 HSE06

杂化泛函方法计算了 g-C_3N_4/TiO_2 的能带结构、态密度、巴德电荷和能带偏移等参数。以 g-C_3N_4（001）表面和 TiO_2（100）表面为基本单元构筑了一个单层 g-C_3N_4/TiO_2 纳米异质结构，优化后得到了最小距离为 2.87Å 的结构。通过计算得到的功函数发现，TiO_2（100）表面的费米能级低于 g-C_3N_4（001）表面的费米能级，导致电子从 g-C_3N_4 表面流向 TiO_2 表面直到两者费米能级相等[17]。

进一步的三维差分电荷密度计算和巴德电荷分析揭示了 g-C_3N_4/TiO_2 纳米异质结构界面间的电荷转移和分离机制。电子在界面处主要从 g-C_3N_4 表面转移到 TiO_2 表面，空穴则留在 g-C_3N_4 表面，形成了一个内建电场。这一内建电场的存在有利于光生电子和空穴的有效分离，从而提高了光催化活性。通过计算得到的静电势和能带偏移进一步证实了 g-C_3N_4/TiO_2 纳米异质结构是一个交错的能级结构，具有更好的氧化还原能力。最终，通过光催化活性物种的检测和电子顺磁共振测试，验证了 Z 型光催化机制的存在，进一步证明了直接 Z 型异质结构的优越性。

除了 g-C_3N_4/TiO_2，类似的直接 Z 型异质结还包括 g-C_3N_4/WO_3、g-C_3N_4/MoO_3 和 g-C_3N_4/BiOCl 等。这些直接 Z 型光催化剂都具有更强的氧化还原能力，相比传统的 Ⅱ 型异质结具有更好的光催化性能，为光催化材料的设计和应用提供了新的思路和方法。

（二）g-C_3N_4 基间接 Z 型异质结

通过光还原反应制备的 AgBr/g-C_3N_4 复合光催化剂，在其基础上引入银纳米颗粒作为电子传导媒介，促进了光生电子从 AgBr 向 g-C_3N_4 的迁移。这种复合光催化剂的设计基于 Z 型机制，其中 g-C_3N_4 的导带更负，而 AgBr 的价带更正，导致光生电子聚集在 g-C_3N_4 导带上的同时，AgBr 的价带上产生了空穴。这种构造有利于保持电子的还原能力和空穴的氧化能力，从而增强了复合光催化剂的活性。

尽管大部分 g-C_3N_4 基半导体复合光催化剂采用的是传统 Ⅱ 型异质结，这种结构能够有效实现电荷的空间分离，进而提高光催化反应效率，但传统 Ⅱ 型异质结的形成却削弱了光生电子和空穴的氧化还原能力。相比之下，Z 型异质结成功地克服了这一缺点，不仅实现了良好的电荷分离效率，而且保持了光生载流子的强氧化还原能力。

针对 g-C_3N_4 基间接 Z 型异质结，首先需要明确其在光催化反应中的作用机制。在该结构中，半导体材料的导带和价带分别由两种不同材料构成，而光生电子和空穴在这两种材料之间转移。具体来说，在间接 Z 型异质结中，光生电子倾向于迁移到能级较低的半导体材料中，光生空穴则留在能级较高的半导体材料中。这种排列使得光生电子和空穴的氧化还原能力得到保持，从而增强了光催化剂的性能。

在实际应用中，间接 Z 型异质结的设计需要考虑多种因素，包括半导体材料的选择、结构的优化以及光生载流子的迁移和分离等。例如，在 AgBr/g-C$_3$N$_4$ 复合光催化剂中，银纳米颗粒的引入起到了电子传导媒介的作用，促进了光生电子从 AgBr 向 g-C$_3$N$_4$ 的迁移。这种设计可以有效地增强光催化剂的活性，提高光催化反应的效率。[18]

此外，对于不同的间接 Z 型异质结，其电荷分离和转移机制可能存在差异，需要通过理论计算和实验验证来进一步探究。通过对间接 Z 型异质结的深入研究，可以为设计和制备更高效的光催化材料提供重要的指导和参考。

第三节　改性氮化碳调控光催化性能

氮化碳（g-C$_3$N$_4$）作为一种典型的非金属光催化剂，因其优异的光催化性能和稳定的化学性质而受到广泛关注。g-C$_3$N$_4$ 具有适当的带隙宽度、良好的光吸收性和突出的热稳定性，使其在环境治理和能源转换等领域展现出巨大潜力。然而，未经改性的 g-C$_3$N$_4$ 在实际应用中仍面临光催化效率不高、光生电荷载流子复合严重等问题。因此，通过改性策略调控 g-C$_3$N$_4$ 的光催化性能，可以提高其在实际应用中的效率和稳定性。

一、氮化碳的分子结构及性质

（一）氮化碳的分子结构

氮化碳的分子结构主要分为两类：环状三嗪结构和环状七嗪结构。环状三嗪结构是由三个氮原子和三个碳原子组成的六元环；环状七嗪结构是由四个氮原子和三个碳原子组成的七元环。[19] 这两种结构在氮化碳分子中交替出现，形成了独特的分子排列。此外，氮化碳还存在着其他结构，如链状结构和支链结构，这些结构的存在丰富了氮化碳的分子多样性。

（二）氮化碳的性质分析

第一，半导体性质。氮化碳属于 n 型半导体，其带隙约为 2.7eV。这一特性使得氮化碳在光催化、光电器件和太阳能转换等领域具有广泛的应用前景。在光催化过程中，氮化碳可以吸收光能，并将光能转化为化学能，从而实现环境净化和有机合成等功能。在光电器件中，氮化碳可用于光检测和光开关等应用，具有良好的光电转换性能。此外，在太阳能转换领域，氮化碳可作为光吸收材料，用于太阳能电池的制备，以提高电池的转换效率。

第二，还原性。氮化碳具有良好的还原性，在电化学和化学合成等领域具有重要的应用价值。在电化学过程中，氮化碳可用于电催化还原反应，如氢气的制备和氧气还原等。在化学合成中，氮化碳可作为还原剂，参与有机合成反应，拓宽了有机合成途径。

尽管氮化碳具有许多独特的性质和应用前景，但仍存在一些不足之处。首先，氮化碳的缺陷较多，导致其性能的波动和不稳定。其次，氮化碳的比表面积相对较小，限制了其在催化、吸附和传感器等领域的应用。最后，氮化碳中的载流子易发生复合，降低了其在光电器件和太阳能电池中的性能。

为了克服氮化碳的不足，科研人员对其进行了大量的研究。在结构优化方面，通过分子设计和合成策略，实现了氮化碳分子结构的优化，提高了其性能；在性能提升方面，通过掺杂、复合和修饰等手段，增强了氮化碳的催化、吸附和光电器件性能。此外，研究者还通过纳米技术和材料加工技术，提高了氮化碳的比表面积和载流子传输性能。

二、改性氮化碳光催化性能的调控

（一）缺陷调控

在氮化碳的研究中，缺陷调控是一个重要的方向。氮化碳中的缺陷，如氮空位，可以显著影响其光催化性能。氮空位的存在可以增强氮化碳对二氧化碳（CO_2）的吸附性能，这是因为氮空位可以提供更多的吸附位点，从而增加 CO_2 分子与氮化碳表面的接触面积。[20] 此外，氮空位还可以抑制载流子（电子－空穴对）的复合，提高光生电荷的分离效率。在光催化过程中，载流子的复合会导致光生能量的损失，从而降低催化效率。氮空位的存在可以作为陷阱中心，捕获载流子，延长其寿命，从而提高光催化活性。

此外，氮空位缺陷还可以改变氮化碳的能带结构。能带结构是决定半导体材料光催化性能的关键因素之一。氮化碳的能带结构决定了其对光能的吸收范围以及光生电荷的迁移和分离过程。氮空位的存在可以调节氮化碳的能带位置，使其更接近于理想的光催化能带结构。这种能带结构的改变可以影响光催化过程中反应物的吸附和解离，以及产物的生成。例如，氮空位的存在可以增强氮化碳对特定反应物的吸附能力，从而提高产物的选择性。

为了实现氮化碳中缺陷的调控，科研工作者采用了多种方法，如化学气相沉积（CVD）、机械合金化（MA）、热处理等。这些方法可以有效地引入氮空位缺陷，并通过控制反应条件来调节缺陷的密度和分布。通过这种调控，可以优化氮化碳的光催化性能，使其在实际应用中具有更好的性能表现。

（二）元素掺杂

元素掺杂是一种常用的手段，用于调节氮化碳的电子结构和能带结构，进而影响其光催化性能。通过引入金属或非金属元素，可以改变氮化碳的电子密度和能带位置，从而优化其光催化性能。

1. 硼掺杂

硼掺杂是一种常用的手段，用于提高氮化碳的光催化性能。硼的引入可以增强氮化碳对二氧化碳的吸附能力。这是因为硼掺杂可以产生氮空位缺陷，从而增加氮化碳表面的活性位点，提高 CO_2 分子与氮化碳表面的接触面积。此外，硼掺杂还可以改变氮化碳的电子结构，使其更接近于理想的光催化能带结构。这种电子结构的改变可以影响光催化过程中反应物的吸附和解离，以及产物的生成。例如，硼掺杂可以增强氮化碳对特定反应物的吸附能力，从而提高产物的选择性。

2. 硫掺杂

硫掺杂是另一种常用的手段，用于提高氮化碳的光催化性能。硫的引入可以提高载流子的分离效率。在光催化过程中，硫掺杂可以作为电子受体，捕获光生电子，从而减少载流子的复合，延长其寿命，有助于提高光生电荷的分离效率，促进产物的生成。此外，硫掺杂还可以改变氮化碳的能带结构，使其更接近于理想的光催化能带结构。这种能带结构的改变可以进一步优化载流子的迁移和分离过程，从而提高光催化活性。

除了硼和硫，还有其他元素也可以用于掺杂氮化碳，如氮、铝、镓等。

这些元素的引入可以通过改变氮化碳的电子结构和能带结构，进一步优化其光催化性能。然而，元素掺杂的具体机制仍然存在争议，需要进一步的研究来深入理解其作用机制。

为了实现元素掺杂，科研人员采用了多种方法，如化学气相沉积（CVD）、溶液法、热处理等。这些方法可以有效地引入元素缺陷，并通过控制反应条件来调节缺陷的密度和分布。通过这种调控，可以优化氮化碳的光催化性能，使其在实际应用中具有更好的性能表现。

（三）表面等离子体共振效应

表面等离子体共振效应（SPR）是指金属纳米粒子在光的作用下，其自由电子发生振荡并与入射光频率匹配时产生的现象。这种效应可以增强金属纳米粒子表面附近的电磁场，从而提高光吸收效率。在氮化碳表面负载金属纳米粒子，可以利用这种效应增强光催化活性。

当金属纳米粒子负载在氮化碳表面时，金属的表面等离子体波与氮化碳的带隙能级相匹配，促使光吸收增强，从而提供更多的光生电荷，以提高光催化活性。此外，金属纳米粒子还可以作为电子受体，促进光生电荷的分离和迁移，进一步提高光催化效率。

例如，负载金纳米粒子的氮化碳在光催化二氧化碳还原反应中表现出较高的选择性。金纳米粒子可以吸收光能，将其转化为化学能，从而促进二氧化碳的还原反应。此外，金纳米粒子还可以作为电子受体，捕获光生电子，减少载流子的复合，进一步提高光催化活性。

除了金纳米粒子，其他金属纳米粒子，如银、铜、铂等，也可以用于负载在氮化碳表面，以利用表面等离子体效应来增强光催化活性。这些金属纳米粒子的引入可以改变氮化碳的电子结构和能带结构，从而影响光催化性能。

然而，金属纳米粒子的负载量、尺寸、分布等因素都会影响表面等离子体效应的强度和光催化性能。因此，需要对这些因素进行精细调控，以实现最佳的光催化性能。通过改变金属纳米粒子的负载量，可以调节氮化碳表面的电磁场强度，优化光吸收和光催化活性。通过改变金属纳米粒子的尺寸，可以改变其表面等离子体波的共振频率，调节光吸收的强度和位置。通过改变金属纳米粒子的分布，可以实现氮化碳表面电磁场的均匀分布，进一步提高光催化活性。

（四）单原子催化

单原子催化是一种新兴的催化概念，涉及将金属单原子分散负载到催化剂表面，从而提供更多的活性位点，增强催化性能。在氮化碳表面负载金属单原子，可以改变其电子结构，从而影响光催化性能。

金属单原子的引入可以增加氮化碳表面的活性位点数量。在光催化过程中，活性位点是催化反应发生的地方。通过将金属单原子分散负载到氮化碳表面，可以提供更多的活性位点，增加催化反应的速率。此外，金属单原子还可以改变氮化碳的电子结构，影响催化反应的选择性。

例如，负载铂单原子的氮化碳在光催化甲烷生成反应中表现出较高的选择性。铂单原子可以作为活性位点，催化甲烷的生成反应。此外，铂单原子还可以改变氮化碳的电子结构，使其更倾向于催化甲烷生成反应。这种电子结构的改变可以提高催化反应的选择性。

除了铂单原子，其他金属单原子，如金、银、铁等，也可以用于负载在氮化碳表面，以改变其电子结构，提高光催化性能。这些金属单原子的引入可以通过改变氮化碳的电子密度和能带位置，从而优化光催化性能。

然而，金属单原子的负载量、分散性和平衡位置等因素都会影响单原子催化的效果。因此，需要对这些因素进行精细调控，以实现最佳的光催化性能。通过改变金属单原子的负载量，可以调节氮化碳表面的活性位点密度，优化催化反应的速率。通过改变金属单原子的分散性，可以实现氮化碳表面活性位点的均匀分布，进一步提高催化性能。通过改变金属单原子的平衡位置，可以优化催化反应的选择性。

（五）异质结构建

异质结构建是提高氮化碳光催化性能的一种有效策略。通过将氮化碳与其他半导体材料构建异质结，可以增强光吸收、提高载流子分离效率和改变反应路径，从而提高光催化性能。

异质结的构建可以提高氮化碳的光吸收能力。当氮化碳与其他半导体材料结合时，可以形成新的光吸收通道，扩大光吸收范围。例如，氮化碳与层状双金属氢氧化物（LDHs）构建Ⅱ型异质结，可以增强氮化碳对可见光的吸收能力。层状双金属氢氧化物具有特殊的层状结构，可以在层与层之间形成光生电荷的传输通道，提高光生电荷的分离效率。

异质结的构建还可以提高氮化碳的载流子分离效率。在异质结中，氮化碳与其他半导体材料之间存在能带偏置，可以促进光生电荷的分离和迁移。例如，氮化碳与层状双金属氢氧化物构建Ⅱ型异质结，可以通过能带偏置使光生电子从氮化碳迁移到层状双金属氢氧化物，从而减少电子－空穴对的复合，提高载流子分离效率。

此外，异质结的构建还可以改变氮化碳的反应路径，提高特定反应的选择性。例如，氮化碳与层状双金属氢氧化物构建Ⅱ型异质结[21]，可以促进二氧化碳的还原反应，生成一氧化碳（CO）。这是因为层状双金属氢氧化物可以提供特定的活性位点，促进二氧化碳的还原反应。同时，异质结的构建可以限制反应物的扩散路径，减少副反应的发生，提高产物的选择性。

然而，异质结的构建也面临一些挑战。例如，异质结的界面质量、能带偏置和电荷传输效率等因素都会影响光催化性能。因此，需要对这些因素进行精细调控，以实现最佳的光催化性能。通过优化异质结的界面质量，可以提高光生电荷的传输效率。通过调整能带偏置，可以优化载流子的分离和迁移。通过选择合适的半导体材料，可以提高异质结的光催化性能。

参考文献

[1]唐飞，蔡文宇，陈飞，等.g-C_3N_4/过渡金属硫化物复合材料的结构设计、合成及光催化应用[J].材料导报，2023，37（1）：24-32.

[2]Zhang G，Zhang J，Zhang M. Polycondensation of thiourea into carbon nitride semiconductors as visible light photocatalysts[J]. Journal of Materials Chemistry, 2012, 22(16): 8083-8091.

[3]Shubin Y，Yongji G，Jinshui Z，et al.Exfoliated graphitic carbon nitride nanosheets as efficient catalysts for hydrogen evolution under visible light[J]. Advanced materials, 2013, 25(17): 2452-2456.

[4]She X，Xu H，Xu Y. Exfoliated graphene-like carbon nitride in organic solvents: enhanced photocatalytic activity and highly selective and sensitive sensor for the detection of trace amounts of Cu^{2+}[J]. Journal of Materials Chemistry A, 2014, 2(8): 2563-2570.

[5]Xu J，Zhang L，Shi R.Chemical exfoliation of graphitic carbon nitride for

efficient heterogeneous photocatalysis[J]. Journal of Materials Chemistry A, 2013, 1(46): 14766-14772.

[6]Sano T，Tsutsui S，Koike K, et al. Activation of graphitic carbon nitride (g-C$_3$N$_4$) by alkaline hydrothermal treatment for photocatalytic NO oxidation in gas phase[J]. Journal of materials chemistry A, 2013, 1(21): 6489-6496.

[7]Yan H. Soft-templating synthesis of mesoporous graphitic carbon nitride with enhanced photocatalytic H$_2$ evolution under visible light[J]. Chemical Communications, 2012, 48(28): 3430-3432.

[8]Sun J，Zhang J，Zhang M，et al.Bioinspired hollow semiconductor nanospheresas photosynthetic nanoparticles[J].Nature Communications，2012，3（10）：711-714.

[9]郭江娜.二维超薄 g-C$_3$N$_4$ 非金属催化材料的制备及其光电催化性能研究 [D]. 重庆：重庆大学，2015：31-38.

[10]董永浩，马爱琼，李金叶，等.热剥离法制备含缺陷 g-C$_3$N$_4$ 纳米片及光催化性能 [J]. 稀有金属，2021，45（1）：47-54.

[11]Wang Y，Di Y，Antonietti M.Excellent Visible-Light Photocatalysis of Fluorinated Polymeric Carbon Nitride Solids[J].Chemistry of Materials，2010，22（18）：5119-5121.

[12]Ding Z, Chen X, Antonietti M, et al. Synthesis of transition metal-modified carbon nitride polymers for selective hydrocarbon oxidation[J]. ChemSusChem, 2011, 4(2): 274-281.

[13]Zhang J, Chen X, Takanabe K, et al. Synthesis of a carbon nitride structure for visible-light catalysis by copolymerization[J]. Angewandte Chemie, 2012, 2(2): 451-454.

[14]杨文科，卢连雪，李鹏，等.光催化材料石墨相氮化碳的合成、改性及应用 [J]. 石油化工高等学校学报，2024，37（1）：43-51.

[15]Zhang J, Zhang M, Sun R Q, et al. A facile band alignment of polymeric carbon nitride semiconductors to construct isotype heterojunctions[J]. Angewandte Chemie International Edition, 2012, 40(40): 10145-10149.

[16]Cao S W, Liu X F, Yuan Y P, et al. Solar-to-fuels conversion over In$_2$O$_3$/g-C$_3$N$_4$ hybrid photocatalysts[J]. Applied Catalysis B: Environmental, 2014, 147: 940-946.

[17] Liu J, Cheng B, Yu J. A new understanding of the photocatalytic mechanism of the direct Z-scheme g-C$_3$N$_4$/TiO$_2$ heterostructure[J]. Physical Chemistry Chemical Physics, 2016, 18(45): 31175-31183.

[18] Yang Y, Guo W, Guo Y, et al. Fabrication of Z-scheme plasmonic photocatalyst Ag@AgBr/g-C$_3$N$_4$ with enhanced visible-light photocatalytic activity[J]. Journal of hazardous materials, 2014, 271(30): 150-159.

[19] 常世鑫, 虞梦雪, 俞迪, 等. 石墨相氮化碳光催化还原CO$_2$研究进展[J]. 中南民族大学学报（自然科学版），2023，42（6）：721-732.

[20] Liu Y, Zhao L, Zeng X, et al. Efficient photocatalytic reduction of CO$_2$ by improving adsorption activation and carrier utilization rate through N-vacancy g-C3N4 hollow microtubule[J]. Materials Today Energy, 2023, 31.

[21] Zhou D, Zhang J, Jin Z X, et al. Reduced graphene oxide assisted g-C$_3$N$_4$/rGO/NiAl-LDHs type II heterostructure with high performance photocatalytic CO$_2$ reduction[J]. Chemical Engineering Journal, 2022, 450（P3）.

第六章 铋基半导体光催化材料的制备及改性调控

在当今世界，环境问题和能源危机日益凸显，寻找高效、环保的光催化材料成为科研工作者的重要任务。铋基半导体光催化材料因其独特的电子结构和优异的光催化性能而备受关注。本章重点论述新型钨酸铋基异质结的制备及应用、卤氧化铋基材料在光电催化降解水中污染物领域的应用、$Bi_2WO_6/SrTiO_3$复合光催化剂的制备及对Cr(VI)和亚甲基蓝的去除。

第一节 新型钨酸铋基异质结的制备及应用

一、钨酸铋基异质结的光催化特性

近年来，随着全球对可持续发展和环境保护意识的不断增强，能源与环境领域的需求和挑战促使光催化研究迅速发展。在这一背景下，钨酸铋（Bi_2WO_6）以其独特的物理、化学特性，成为光催化研究的重点之一。钨酸铋的非毒性特征使其在实际应用中表现出良好的安全性，适合用于环境治理和清洁能源的转化过程。此外，钨酸铋具有较低的带隙能，使其能够在可见光照射下有效催化反应，提高了光催化反应的效率。钨酸铋的合成过程相对简单，便于大规模制备，进一步推动了其在光催化领域的应用潜力。基于这些优势，钨酸铋在光催化降解污染物、光催化水分解及二氧化碳还原等的研究中，显示出优异的催化性能，成为光催化研究的一个重要方向。[1] 钨酸铋基异质结，特别是Bi_2WO_6/Bi_2O_3异质结，因其优异的光催化性能和稳定性，被认为是环境净化技术中的一颗新星。

钨酸铋基异质结的光催化特性主要源于其能带结构和电子特性。Bi_2WO_6作为一种n型半导体，具有较宽的禁带宽度和较强的可见光吸收能力。当与

p型半导体Bi$_2$O$_3$形成异质结时,两种半导体的能带边缘相互调整,形成内建电场,有助于光生电子–空穴对的有效分离,从而提高了光催化效率。此外,异质结界面上的缺陷态也可能作为电子和空穴的捕获中心,进一步促进了光生载流子的分离。

在环境净化应用中,钨酸铋基异质结展现出了显著的活性。研究表明,Bi$_2$WO$_6$/Bi$_2$O$_3$异质结在降解有机污染物,如罗丹明B(RhB)等方面表现出了极高的效率。在可见光照射下,异质结催化剂能够迅速降解目标污染物,且对无机离子如Cr(VI)也表现出良好的去除效果。这种高效的光催化性能,使得钨酸铋基异质结成为处理废水和净化空气的理想选择。

另外,钨酸铋基异质结具备稳定性。在连续的光催化反应过程中,催化剂的结构和性能能够保持稳定,不易发生光腐蚀,这对于实际应用尤为重要,意味着催化剂具有较长的使用寿命和较低的维护成本。

钨酸铋基异质结在光催化领域的应用前景十分广阔。随着对环境问题的关注日益增加,高效、稳定的光催化剂的需求也在不断上升。钨酸铋基异质结的研究不仅有助于解决有机污染物的处理问题,还可以拓展到二氧化碳还原、水分解等能源转换领域。此外,通过进一步优化异质结的结构和组成,可以期待其在光催化效率和稳定性方面取得更大的突破。

二、钨酸铋基异质结的制备方法

(一)半导体复合改性法

半导体复合改性法是一种通过将两种或多种半导体材料复合,以改善钨酸铋基异质结(Bi$_2$WO$_6$)光催化性能的先进技术,该方法通过选择合适的半导体材料进行复合,不仅能够调整异质结的能带结构,提升其对光能的利用效率,还能扩大光催化剂的可见光吸收范围,增强其在环境治理等领域的应用前景。

在半导体复合改性法中,通过将钨酸铋与其他半导体材料复合,形成多相异质结体系,能够有效地改善单一钨酸铋的光催化不足问题。钨酸铋基异质结在受到光照时,会在其表面产生电子(e$^-$)和空穴(h$^+$),这些光生电子和空穴在氧化还原反应中发挥着关键作用。然而,在单一半导体材料中,光生电子和空穴往往容易发生快速复合,导致光催化效率低下。通过复合其他半导体材料,形成异质结界面,能够有效减缓电子–空穴对的复合过程,显著提升光催化效率。此外，适当的半导体复合材料可以调整复合体系的能带结构，使其更好地适应太阳光谱中的可见光区域，拓宽其光吸收范围。通过这种方法，光催化剂在可见光环境下的活性得到大幅提升，使其更具备在日常环境光照下进行高效降解污染物的潜力。

1. 常见的复合半导体材料

在半导体复合改性法中，常选用二氧化钛（TiO_2）、氧化锌（ZnO）等经典半导体材料与钨酸铋复合。这些材料具有独特的电子结构和光催化性能，与钨酸铋基异质结形成复合后，可以显著改善其光催化效果。

（1）二氧化钛（TiO_2）。二氧化钛是一种广泛应用于光催化的半导体材料，具有较强的紫外线吸收能力和优异的稳定性。在与钨酸铋复合时，TiO_2能通过其较高的导带位置来接受光生电子，从而有效地将光生电子－空穴对分离，减少复合现象的发生。这种复合结构不仅提升了钨酸铋在紫外光照射下的光催化活性，同时也延长了催化剂的使用寿命。然而，由于二氧化钛在可见光范围内的吸收较弱，仍需通过其他手段优化复合体系，以实现更高效的可见光催化性能。

（2）氧化锌（ZnO）。氧化锌是一种具有良好光电特性的宽带隙半导体材料，广泛应用于光催化领域。ZnO的导带位置与钨酸铋相近，复合后有利于光生电子的快速转移，进一步提高光催化反应中的电子－空穴对分离效率。此外，氧化锌在复合材料中也能显著提升光催化剂的耐久性和抗腐蚀能力。在复合改性法中，通过ZnO和钨酸铋的合理搭配，催化剂的稳定性和重复使用性都得到了增强。

（3）其他复合半导体材料。除二氧化钛和氧化锌外，CdS、Fe_2O_3等半导体材料也常用于钨酸铋的复合改性。CdS对可见光的吸收性能较强，但存在较高的光腐蚀性，通过与钨酸铋复合可以改善其稳定性；Fe_2O_3则具有优异的化学稳定性和环保性，能够提升复合材料在复杂环境条件下的稳定性。

2. 半导体复合改性法的主要优势

半导体复合改性法具有显著的技术优势，能够有效提升钨酸铋基异质结的光催化活性、稳定性和实用性。主要体现在以下方面：

（1）扩大光吸收范围。单一的钨酸铋材料通常只能吸收有限的可见光。通过复合改性法选择适合的半导体材料，可以使复合体系的光吸收带边向可见光区域延伸，从而提高对太阳光的利用效率。这样的改性方式特别适用于太阳能驱动的光催化应用，使催化剂在自然光照下即可高效工作。

（2）提高光生电子－空穴对的分离效率。半导体复合材料的异质结界面能够形成内部电场，有助于抑制电子－空穴对的复合。通过合理的能带结构设计，光生电子会沿着能级方向迁移，空穴则在另一半导体中稳定存在，从而延长了电荷分离的时间。这种设计大幅度提高了光催化反应中的电子－空穴对的利用效率。

（3）增强材料稳定性和耐久性。在长期光照条件下，单一半导体催化剂可能因为光腐蚀或结构不稳定而失效。半导体复合改性法引入了具有较强耐久性的辅助半导体材料，可以增强催化剂的结构稳定性，延长其有效工作寿命。因此，复合改性材料在实际应用中具备了更高的经济性和可持续性。

3. 半导体复合改性法的优化策略

为了实现半导体复合改性法的最佳效果，研究人员在实际操作中需要针对复合材料的比例、复合方式以及制备工艺等方面进行优化。

（1）优化复合比例。不同半导体材料的复合比例对催化剂的性能具有显著影响。例如，在钨酸铋与二氧化钛的复合中，过量的 TiO_2 可能会覆盖钨酸铋的活性表面，影响其可见光吸收；若 TiO_2 含量不足，则可能导致电子－空穴对的分离效果不理想。因此，复合比例需在实验中多次调试，以获得最佳光催化效果。

（2）选择合适的复合方式。复合方式直接影响异质结界面的形成及稳定性。常用的复合方式包括溶剂热法、沉淀法和物理混合法等。溶剂热法能够在较高温度和压力下生成均匀的纳米级复合材料，有助于提升异质结的稳定性；沉淀法则操作简便，适合规模化生产。在实际应用中，根据具体要求选择合适的复合方式，可以进一步提升光催化剂的性能。

（3）改善复合材料的分散性。半导体复合材料的分散性对其光催化性能也有重要影响。良好的分散性能够使光照更加均匀地作用于材料表面，从而提高光催化效率。采用超声分散技术或添加分散剂等手段，可以有效改善复合材料的分散效果。

作为一种高效的光催化改性技术，半导体复合改性法在水污染治理、空气净化及光能转化等领域具有广阔的应用前景。通过合理选择和优化复合材料，可以使钨酸铋基异质结在更宽广的光谱范围内展现出良好的光催化性能，为绿色环保技术的推广应用提供了技术支持。

（二）离子掺杂法

离子掺杂法是通过向钨酸铋基异质结中引入特定的金属或非金属离子，从而调节其电子结构并改善光催化性能的一种重要改性方法。该技术通过在异质结中引入掺杂离子，在能带结构中形成新的能级，改善光吸收性能，同时提高光生电子－空穴对的分离效率。

离子掺杂法的基本原理在于通过引入特定的掺杂离子，改变钨酸铋基异质结的电子结构和能带分布，使其具备更强的光催化能力。在光催化反应中，钨酸铋基异质结在光照下激发出电子和空穴对，它们的分离效率和光吸收范围直接决定了光催化的效果。然而，传统的钨酸铋光催化剂在可见光范围内的吸收能力有限，且光生电子和空穴的复合速率较快，限制了光催化反应的活性。

通过离子掺杂法引入特定的掺杂离子，可以在钨酸铋基材料的带隙内引入新的能级，调节其能带结构。新的能级不仅可以作为电子或空穴的捕获中心，延长电子－空穴对的分离时间，还能拓宽其对光的吸收范围，使钨酸铋基异质结在可见光下也能保持较高的催化活性。这种掺杂方法对于提升光催化效率和实现材料的可见光响应具有重要意义。

1. 离子掺杂剂的选择及作用

在离子掺杂法中，掺杂剂的选择是关键。不同的掺杂剂对钨酸铋基异质结的电子结构、光吸收特性和催化活性具有不同的影响，因此需要根据具体的应用需求进行选择。一般来说，掺杂剂主要分为稀土金属元素、过渡金属元素以及非金属元素三大类。

（1）稀土元素掺杂剂。稀土元素（如铕 Eu、钕 Nd、镝 Dy 等）具有独特的电子层结构，其掺杂通常能够显著改善材料的光吸收能力。例如，铕（Eu）掺杂能在钨酸铋的带隙中引入新的能级，使其在可见光区域具备更强的光吸收能力。此外，稀土元素的掺杂有助于降低光生电子和空穴对的复合速率，提高光催化效率。稀土元素的掺杂浓度较低，能产生显著效果，因而其应用范围广泛，适合于需要可见光响应的光催化材料的制备。[2]

（2）过渡金属元素掺杂剂。过渡金属（如铁 Fe、钴 Co、镍 Ni 等）也是常用的掺杂元素。过渡金属离子掺杂能够提升材料的催化活性，其原因在于这些金属离子具有多种氧化态，能够在光催化反应中提供额外的活性位点，增加反应中间物种的生成，从而提升催化反应速率。例如，铁（Fe）掺杂可以显著提升钨酸铋基异质结的催化活性，增强其降解污染物的能力。此外，过渡金属掺杂还可以改善材料的化学稳定性和耐久性，使其在多次催化循环中依然保持较高的性能。

（3）非金属元素掺杂剂。非金属元素（如氮 N、硫 S、碳 C 等）在离子掺杂法中也被广泛应用。非金属掺杂通常能够调节材料的带隙宽度，使其更容易吸收可见光。例如，氮（N）掺杂可通过调节钨酸铋的能带结构，使材料的光吸收边界发生红移，增强其在可见光下的响应能力。相比于金属掺杂，非金属元素掺杂往往在带隙中产生轻微缺陷，能够作为电子的捕获中心，有助于提高电子-空穴对的分离效率，进而提升光催化剂的活性。

2. 离子掺杂法的优势体现

离子掺杂法在光催化材料改性中具有显著的优势，尤其是在钨酸铋基异质结的应用中体现出重要价值。具体来说，其优势主要体现在以下方面：

（1）扩大光吸收范围。掺杂离子的引入使钨酸铋的能带结构发生改变，带隙宽度得到优化，可以吸收更多的可见光，从而提高光能的利用效率。对于催化剂在自然光下的实际应用，离子掺杂法拓宽了其光催化的响应范围，使材料不仅能在紫外光下高效工作，还可以在可见光条件下保持良好的催化活性。

（2）提升光生电子-空穴对的分离效率。掺杂元素在材料中产生的新能级能有效捕获电子或空穴，从而延缓电子-空穴对的复合过程。通过提高电荷分离效率，掺杂材料中的光生电子和空穴更容易参与催化反应，极大地提升了催化效率。

（3）增强材料的化学稳定性和耐久性。掺杂金属和非金属离子可以增强钨酸铋基异质结的化学稳定性，使其在复杂环境条件下不易发生结构退化或光腐蚀。掺杂材料在光催化过程中保持较长的寿命，因此具备更高的经济性和实际应用价值。

3. 离子掺杂法的优化策略

为进一步提升离子掺杂法的应用效果，研究人员可以通过优化掺杂浓度、控制热处理条件等方式实现特定的光催化性能。以下是几种常见的优化策略：

（1）优化掺杂浓度。掺杂浓度对光催化性能具有显著影响。适当的掺杂浓度可以有效提高光催化活性，但若浓度过高，则可能产生自聚合或自屏蔽效应，反而阻碍光的吸收。因此，在制备过程中，掺杂浓度需要通过实验优化，以实现最佳的光催化效果。

（2）精确控制热处理条件。热处理温度和时间对掺杂离子的分布和异质结结构的稳定性具有重要影响。合理的热处理条件有助于掺杂离子均匀地分布在钨酸铋基异质结中，保证掺杂效果的一致性。常用的热处理方法包括高温煅烧、溶剂热法等，这些方法可以改善离子在材料中的分布均匀性，提升材料的光催化性能。

（3）复合掺杂法。为进一步提高钨酸铋基异质结的性能，复合掺杂法越来越受到关注。通过复合不同类型的离子，可以实现多重改性效果。例如，稀土金属和过渡金属的联合掺杂可以同时提升材料的光吸收范围和光生电子的分离效率。复合掺杂的应用在光催化效率和催化剂的使用寿命方面均有显著提升，为光催化材料的设计提供了更多可能。

作为一种有效的材料改性方法，离子掺杂法在水处理、空气净化和能源转化等领域显示出广阔的应用前景。钨酸铋基异质结通过离子掺杂后表现出的高效光催化性能，使其在环境治理和能源应用中具备巨大潜力。未来，通过更为精细的掺杂控制和工艺优化，离子掺杂法有望成为钨酸铋基异质结光催化材料的重要改性技术，为推动清洁能源技术的发展提供有力支持。

（三）碳负载法

碳负载法是一种广泛应用于材料科学和催化领域的先进技术，主要用于在钨酸铋基异质结上负载碳基材料，以提升其光催化性能。此方法借助碳材料的优异物理和化学特性，增强异质结材料的综合性能，适用于环境治理、能源转换等多个领域。

碳负载法的核心在于将碳材料负载到钨酸铋基异质结的表面或内部，从而提升复合材料的光催化能力。碳材料通常指石墨烯、碳纳米管（CNTs）等结构特殊的碳基材料。这些材料具有良好的电子传导性和较高的化学稳定性，在复合材料中扮演着重要角色。

在光催化过程中，钨酸铋基异质结在光照下会产生电子（e^-）和空穴（h^+）对，这些电子-空穴对的有效分离是提高光催化效率的关键。然而，钨酸铋基异质结的结构特点导致电子与空穴容易迅速复合，限制了光催化反应的效率。引入碳材料后，这些碳材料提供了额外的活性位点，可以有效吸附污染物分子，同时利用其高效的电子导电性加速电子-空穴对的分离过程，减少复合的可能性，从而大幅提升光催化效率。

◎ 光催化技术在能源领域的应用探索

1. 碳负载法的根本优势

碳负载法的优势在于显著改善了钨酸铋基异质结的光催化稳定性、活性和重复使用性，具体表现如下：

（1）提升光催化稳定性。碳材料的加入使复合材料在长期光催化过程中更加稳定。碳材料如石墨烯和碳纳米管的结构具有较高的化学稳定性和热稳定性，可以保护钨酸铋基异质结免受光催化反应中产生的自由基和氧化物的破坏。因此，通过碳负载法制备的复合材料在重复使用过程中，性能下降的程度较小，具备更高的实用价值。

（2）增强催化剂的吸附能力。碳材料的大比表面积使其具备极强的吸附能力。在碳负载复合材料中，碳材料不仅可以直接吸附污染物，还能增加整体复合材料的吸附位点数量，从而提升光催化剂的吸附性能。这一特性特别适用于空气和水污染治理，因为它可以迅速吸附有机污染物分子并将其降解为无害物质，提高了催化剂的反应效率。

（3）促进电子-空穴对的分离。在光催化过程中，碳材料的电子导电性在促进电子-空穴对的分离中起到了关键作用。碳材料可作为电子捕获剂，通过快速转移钨酸铋基异质结表面产生的电子，抑制电子和空穴的复合。由此，更多的电子和空穴被有效分离并参与光催化反应，增强了光催化剂的整体活性。

（4）延长催化剂的寿命与重复使用性。碳材料的加入显著增强了催化剂的耐久性，延长了其有效工作寿命。通常，传统钨酸铋光催化剂在多次使用后活性会降低，而碳负载法制备的复合材料因其更高的稳定性和结构支持，在多次循环使用后依然能够保持较高的光催化活性。这为碳负载复合材料在实际应用中的推广提供了有力支持。

2. 碳负载法的应用效果优化

碳负载法的应用效果受碳材料种类、负载量及分布方式等因素的影响。为了实现最佳性能，可通过优化以下方面来提升复合材料的光催化效果。

（1）碳材料的种类选择。不同的碳材料在结构、比表面积和电子传导性等方面具有不同的特点，因此在实际应用中应根据需求选择合适的碳材料。石墨烯由于其高导电性和平面结构，在促进电子转移方面表现突出；碳纳米管的管状结构更适合提升光催化材料的三维结构稳定性和吸附能力。将两种碳材料混合负载也是一种优化方法，可以综合利用各自的优势，获得更高的光催化性能。

(2)碳材料负载量的控制。碳材料的负载量直接影响复合材料的活性和稳定性。若负载量过少，碳材料的活性位点不足，无法显著提升催化性能；若负载量过多，则可能覆盖钨酸铋基异质结的光敏感表面，导致光吸收受限，反而影响光催化效果。因此，负载量需要根据实际应用需求进行合理控制，以实现碳材料与钨酸铋基异质结之间的最佳协同作用。

(3)碳材料分布方式的优化。碳材料在复合材料中的分布均匀性也会显著影响光催化效果。研究表明，均匀分布的碳材料能够更有效地覆盖钨酸铋基异质结表面，从而优化电子转移路径，减少电荷复合。通过改进制备方法，如超声分散法或溶剂热法，可以实现碳材料在钨酸铋基异质结表面的均匀分布，以最大化碳负载复合材料的光催化活性。

在环境污染治理和清洁能源领域中，碳负载法制备的钨酸铋基异质结复合材料显示出了显著的应用潜力。其通过合理的碳材料负载，既实现了对污染物的有效降解，又具备良好的光催化稳定性和重复使用性，为实现可持续的环境保护和资源利用提供了有力保障。

(四)多元异质结构筑法

多元异质结构筑法是一种更为复杂的制备方法，它涉及将两种以上的半导体材料和可能的掺杂剂或碳材料整合在一起，形成具有多层结构的复合体系。[3]这种结构不仅可以实现多种半导体材料的优势互补，还能通过构建多级异质结界面来进一步提高光催化效率。

在多元异质结构筑法中，关键在于设计合理的结构模型和制备工艺。通过精确控制各层材料的厚度和组成，可以实现对光的吸收范围、电荷的传输路径和反应活性位点的优化。这种方法制备的钨酸铋基异质结在光催化分解有机污染物和水分解制氢等方面展现出了卓越的性能。目前报道的多元异质结涵盖了多个领域（图6-1），特别是在材料科学和能源技术中较为常见。这些异质结通常由具有不同物理、化学或电子特性的材料组成，通过特定的界面结构实现特定的功能或性能提升。

```
                ┌──── 光伏领域
多元异质结涵盖领域 ┼──── 光电催化领域
                └──── 气体传感领域
```

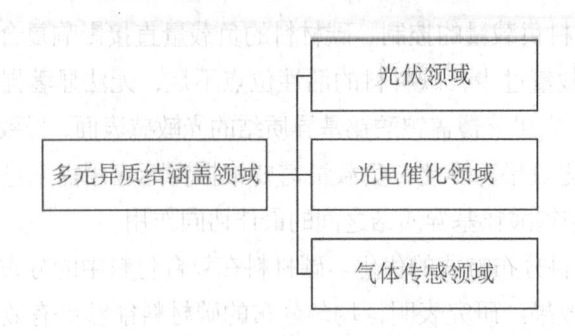

图 6-1 多元异质结涵盖领域

第一，光伏领域。异质结电池（HJT）是光伏领域中的一个重要研究方向。异质结电池采用两种或多种不同的半导体材料形成异质结，以提高电池的光电转换效率。例如，硅基异质结电池通过结合非晶硅（a-Si）和晶体硅（c-Si）等材料，实现了高效的光电转换。近年来，随着技术的不断进步，异质结电池的产业化进程加快，成为光伏行业的新热点。

第二，光电催化领域。$\beta\text{-}Bi_2O_3$ 基多元异质结在光电催化领域表现出优异的性能。例如，$\beta\text{-}Bi_2O_3$ 与 $Bi_2O_2CO_3$ 结合形成的二元异质结，通过提高载流子分离效率，显著提升了光催化降解有机染料的效率。此外，基于 $\beta\text{-}Bi_2O_3$ 的三元异质结（如 BO/BOC/BCN），通过引入其他材料进一步提升了性能。

第三，气体传感领域。面向高灵敏乙醇气体检测的多元异质结通过特定的材料组合和结构设计，实现了对乙醇气体的高灵敏检测。例如，某些研究利用多元金属氧化物异质结（如 SnO_2/ZnO、In_2O_3/ZnO 等）构建气体传感器，通过异质结界面处的电子转移和化学反应，实现了对乙醇气体的快速、准确检测。

三、钨酸铋基异质结的光催化性能及其应用

（一）钨酸铋基异质结光催化活性的评价

评价钨酸铋基异质结的光催化活性通常涉及对特定目标污染物的降解效率进行测定。可见光催化活性的评价方法主要基于目标化合物的浓度变化，通过紫外-可见分光光度计测定其吸光度的变化来评估催化剂的活性。例如，罗丹明 B（RhB）作为一种常用的模拟染料污染物，其浓度的变化可通过测量其在特定波长下的吸光度来确定。此外，化学需氧量（COD）的测定也是评估光催化活性的重要指标，可以反映水中有机污染物的总量。

（二）钨酸铋基异质结光催化活性的影响

钨酸铋基异质结的光催化活性受多种因素影响，其中改性方法是关键之一。通过半导体复合改性、离子掺杂、碳负载等方法，可以有效提升异质结的光催化性能。例如，半导体复合改性可以形成 p-n 结构，促进电子和空穴的有效分离；离子掺杂可以引入新的能级，增强光吸收和催化活性；碳负载可以提供更大的比表面积和稳定的电子传导路径。不同的改性方法对光催化活性的影响是多方面的，需要通过系统的实验研究来优化。

（三）钨酸铋基异质结的光催化机制

钨酸铋基异质结的光催化机理制涉及光生电子－空穴对的生成、分离和迁移。在光照条件下，催化剂的价带电子被激发跃迁到导带，留下空穴，形成电子－空穴对。这些电子－空穴对在内建电场的作用下分离，电子具有还原性，空穴具有氧化性，它们可以分别与水中的氧分子和有机污染物发生反应，生成无害的小分子物质。通过 X 射线光电子能谱（XPS）、傅立叶变换红外光谱（FT-IR）等表征手段，可以深入理解催化剂表面的化学状态和反应过程。

（四）光催化反应器的设计及应用效果

为了实现钨酸铋基异质结在实际环境中的应用，光催化反应器的设计至关重要。光催化反应器的设计需要考虑光源类型、催化剂的负载方式、反应器的结构等因素。理想的光催化反应器应能够提供充足的光照面积，保证催化剂与污染物的充分接触，并有利于产物的分离和催化剂的回收。在实际应用中，连续流动式光催化反应器和固定床光催化反应器等设计已经展现出良好的处理效果。通过优化反应器设计，可以显著提高光催化效率，降低能耗和成本。

第二节 卤氧化铋基材料在光电催化降解水中污染物领域的应用

随着人类社会的快速进步，城市化的进程不断加快，水资源的利用与需求日益增长，与此同时，污水排放量也在持续上升。这一现象带来了严重的水污染问题，成为当前亟须解决的环境难题。特别是一些难以处理的持久性

◎ 光催化技术在能源领域的应用探索

有机污染物，它们在水体中的浓度虽低，但对环境和人体健康的潜在威胁不容忽视。传统的污染物处理方法往往复杂且效率不高，因此，研究和开发能够高效去除这些污染物的新技术尤为迫切。

在众多新兴技术中，光电催化技术（PEC）因其卓越的污染物降解效果而备受瞩目。PEC技术通过利用光催化剂在光照下产生电子-空穴对，并在外部偏压的作用下促进电子的转移，从而大幅提升了光生电子与空穴的分离效率，提高了污染物的降解速率。与传统的污染物处理方式相比，PEC技术展现出了更高的催化活性和更好的处理效果。

在PEC技术的研究领域，卤氧化铋基材料因其独特的电子能带结构和优异的催化活性而成为研究的热点。卤氧化铋基材料不仅具有低毒性和良好的化学稳定性，还能在紫外和可见光区域吸收光能，这使得它在光催化过程中的表现出色。特别是当卤氧化铋基材料与其他半导体材料形成异质结构时，它们之间的协同作用能够有效地改善能带结构，促进氧化还原反应的进行，这对于有机污染物的降解具有重要意义。

基于BiOX的异质结光电催化剂因其显著的PEC性能而备受关注。这些异质结材料不仅能够提高光电转换效率，还能促进光生载流子的分离和迁移，从而在污染物的降解过程中发挥更大的作用。然而，尽管卤氧化铋基光电催化剂的研究已经取得了一定的进展，但在实际的PEC应用中，尤其是在有机污染物的降解方面，还需要研究人员去开发。

为了推动卤氧化铋基光电催化材料在PEC领域的进一步发展，有必要对其研究进展进行全面的总结和归纳，不仅有助于理解卤氧化铋材料的光电催化机制，还能为设计和制备更高效的光电催化剂提供理论指导。随着研究的深入，卤氧化铋基光电催化材料有望在未来的环境治理中发挥更加重要的作用，为治理水污染问题提供新的解决方案。

一、BiOX材料的结构和特性

卤氧化铋材料属于Ⅴ-Ⅵ-Ⅷ族三元半导体，具有独特的层状晶体结构。这种结构使得BiOX在光催化过程中展现出优异的性能。BiOX层状结构中的$[Bi_2O_2]^{2+}$层与卤素离子层交替排列，形成了强大的内部静电场，有利于光生电子-空穴对的分离，从而提高了光催化活性，如图6-2所示。[4]BiOX材料的禁带宽度随卤素种类的不同而变化，BiOCl、BiOBr和BiOI的禁带宽度分别为3.22eV、2.64eV和1.77eV，使它们能够在不同波长的光照下发挥作用。然而，由于光生电子－空穴对的复合率高，限制了其在光电催化中的应用。为了提高其性能，研究者采用了掺杂、表面改性和形成异质结等多种策略提高其电荷转移效率。

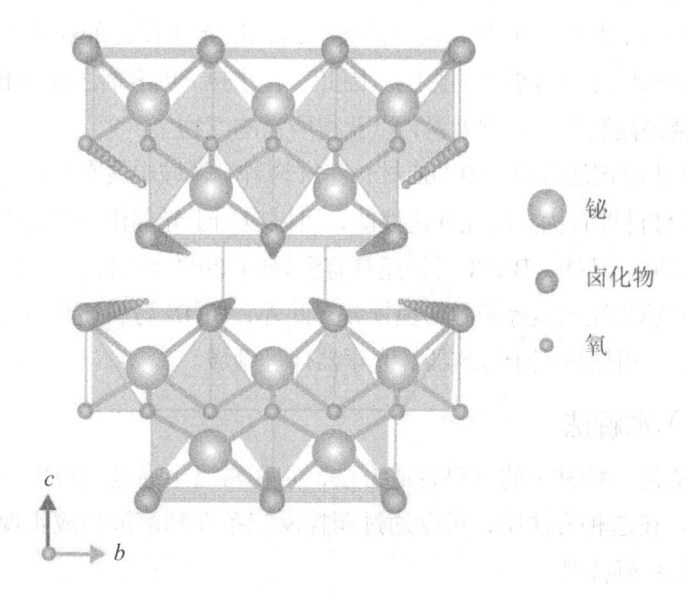

图 6-2　BiOX（X=Cl，Br，I）的晶体结构

二、BiOX 的合成方法

BiOX 材料的合成方法多种多样，不同的合成方法可以调控材料的形貌、尺寸和晶体结构，从而影响其光电催化性能。

（一）水热/热溶剂法

水热/热溶剂法在材料合成领域中扮演着重要的角色，其通过在高温高压条件下利用水或其他溶剂作为反应介质，合成出具有特定形貌和尺寸的 BiOX 材料。BiOX 材料具有广泛的应用前景，因此对其合成方法进行研究具有重要意义。

水热/热溶剂法合成 BiOX 材料的原理是利用水或其他溶剂的热力学性质，在高温高压条件下促使反应物发生化学反应，从而形成 BiOX 材料。在此过程中，溶剂的选择和反应条件的控制对最终产物的形貌和尺寸起着至关重要的作用。以 BiOI 材料为例，通过调整溶剂种类和反应条件，可以合成出不同形态的 BiOI 材料，如纳米棒状、片状等。[5]

在运用水热/热溶剂法合成 BiOX 材料时，影响最终产物形貌和性能的因素有很多，其中包括溶剂的选择、反应温度、反应时间、前驱体浓度等。溶剂的选择直接影响了反应体系的热力学和动力学性质，从而影响了反应的进行方式和产物的形貌。此外，反应温度和时间决定了反应的速率和程度，对产物的形貌和尺寸也有重要的影响。因此，在水热/热溶剂法合成 BiOX 材料时，需要精确控制这些影响因素，以获得所需的产物。

水热/热溶剂法合成的 BiOX 材料在材料科学领域中具有广泛的应用。首先，BiOX 材料具有优异的光催化性能，可以应用于光催化降解有机污染物等环境治理领域。其次，BiOX 材料还具有良好的光电化学性能，可以应用于光电催化水分解和光电池等能源转换领域。此外，BiOX 材料还具有优异的光学和电学性能，可以应用于传感器、光学器件等领域。

（二）水解法

水解法是一种常见的材料合成方法，它在常温下通过溶液中的化学反应合成材料。在这种方法中，可以通过调控反应条件和溶液组成实现对产物形貌和性能的精确控制。

水解法合成 BiOBr 纳米片的原理是通过在溶液中进行水解反应来形成 BiOBr 纳米片。在常温下，将适量的 Bi 源 [如 Bi（NO$_3$）$_3$]、溴化合物（如 NaBr），以及适量的碱性条件下的水溶液混合，经过一定时间的反应，形成 BiOBr 纳米片。[6] 在此过程中，水解反应使得 Bi 源和溴化合物发生化学变化，最终生成 BiOBr 纳米片，并沉淀在溶液中。

影响水解法合成 BiOBr 纳米片的因素有很多，其中包括溶液的 pH、反应温度、反应时间、反应物浓度等。溶液的 pH 是影响水解反应进行方式和产物形貌的重要因素之一。较高或较低的 pH 可能导致产物形貌的改变，因此需要精确控制溶液的 pH。在水解法合成 BiOBr 纳米片时，需要对这些因素进行综合考虑，以获得所需的产物。

水解法合成的 BiOBr 纳米片在材料科学领域中具有广泛的应用。首先，BiOBr 纳米片具有优异的光催化性能，可以应用于光催化降解有机污染物等环境治理领域。其次，BiOBr 纳米片还具有良好的光学和电学性能，可以应用于光电器件、传感器等领域。此外，BiOBr 纳米片还具有较大的比表面积和丰富的表面活性位点，有利于提高其在催化和吸附等方面的性能。

（三）连续离子层吸附反应法

连续离子层吸附反应法（SILAR）是一种液相薄膜制备工艺。这种方法最重要的特点是成本低、重复性好，能够在室温下制备出均匀的薄膜。此外，通过控制沉积参数，如溶液的 pH 和温度、循环次数、浸渍时间等，可改变 SILAR 薄膜的性能。

连续离子层吸附反应法的操作步骤相对简单，但需要精确控制各个参数以获得理想的薄膜。首先，需要准备含有目标材料阳离子和阴离子的两种溶液，并将 pH 调整到适宜的范围；其次，将清洁的基底浸泡到阳离子溶液中，一定时间后取出并用去离子水冲洗干净；最后，将基底浸入阴离子溶液中，完成一次反应循环。重复这一过程，即可在基底上形成均匀的 BiOI 薄膜。

BiOI 薄膜作为一种具有窄带隙的半导体材料，在光电催化领域具有广泛的应用前景。利用连续离子层吸附反应法制备的 BiOI 薄膜，不仅具有良好的结晶性，还能在可见光区域实现高效的光吸收。通过调整沉积参数，如溶液浓度、pH、温度和反应时间，可以优化 BiOI 薄膜的光电性能，提高其在光电催化反应中的活性。例如，通过连续离子层吸附反应法可在 FTO（氟掺杂锡氧化物）基底上成功沉积 BiOI 薄膜。通过优化沉积条件，所制备的 BiOI 薄膜在降解有机污染物和水分解制氢方面表现出了优异的光电催化活性。此外，由于连续离子层吸附反应法具有成本低、操作简便、环境友好等优点，使其在工业生产和环境治理中具有广阔的应用潜力。

三、光电催化领域中的 BiOX 基材料

BiOCl 基材料由于其较宽的禁带宽度，通常需要与其他半导体材料构建异质结构以提高其在可见光下的催化活性。例如，CuO/BiOCl 异质结在光电催化降解黄曲霉毒素 B1（AFB1）方面表现出了优异的性能。BiOBr 基材料则因其层状结构和内部电场的特性，在光电催化领域展现出了良好的应用前景。通过构建 BiOBr/TiO$_2$ 纳米管阵列等异质结构，可以显著提高其光电催化降解污染物的效率。[7]BiOI 基材料由于其较窄的禁带宽度，适合与其他半导体材料构建异质结，以提高其在光电催化反应中的性能。例如，BiOI/g-C$_3$N$_4$ 异质结在光电催化析氢和析氧反应中表现出了极高的活性。

第三节 Bi$_2$WO$_6$/SrTiO$_3$ 复合光催化剂的制备及对 Cr(VI) 和亚甲基蓝的去除

一、Bi$_2$WO$_6$/SrTiO$_3$ 复合光催化剂的制备

（一）水热法

水热法是一种在高温高压的水溶液中合成晶体的技术。它利用水在高温下的溶剂性质，以及高压条件下水的溶解能力，促进原料的溶解和再结晶，从而合成具有特定结构和形貌的纳米材料。水热法的优势在于可以精确控制反应条件，如温度、压力、pH 等，进而调控材料的物理和化学性质。

（二）二步水热法

二步水热法是制备 Bi$_2$WO$_6$/SrTiO$_3$ 复合光催化剂的关键技术。首先，进行 Bi$_2$WO$_6$ 的制备。将适量的 Bi(NO$_3$)$_3$·5H$_2$O 溶解在去离子水中，加入一定量的 Na$_2$WO$_4$·2H$_2$O，再加入适量的稀硝酸以调节 pH，在室温下搅拌混合溶液，并转移到高压反应釜中，加热至一定温度并保持一定时间，以促进 Bi$_2$WO$_6$ 的生成。其次，进行 SrTiO$_3$ 的制备。将 SrCO$_3$ 和 TiO$_2$ 粉末混合，加入适量的去离子水，搅拌后转移到另一个高压反应釜中，同样加热至一定温度并保持一定时间，以合成 SrTiO$_3$。最后，合成复合材料。将制备好的 Bi$_2$WO$_6$ 与 SrTiO$_3$ 按一定比例混合，再次进行水热处理。通过调整 Bi$_2$WO$_6$ 和 SrTiO$_3$ 的比例，可以得到不同质量分数的复合光催化剂。

二、Bi$_2$WO$_6$/SrTiO$_3$ 复合光催化剂对 Cr（VI）和亚甲基蓝的去除

（一）对 Cr（VI）的还原

在研究 Bi$_2$WO$_6$/SrTiO$_3$ 复合光催化剂对 Cr（VI）的光催化还原性能时，研究人员首先制备了一定浓度的 Cr（VI）溶液作为模拟污染物。[8]然后以一定比例混合 Bi$_2$WO$_6$ 和 SrTiO$_3$ 作为光催化剂，并将其涂覆在具有一定表面积的载体上。实验中，采用紫外-可见（UV-Vis）光谱仪监测 Cr（VI）的吸收

变化，以评价光催化还原效果。同时，调节光照强度、反应温度等参数，以探究它们对光催化性能的影响。

实验结果显示，$Bi_2WO_6/SrTiO_3$复合光催化剂对Cr(Ⅵ)表现出良好的光催化还原性能。在一定条件下，Cr(Ⅵ)的吸收峰随着反应时间的增加而减弱，表明Cr(Ⅵ)得到了有效还原。此外，研究者还发现光照强度和反应温度对光催化性能有显著影响，适当提高光照强度和反应温度可以促进Cr(Ⅵ)的光催化还原速率。通过对实验结果的分析，可以确定$Bi_2WO_6/SrTiO_3$复合光催化剂在Cr(Ⅵ)光催化还原中的应用潜力，并为进一步优化光催化条件提供了参考。

（二）对亚甲基蓝的氧化

在研究$Bi_2WO_6/SrTiO_3$复合光催化剂对亚甲基蓝的光催化氧化性能时，实验条件与Cr(Ⅵ)类似。研究人员首先准备一定浓度的亚甲基蓝溶液作为模拟污染物，并制备$Bi_2WO_6/SrTiO_3$复合光催化剂。在光照条件下，监测亚甲基蓝的吸收变化，并通过色谱技术等手段对其降解程度进行评价。

$Bi_2WO_6/SrTiO_3$复合光催化剂对亚甲基蓝表现出良好的光催化氧化性能。随着反应时间的增加，亚甲基蓝的吸收峰逐渐减弱，表明亚甲基蓝得到了有效降解。同时，光照强度和反应温度也对光催化性能产生了显著影响，高光照强度和适当的反应温度有利于提高亚甲基蓝的降解速率。通过对实验结果的分析，可以确定$Bi_2WO_6/SrTiO_3$复合光催化剂在有机污染物降解方面的潜力，为其在环境治理领域的应用提供了理论支持。

参考文献

[1] 梁慧敏，王靓，陈彦文，等.钨酸铋基光催化剂改性研究进展[J].山东化工，2024，53（3）：89-91.

[2] 王天野.新型钨酸铋基异质结的制备及应用研究[D].长春：吉林大学，2014：136.

[3] Elahifard M R, Rahimnejad S, Haghighi S, et al. Apatite-coated Ag/AgBr/TiO$_2$ visible-light photocatalyst for destruction of bacteria[J]. Journal of the American Chemical Society, 2007, 129(31): 9552-9553.

[4] 赵祎琳, 张鑫. 卤氧化铋（BiOX, X=Cl, Br, I）基材料在光电催化降解水中污染物领域的研究进展 [J]. 化工设计通讯, 2023, 49（6）: 86-88.

[5]Guo Y, Wen H, Zhong T, et al. Core-shell-like BiOBr@ BiOBr homojunction for enhanced photocatalysis[J]. Colloids and Surfaces A: Physicochemical and Engineering Aspects, 2022, 644: 128829.

[6]Zhu P F, Luo D, Liu M, et al. Flower-globular BiOI/BiVO$_4$/g-C$_3$N$_4$ with a dual Z-scheme heterojunction for highly efficient degradation of antibiotics under visible light[J].Separation and Purification Technology, 2022, 297: 121503.

[7]Abuclwafa A A, Matiur R M, Putri A A, et al.Synthesis, structure, and optical properties of the nanocrystalline bismuth oxyiodide（BiOI）for optoelectronic application[J].Optical Materials, 2020, 109（11）: 110413.

[8] 邢观洁, 周春丽, 杨会静. Bi$_2$WO$_6$/SrTiO$_3$ 复合光催化剂的制备及对 Cr（Ⅵ）和亚甲基蓝的去除 [J]. 印染, 2023, 49（7）: 12-16.

第七章 不同光催化材料在能源领域的应用

光催化技术，作为一种能够直接使太阳能转换为化学能的有效途径，为解决能源危机提供了新的思路。基于此，本章将探究光催化分解水制氢及其发展、光催化二氧化碳还原体系、光催化有机合成反应体系。

第一节 光催化分解水制氢及其发展

一、光催化分解水的原理阐释

水分解的化学反应式为：

$$2H_2O = 2H_2 + O_2$$

在没有催化剂的情况下，水分子要想通过直接生成自由基进行分解，需要极高的温度，而在光激发下，水分子直接分解则需使用波长小于185nm的高能量光。这意味着在没有催化剂存在时，太阳光无法直接分解水。然而，若将水分子分解视为双分子反应，则所需能量为2.44eV，相当于波长为507nm的可见光，但这仅在存在适宜催化剂的情况下才可能发生。一般电解水所需的电压为1.23eV，相应地，若要利用相同的能量来分解水，需要波长约为1000nm的光。因此，在有催化剂存在的情况下，可以利用太阳光进行水分解，但效率却相当低，通常只有1%～2%。为了提高光催化效率，必须借助光敏剂的帮助。[1]

由此可见，实现这一过程的关键是要选择好氧化-还原催化剂体系。目前半导体催化剂体系被认为是最有前途的。当采用半导体Pt/TiO$_2$光催化剂在硫酸水溶液中进行水完全分解反应时，TiO$_2$吸收光能可使价电子激发，生成自由电子和空穴，并发生如下反应：

氧化：

$$TiO_2 + 2h\nu \longrightarrow 2e + 2p^+$$

$$(TiO_2)2p^+ + H_2O \longrightarrow \frac{1}{2}O_2 + 2H^+$$

还原：

$$(Pt)2e + 2H^+ \longrightarrow H_2$$

根据以能带为基础的电子理论，半导体的能带结构是由一系列满带和一系列空带组成，它们之间被称为禁带。当半导体吸收能量等于或大于其禁带宽度的光子时，就会发生电子由价带向导带的跃迁，这种现象称为本征吸收。本征吸收会在价带生成空穴 h^+，在导带生成电子 e^-。由于半导体能带的不连续性，电子和空穴的寿命相对较长，它们在电场作用下或通过扩散的方式运动，最终分离并迁移到半导体催化剂颗粒表面的不同位置。在那里，它们可以与吸附在催化剂表面上的物质发生氧化或还原反应，或者被表面晶格缺陷捕获，也可能直接复合释放出能量。光生电子-空穴对具有很强的还原和氧化活性，由其驱动的氧化还原反应称为光催化反应。

光催化完全分解水制氢是一个吸热反应。根据激发态的电子转移反应的热力学限制，光催化还原反应要求导带电位比受体的 E 偏负，光催化氧化反应则要求价带电位比给体的 E 偏正。换言之，半导体的导带底能级要低于 0.0V，而价带顶能级要比 1.23V 更正。因此，理论上，用于光催化直接分解纯水的半导体最低禁带宽度要求为 1.23V，相当于吸收边带至 1000nm 左右，处于近红外区域，可以利用整个可见光区域。然而，在实际反应过程中，由于半导体能带弯曲和表面过电位等因素的影响，对禁带宽度的要求往往要比理论值大，通常应该大于 1.8V。

由光催化分解水反应机制可知，半导体光催化化学反应中主要涉及三个基本过程：①光的吸收与激发；②光生电子与空穴的转移和分离；③表面的氧化或还原反应。每一步的效率可分别表示为 $\eta_{捕光}$、$\eta_{分离}$、$\eta_{反应}$，整个太阳能至氢能的光-化学能转化效率则由上述三个基本过程共同决定，可表达为：

$$\eta_{转化} = \eta_{捕光} \cdot \eta_{分离} \cdot \eta_{反应} \tag{7-1}$$

一般地，光催化分解水反应包括光生电子还原电子受体 H^+ 和光生空穴氧化电子给体 H_2O 的反应，两个反应分别称为光催化还原反应和光催化氧化反应。即：光催化分解水制氢包括光催化氧化和光催化还原两个半反应，反应速率由速率较慢的半反应所决定。就热力学而言，光催化氧化水是一个热力学爬坡反应，$ÄG^⊖$为237kJ/mol，涉及4个电子转移，而光催化还原水相对较容易，$ÄG^⊖$接近于0，涉及2个电子转移，因此光催化氧化水通常被认为是水分解的速控步骤。在评价光催化剂分解水的活性时，通常用单位时间内放氢或放氧的物质的量（如，mol/h）来表示，但考虑不同实验室所使用反应器和光源等实验条件的差异，为了方便比较，光催化分解水性能一般用分解水放氢或放氧的表观量子效率（AQE）来表示：AQE=（参与反应的电子数/总入射光子数）×100%。

二、光催化分解水制氢催化剂体系

半导体光催化分解水制氢催化剂体系由光催化剂和助催化剂两部分组成。光催化剂主要负责吸收太阳光并激发光生载流子，并将其转移至表面。助催化剂不仅有助于有效地转移光生电荷，还能降低分解水的活化能，加速反应速率。在没有助催化剂的情况下，光催化剂自身分解水的性能通常较低，这一现象一方面是因为其光生电荷分离能力有限，另一方面则是由于分解水的活化能较高。此外，光催化剂和助催化剂通常属于不同的物相，因此它们之间的界面结构对光生电荷的分离起着至关重要的作用。

（一）光催化剂

1. 紫外光响应的光催化剂

首先，紫外光响应的光催化剂主要以半导体氧化物为主，其中TiO_2是光催化领域研究最多的体系，研究内容涉及催化剂的形貌、晶相、改性、理论计算等诸多方面。其次，以钙钛矿型$SrTiO_3$为代表的钛酸盐紫外光响应催化剂系列也受到广泛关注。此外，具有共角TaO_6八面体结构的碱金属和碱土金属铵酸盐对光催化分解水也表现出很高的产氢活性，其他一些特殊结构的钽酸盐、铌酸盐系列光催化剂，如层状氧化物结构的$K_4Nb_6O_{17}$，具有两种不同的离子交换和水合性质层（层Ⅰ和层Ⅱ），在镍担载过程中，Ni^{2+}选择性地进入层Ⅰ形成产氢位，而层Ⅱ作为产氧位，从而实现电子-空穴有效的空间分离。以上这些具有d^0电子结构的氧化物，其导带和价带分别由金属的d轨道和O2p轨道组成。另外，当进行四元掺杂时，如$RbLnTa_2O_7$（Ln=La、Pr、Nd、Sm），镧系元素的4f电子可部分影响主体为O2p轨道的价带结构，从而也能影响光催化活性。

具有 d^{10} 电子结构的化合物是另外一大类紫外光响应光催化剂，其中包括铟酸盐 InO_4^-、锡酸盐 SnO_4^{4-}、锗酸盐 GeO_4^{4-} 和镓酸盐 $Ga_2O_4^{2-}$ 等光催化剂，此类化合物较大的光电子迁移率是光催化活性高的主要原因。

2. 可见光响应的光催化剂

20世纪的光催化技术在紫外光下对水进行完全分解制氢已经取得了显著的进展，然而，紫外光仅占太阳光谱的4%，因此要实现更广泛的太阳能利用，研发稳定、高活性、廉价且对可见光响应的光催化剂已成为21世纪科学家们追逐的主要目标。探索有效的策略以实现可见光响应成为当前研究的热点之一。

（1）阳离子掺杂可见光催化剂。目前，TiO_2 和 $SrTiO_3$ 等半导体氧化物的阳离子掺杂研究最为广泛。然而，传统的单一阳离子掺杂常常会引起光生电子和空穴的复合，从而降低光催化活性。

（2）阴离子掺杂可见光催化剂。相对于阳离子掺杂而言，阴离子掺杂往往不会引起光生电子和空穴的复合，因此具有更好的光催化活性。

（3）固溶体可见光催化剂。固溶体型光催化剂具有连续可调的能带结构，合成过程中可以通过控制材料的组成和结构来实现对光催化性能的调控。例如，将具有不同带隙的半导体材料组合形成固溶体，可以使得固溶体对可见光有更广泛的吸收，从而提高光催化活性。

（4）半导体复合型可见光催化剂。半导体复合是一种有效的策略，旨在提高光催化剂的电荷分离效率，增强稳定性，并扩展可见光谱的响应范围。其基本原理在于利用两种半导体之间的导带和价带能级的差异，使光生电子和空穴分别迁移到不同的半导体表面，实现空间分离，减少光生电子和空穴的复合概率，进而提高光催化活性和稳定性。以 $CdS-TiO_2$ 体系为例，CdS 受到可见光激发后产生的空穴会留在 CdS 的价带中，电子则转移到 TiO_2 的导带中，这一过程能有效抑制光生电子和空穴的复合。在早期研究中，主要集中在简单的 $CdS-TiO_2$ 复合系统上，随着纳米制备技术的不断发展，微观尺度的复合光催化剂研究逐渐展开。

3. 异相结或异质结光催化剂

为了提高光催化的电荷分离和催化性能，通常会将两种不同物相或将两种物相相同而晶相不同的半导体进行复合，构建异相结或异质结复合光催化剂。其基本工作原理是当两种不同的介质紧密接触时，会形成"结"，在结的两侧由于其能带等性质的不同而形成空间电势差，这种空间电势差的存在会形成内建电场，加速电子－空穴对的分离，从而提高光催化性能。类似于传统太阳能电池中构建 p-n 结的原理，光催化领域也借鉴了这一思想，通过构筑异相结或异质结来促进光生电荷分离，以提高光催化效率。

（二）助催化剂

助催化剂在光催化分解水和还原 CO_2 等领域发挥着不可替代的作用。除常规的 Pt、Rh、Pd、NiO、IrO_2、RuO_2 等助催化剂外，一些具有独特特色的新型助催化剂也相继问世。此外，MoS_2、WS_2、Pt-PdS 等助催化剂也能有效促进 CdS 光催化产氢性能。另外，一些具有优异电解水性能的电催化剂如 CoPi、CoBi 也被应用作为光（电）催化分解水产氧助催化剂，从而提升了光催化分解水产氧动力学行为。这些新型助催化剂的开发为光催化技术的不断发展提供了新的动力和可能性。

三、光催化分解水制氢的微观机制与反应

整个太阳能驱动的光催化分解水过程中，涉及多种超快化学物理过程，如电子激发态的淬灭、光生电子和空穴的复合、能量转移、质子迁移和光致异构化等。这些过程之间的相互竞争直接影响光催化体系的效率。通过对光催化分解水制氢超快动力学过程进行实时观测和理论研究，可以深入了解光催化分解水的机制，揭示光催化剂的效率、稳定性与催化剂结构之间的关系。光催化分解水的原位和超快谱学及理论研究是一个崭新的领域，在国际和国内都充满挑战和机遇。下面将对各种光谱技术在光催化分解水中的应用情况进行分类探究。

（一）光生电荷分离、复合及反应过程

时间分辨光谱在研究光生电荷分离、复合及反应等过程中具有不可替代的作用，其分辨率可从秒、毫微秒级别提高至皮秒、飞秒级别。相对于纯相锐钛矿，混相 TiO_2 的光电导信号更强、寿命更长。瞬态吸收光谱观察到光催化分解水过程中的产氧过程的四空穴行为，表明产氧过程可能是光催化分解水反应的速控步骤。利用超快光谱技术研究光诱导分子内远程电子转移，发现在给体和受体相距 2nm 的条件下仍能高效率地发生电子转移，从而提出了通过化学键进行电子转移的观点。

（二）光电催化机制的研究

时间分辨光谱手段与光电化学表征手段相结合，广泛应用于光催化机制的研究，特别是光电催化机制的研究。Fe_2O_3光阳极中光电流与长寿命空穴数量之间有良好的关联。长寿命空穴数量受电子空穴复合动力学影响，而复合动力学受偏压方向和大小的调控。此外，光催化水氧化反应受光生空穴浓度影响不大，表明Fe_2O_3水氧化反应的机制是连续的单空穴氧化过程。

在偏压或牺牲试剂存在条件下，光生空穴氧化水的转移速率较慢，位于$10^1 \sim 10^{-1}$秒的量级，提示光催化氧化水产生氧的过程可在毫秒至秒的时间尺度内完成。在实际光催化反应中，载流子的活动时间尺度跨度极大，从飞秒级的产生、分离过程，到皮秒、纳秒级的捕获、运输过程，再到毫秒、秒级的表面反应过程。因此，多时间尺度上的光谱技术是深入理解光催化机制的关键。

采用多种时间分辨率的光谱技术可以解析异质结、异相结、晶面取向、量子点结构等在光催化过程中的作用，阐明载流子在不同时间段上的角色及其对整个反应的贡献，对于全面理解光催化机制至关重要。此外，光催化过程复杂多变，影响因素众多，因此，发展原位时间分辨光谱技术，并将其与电化学表征技术、成像技术等相结合，是更深入、全面地了解光催化动力学的必然趋势。光催化动力学的研究有助于深入了解光催化机制和过程，探索光催化的规律和影响因素，为设计高效光催化体系提供重要基础。

四、光催化分解水制氢的发展趋势

（一）光催化材料的开发

光催化材料的研发一直是科学界的热点。近年来，科学家们在提高可见光吸收率这一关键问题上做出了大量努力，通过能带工程技术调节半导体光催化材料的带隙，使其能够高效吸收可见光。这一过程主要采用了以下途径：

第一，寻找新的光催化材料，这些材料的价带能级与水的氧化电位相匹配。这些材料包括氧化物、氮化物与氮氧化物、硫氧化物、非金属化合物、非金属单质、磷酸化合物和金属氧化物等。这些新型材料的发现丰富了光催化材料的种类，为构建高效光催化剂提供了新的素材，同时也拓宽了寻找新型可见光催化材料的思路。

第二，采用在具有较宽带隙的光催化剂中掺杂其他元素的方法，形成杂质能级。例如，在 TiO_2 和 $SrTiO_3$ 等材料中，通过掺杂 Sb、Ta 和 Cr 等元素，形成了杂质能级，以提高其可见光吸收性能。

然而，通过掺杂或杂原子取代等方法发展可见光吸收光催化材料时，通常会引起光生电子和空穴的迁移率及催化剂寿命的降低。因此，合成兼具高可见光吸收率和高载流子迁移率的可见光材料成为今后发展的重要方向。通过充分利用各种材料设计和合成策略，可以不断优化光催化材料的性能，为实现高效的光催化反应提供更好的材料基础。

（二）光生电子-空穴对有效分离

光生电子-空穴对的有效分离是实现太阳能光-化学高效转化的关键，而半导体表/界面的载流子分离研究在这一过程中显得尤为重要。近年来，随着对光催化技术的不断深入研究，对光生电荷在半导体表/界面的分离机制的关注逐渐增加。光生电子-空穴对的分离涉及半导体内部分离和表/界面转移分离等复杂过程，为了提高太阳能光-化学转化效率，科学家们采取了多种方法，如单/双功能助催化剂负载、构建异质结和异相结构等，加速了半导体表/界面的载流子分离，从而达到了提高效率的目的。构建有效的光生电荷传输"结"已成为发展高效光催化分解水制氢的关键手段，是当前研究的重要方向之一。

然而，相比于半导体表/界面的研究，对半导体内部载流子分离的研究相对不足。光催化材料的载流子迁移特性主要表现在扩散距离、迁移率大小、迁移取向择优性等方面。目前，对载流子迁移特性的调控主要是通过减小光催化材料颗粒的尺寸、形成中孔或开放式纳米结构等方式来缩短载流子从体相到达表面所需的距离，以期降低体相复合。然而，光生电子、空穴的体相迁移择优性这一重要内在特性在光催化材料的设计中尚未得到充分利用。未来，将光生电荷分离与光生载流子取向择优迁移相结合将是一个值得重视的研究方向。通过探索如何更有效地利用这些内在特性，我们可以进一步提高光催化材料的效率，从而为实现高效的太阳能光-化学转化奠定更为坚实的基础。

（三）光催化剂表面催化转化

光生电子-空穴对表面催化转化过程近年来备受瞩目，并取得了显著进展。研究成果主要集中在两个方面：一是助催化剂辅助的表面催化反应；二是基于光催化材料自身表面原子结构的控制和优化。助催化剂在光催化中的关键作用备受关注，助催化剂－光催化材料间界面结构的解析对于构建高效的光催化剂至关重要。此外，光催化材料表面原子的排列和配位环境也直接影响光催化剂的性能。近年来，对材料表面原子结构的精确控制引起了广泛关注。通过优化光催化材料的晶面，可以大幅提升光催化性能。晶面控制不仅促进了光生电子－空穴对在半导体体相的迁移和分离，而且在光催化表面反应转移、调控光催化材料－助催化剂的界面结构、复合光催化材料的界面结构等方面发挥了关键作用，是未来构建高效光催化剂体系的重要方向。

光催化分解水制氢已成为国际上可再生能源领域的研究热点，并取得了显著进展。各国科学家围绕太阳光的高效吸收和利用、光生电荷高效分离以及高效催化转化等关键科学问题展开了广泛研究。随着对光催化材料基本物性的深入认识，反应体系逐步从光催化分解水制氢扩展到光催化制氢与 CO_2 耦合制燃料的研究。光催化反应的基础理论体系逐步完善，光催化分解水制氢已成为多个学科交叉的研究热点之一。

尽管如此，目前光催化分解水制氢的效率仍然无法满足实际应用的要求。未来的研究方向主要包括太阳能光－化学转化效率的限制因素认识、各种超快光谱和原位表征技术的发展、理论计算设计新颖的光催化材料以及建立光催化反应效率与催化剂微观结构之间的关系等方面。在国内，科学家们在半导体基光催化分解水制氢体系的构筑方面已经取得了一些前期研究成果，并且在一些领域已处于国际先进水平。随着科学技术的不断发展和研究的深入，相信未来会有更多突破性的进展，为实现清洁能源和可持续发展贡献更多力量。

五、光催化分解水制氢的实践应用

（一）光催化反应器的设计

光催化反应器是实现光催化裂解水制氢的关键设备，其设计直接影响反应效率和产氢性能。在设计光催化反应器时，需要考虑多种因素，包括反应器类型和设计原则。

光催化反应器的类型多种多样，常见的包括搅拌式反应器、固定床反应器、循环流化床反应器等。不同类型的反应器在光催化制氢过程中具有各自的优势和适用场景。例如：搅拌式反应器适用于小规模实验室研究，能够提供良好的光照均匀性和反应物质传质效果；固定床反应器适用于大规模生产，具有稳定的反应条件和较高的产氢效率。

在设计光催化反应器时，需要遵循一系列原则：①光照均匀性原则，即确保光源均匀照射到反应器的所有部分，以最大限度地利用光能；②反应物质传质原则，即保证反应物质与催化剂之间的有效接触和传递，促进反应的进行。此外，还需考虑反应器的密封性、稳定性和安全性等因素，以确保反应过程的可控性和可重复性。

（二）经济性与环境影响评估

光催化制氢作为一种新兴的能源生产技术，除了考虑其产氢性能，还需要对其经济性和环境影响进行评估，以确保其在实际应用中的可行性和可持续性（图7-1）。

光催化制氢的成本分析

环境友好性与可持续性考量

图7-1　经济性与环境影响评估

第一，光催化制氢的成本分析。经济性是评估光催化制氢技术可行性的重要指标之一。光催化制氢的成本包括催化剂成本、反应器设备成本、能源消耗成本等多个方面。在进行成本分析时，需要综合考虑这些因素，并与传统的制氢技术进行对比，以评估光催化制氢技术的经济竞争力。

第二，环境友好性与可持续性考量。光催化制氢技术具有较高的环境友好性，主要体现在无污染、无副产物和低能耗等方面。然而，光催化制氢过程中仍然存在能源消耗和催化剂的再生与回收等环境问题。因此，需要对光催化制氢过程中的环境影响进行评估，采取有效的措施减少环境负荷，并促进光催化制氢技术的可持续发展。

第二节 光催化二氧化碳还原体系

一、光催化二氧化碳还原原理

（一）CO_2 还原的热力学和动力学

二氧化碳常温常压下非常稳定，需要大量的能量来打破 C=O 双键（750 kJ mol^{-1}），并且在其最高占据分子轨道（HOMO）和最低未占据分子轨道（LUMO）之间存在巨大的能隙（13.7 eV）。目前，CO_2 在光催化剂表面的化学吸附第一步是将 CO_2 几何结构从线性结构转变为弯曲结构（$O_2^{·-}$），从而显著降低 CO_2 的活化能。然而，$O_2^{·-}$ 的形成是通过 CO_2 的单电子还原得到的 [Eq.（1）]，因其非常负的氧化还原电位（-1.90V），是非常不利的热力学过程。

$$CO_2(g) + e^- \longrightarrow CO_2^- \qquad E^0 = -1.90V$$

$$CO_2(g) + 2H^+ + 2e^- \longrightarrow HCOOH(l) \qquad E^0 = -0.61V$$

$$CO_2(g) + 2H^+ + 2e^- \longrightarrow CO(g) + H_2O(l) \qquad E^0 = -0.53V$$

$$CO_2(g) + 4H^+ + 4e^- \longrightarrow HCHO + H_2O(l) \qquad E^0 = -0.48V$$

$$CO_2(g) + 6H^+ + 6e^- \longrightarrow CH_3OH(l) + H_2O(l) \qquad E^0 = -0.38V$$

$$CO_2(g) + 8H^+ + 8e^- \longrightarrow CH_4(g) + 2H_2O(l) \qquad E^0 = -0.24V$$

$$2H_2O(l) + 4h^+ \longrightarrow O_2(g) + 4H^+ \qquad E^0 = +0.81V$$

$$H_2O(l) + h^+ \longrightarrow ·OH + H^+ \qquad E^0 = +2.31V$$

$$2H^+ + 2e^- \longrightarrow H_2(g) \qquad E^0 = -0.42V$$

$$O_2(g) + e^- \longrightarrow O_2^- \qquad E^0 = -0.137V$$

为了克服这个问题，另一个比较适宜的方法是绕过 $O_2^{·-}$ 的形成过程。根据可用电子和光子的数量，CO_2 主要可以还原为各种含碳产物，如 HCOOH、CO、HCHO、CH_3OH 和 CH_4[Eqs.（2）-（6）]。实际上，由于多电子动力学的存在，CO_2 还原过程包含多个步骤和中间产物，非常复杂。

对于一个完整的 CO_2 光催化还原过程，氧化半反应通常被许多研究者所忽略。氧化半反应的作用是消耗半导体 VB 中积累的光致空穴，防止半导体的光腐蚀，从而提高其稳定性。理想情况下，H_2O 作为电子供体被氧化成质子和 O_2[Eq.（7）] 或 ·OH [Eq.（8）]。然而，生成的质子可以与光激发电子进一步反应，形成 H_2[Eq.（9）]，此反应是 CO_2 还原中主要的竞争反应。从热力学角度来说，CO_2 光转化成 CH_3OH 和 CH_4 比双电子 H_2 演化过程更有利 [Eq.（8）]，因为它们的氧化还原电位更负 [Eqs.（5）和（6）]。由于产物具有相似的电位，用 H_2O 实现 CO_2 的高选择性还原具有很大的挑战性。因此，要实现 CO_2 与 H_2O 的高效光转化，需要通过设计工程助催化剂等方法来控制反应选择性，抑制 H_2 的演化。另外，O_2 从催化剂表面析出也是非常重要的。通常情况下，O_2 形成后由于吸附能强，难以从光催化剂表面解吸，会引发一系列问题。首先，被吸附的 O_2 占据了光催化剂表面对 CO_2 吸附必不可少的活性位点，阻碍了二氧化碳的进一步还原。其次，单电子还原 O_2 为 $O_2^{·-}$[Eq.（10）] 也减少了用于 CO_2 还原的有效光生电子的数量。此外，O_2 的存在会导致烃类的氧化，从而降低光催化产率。

（二）产物确认

CO_2 光催化还原系统的活性通常由产物的生成速率或 CO_2 的转化率来评价。然而，由于应用实验条件如光源（波长和强度）、助催化剂用量等的变化，需要测量反应活性还原过程的表观量子量（AQY）。从传统的角度看，有机杂质和碳残基会高估产物的生成速率，因为它们的降解可以显著促进产物的形成。为了提高光催化剂活性估算的准确性，需要进行以惰性气体 N_2 代替 CO_2 的空白实验。此外，使用 $^{13}CO_2$ 或 $H_2^{18}O$ 进行同位素标记试验，可以为确定 H_2O 或其他来源光催化还原 CO_2 生成的碳产物提供有力的证据。除此之外，对于整个光催化 CO_2 还原循环，需要考虑 O_2 的演化。因此，进行 O_2 与相应产物的化学计量比分析是很重要的，有助于识别是否发生了水氧化、O_2 吸附、光催化剂氧化以及未检测到碳产物等现象。

二、光催化还原二氧化碳的反应环境优化

（一）气－液－固三相反应环境分析

在光催化还原二氧化碳的反应中，气－液－固三相反应环境是一种常见的反应条件。在这种环境下，气态的二氧化碳与液态的催化剂以及固态的光催化剂发生相互作用，实现二氧化碳的还原。[2] 在这种反应环境中，关键的因素包括气相中二氧化碳的浓度、液相中的催化剂浓度以及固相的光催化剂的表面特性。

第一，气相中二氧化碳的浓度。较高浓度的二氧化碳可以增加反应物的接触率，促进反应的进行。因此，通过调节气相中二氧化碳的浓度，可以实现光催化还原二氧化碳反应的优化。

第二，液相中的催化剂浓度。催化剂的浓度越高，越能提高反应物与催化剂之间的接触频率，增加反应速率。因此，在设计反应环境时，需要考虑如何控制催化剂的浓度，以最大限度地提高反应效率。

第三，固相的光催化剂的表面特性。光催化剂的表面特性直接影响光催化反应的活性和选择性。通过调控光催化剂的表面形貌、晶格结构以及表面功能基团等特性，可以实现对反应过程的精确控制，提高反应速率和产物选择性。

（二）气－固两相反应环境分析

除气－液－固三相反应环境外，气－固两相反应环境也是光催化还原二氧化碳的常见反应条件之一。在这种环境下，气态的二氧化碳与固态的光催化剂直接发生反应，产生还原产物。在这种反应环境中，关键的因素主要包括气相中二氧化碳的浓度和固相光催化剂的特性。

在气－固两相反应环境中，气相中二氧化碳的浓度同样是影响反应速率的重要因素。较高浓度的二氧化碳可以增加反应物与光催化剂之间的接触率，促进反应的进行。因此，在设计反应环境时，需要考虑如何提高气相中二氧化碳的浓度，以实现反应的优化。另外，固相的光催化剂的特性对气－固两相反应的效率同样至关重要。通过调控光催化剂的晶格结构、表面形貌和表面功能基团等特性，可以实现对反应过程的精确控制，以提高反应速率和产物选择性。此外，光催化剂的稳定性也是气－固两相反应环境中需要考虑的重要因素之一。

（三）膜状光催化反应环境的设计与优化

除了气－液－固三相和气－固两相反应环境外，膜状光催化反应环境也是一种常见的反应条件。在这种环境下，光催化剂被固定在薄膜表面，形成类似于膜的结构。这种反应环境具有反应条件易于控制、光催化剂易于回收等优点。

在膜状光催化反应环境中，关键的因素包括薄膜材料的选择、光催化剂的固定方法以及反应条件的优化。选择合适的薄膜材料可以提高光催化反应的效率和选择性，并且可以实现对反应条件的精确控制。同时，合理设计光催化剂的固定方法可以提高光催化剂的稳定性和反应效率。通过优化反应条件，如光照强度、温度和反应气体组成等，可以进一步提高膜状光催化反应的效率和产物选择性。

第三节 光催化有机合成反应体系

一、光催化氧化反应

光催化氧化是一种备受瞩目的氧化反应方法，其将光能与氧化剂巧妙结合，以温和的条件促进脂肪烃和芳烃的氧化过程。通过激发 C-H 键的活性，实现了对直链烷烃或芳香烃的有选择性氧化。在反应中，直链烷烃通常生成酮，芳香烃则在 α 位发生氧化，生成芳香醛或酮，保持了反应的选择性。

催化剂的选择对于产物的选择性至关重要。例如，采用 TiO_2-SiO_2 催化丙烯环氧化时，其选择性较低，但转而选用 Ti-V/MCM-41 作为光催化剂后，反应的选择性明显提升。同样，不同的光催化剂会导致不同的产物选择性，比如 BiWO-Ti50i 和 Au/Ag-TS-1 的应用都能提高环氧丙烷的选择性[3]，因此表明，选择合适的光催化剂可以有效地调节产物的选择性，为反应提供良好的条件。

同一种光催化剂的不同晶体结构也会影响产物的选择性。以 TiO_2 为例，在紫外光的照射下，不同晶型的 TiO_2 对环戊烯的氧化反应产物选择性不同，提示了晶体结构对光催化反应的影响。因此，在设计光催化剂时，晶体结构的选择也至关重要，以实现所需的产物选择性。

另外，溶剂环境也会对产物的选择性产生一定影响。以 LED 光辐照下的 CoMo 为例，不同溶剂环境下会导致特定产物的选择性发生变化，表明溶剂对光催化氧化反应的影响不容忽视。因此，在进行光催化反应时，选择适当的溶剂环境也是需要认真考虑的因素之一。

（一）醇的氧化

醇的氧化反应一直备受关注，与烷烃相比，醇的光催化氧化速率更快，但对于脂肪族醇来说，其光催化氧化相对难以控制，而且其氧化速率也明显小于芳香族醇和烯丙基醇。

传统的醇氧化反应通常需要较高的反应温度，导致过度氧化或分解，产生 CO_2，从而使得产物选择性下降。然而，通过紫外光或可见光的辐照，可以在温和的条件下实现对醇的选择性氧化。此外，利用光催化剂对底物的吸附强于产物的特点，可以使底物更易于转化，并且使产物能够及时脱离反应体系，避免过度氧化的发生。

另外一种策略是利用电催化与光催化相结合，通过施加电流实现氧化还原反应，从而避免副产物的生成。通过黄素光电催化产生高反应性的硫脲自由基，可以催化未活化醇的氧化。这种分子光电催化方法不仅适用于芳香醇，还可以拓展到不活泼的脂肪醇，在不使用氧化剂的情况下形成高反应性的激发态和活性自由基中间体，从而实现对醇的氧化反应。

（二）胺的氧化

光催化技术为胺的氧化反应提供了一种新的途径，能够促使胺发生氧化偶联反应，生成亚胺或酰胺等化合物。一些光催化剂如 g-C_3N_4、Nb_2O_5 等已经被证实能够实现这类反应。例如，通过太阳光诱导 Ag_3PO_4 生成活性超氧自由基 $·O_2^-$，可催化苄胺以高达 95% 的选择性氧化偶联得到二苄基亚胺。这一反应充分利用了太阳光的能量，避免了金属催化剂可能带来的污染，并且经过定期处理后，使用过的 Ag_3PO_4 可以循环利用。此外，水也可以作为反应介质，尽管水中易生成氧自由基导致过度氧化，但通过有效的方法可以加以控制，且水中的反应速率甚至高于有机溶剂 CH_3CN。

除氧化偶联反应外，光催化也能实现胺的 α-氧化生成酰胺。例如，在可见光辐照下，使用曙红 Y 代替金属催化剂作为光催化剂，可以催化 N-取代四氢异喹啉的有氧 α-氧化，产率高达 96%。在蓝 LED 辐照下，通过在 DMF 溶剂环境中使用玫瑰孟加拉作为光催化剂，O_2 与之作用形成超氧自由基，捕获质子后形成过氧自由基，可氧化叔胺形成叔酰胺。这一反应的底物适用范围广泛，甚至可以拓展到氯苯甲嗪和多奈哌齐等药物分子的选择性氧化，其对应酰胺的产率分别为 61% 和 70%。

二、光催化加成反应

（一）Michael 加成

Michael 加成作为一种合成多个官能团化合物的有效方法，在化学合成领域中占据着重要地位。传统上，为了实现这类反应，通常需要加入较强的碱以确保碳负离子的生成。然而，光催化基于单电子转移的原理，为 Michael 加成提供了更温和的介质环境。利用 Lewis 酸作为催化剂，可以提供反应所需的对应异构环境，从而控制 Michael 加成的对应选择性。通过 Lewis 酸催化产生 α-氨基自由基，与 Michael 受体以较高选择性加成，得到 β-取代产物，使得底物的选择范围大大拓展，不再仅限于具有独特活化的 α-氨基 C-H 键的 N-芳基四氢异喹啉底物，而是包括了脂肪族、芳香族甚至杂环基等。

光催化 Michael 加成不仅可以向羰基化合物中引入多种官能团，还可以实现多种手性化合物的合成。例如，在可见光辐照下，利用手性胺和 N719 染料/TiO_2 构成多催化体系，可以实现一锅催化反应制备 β-取代醛，产率高且对应选择性好。另外，在可见光辐照下，酮还原酶（KRED）催化硫醇与 α，β-不饱和酮加成，将手性酮前体对映体选择性地还原为带有 C-O 立体中心的 1,3-巯基链烷醇。此外，利用手性镍配合物 NiⅡ-DBFOX 作为双功能光催化剂，不仅可以产生自由基中间体，还可以控制立体选择性。当氧化电位较低的 α-甲硅烷基胺与其发生单电子转移后，经历去甲硅烷基化过程形成氨基自由基，进攻 Michael 受体，得到手性 γ-氨基羧酸衍生物或 γ-内酰胺，产物对映体过量值高达 80%～99%。

（二）环加成

光催化环加成反应涵盖了 [2+2] 环加成、[3+2] 环加成和 [4+2] 环加成等多种反应类型。在光的催化下，能够产生若干个新键和一个或多个立体中心，从而构建碳环和杂环。

过去，烯炔的热 [2+2] 环加成反应主要依赖于 UV 辐照来合成环丁烯。随着光催化技术的发展，[2+2] 环加成逐渐拓展到了可见光领域。通过光催化 α，β-不饱和酮选择性转化为相应环丁烷的过程中，直接激发导致外消旋产物的生成。为了解决这一问题，采用了 Ru（bpy）$_3$Cl$_2$ 光催化剂和手性 Lewis 酸助催化剂构成的双催化剂系统，以及 Eu（OTf）$_3$ 和手性配体构成的 Lewis

酸络合物，在可见光辐照下，能以较高的产率和选择性催化多种 α，β-不饱和酮的 [2+2] 环加成，并且无背景反应发生。

在可见光辐照下，光催化烯炔 [2+2] 环加成能够实现从简单的烯炔底物形成高度取代的环丁烯或 1，3-丁二烯，这种合成方法还适用于扩展 π 体系，可以实现含有苯并呋喃的烯炔分子内的 [2+2] 环加成。此外，底物与催化剂之间通过氢键结合，只需使用低催化量的黄嘌呤即可实现光催化吡啶酮和炔烃衍生物的 [2+2] 环加成，且产物的 ee 值可达到 92%。

过渡金属络合物作为光催化剂在分子间 [3+2] 环加成反应中也发挥着重要作用。例如，在可见光辐照下，手性铑配合物 RhS 光催化剂与环丙烷通过双齿配位形成络合物，降低环丙基酮的还原电势，实现环丙基酮和烯烃/炔烃的 [3+2] 环加成。这种反应适用于含有多种官能团的烯烃/炔烃，产率介于 63%～99%，且 ee 值可高达 99%。

在 [4+2] 环加成反应中，光催化剂 TiO_2 虽然不吸收可见光区域的光，但与吲哚缔合形成的络合物却能吸收可见光。经过 460nmLED 辐照后，电子注入 TiO_2 的导带，使该络合物被激发，从而引发吲哚和 1，3-环己二烯的 [4+2] 环加成反应。此外，Pd 催化 α-重氮酮和乙烯基苯并恶嗪酮的 [4+2] 环加成也能够在可见光辐照下进行，成功应用于不对称过渡金属催化，产生的气体为无污染的氮气。

三、光催化烷基化反应

（一）烃的烷基化

在光的照射下，全氟烷基碘可以被 TiO_2 导带中的光生电子还原为全氟烷基自由基，从而与芳环结合实现芳烃的全氟烷基化反应。此外，芳烃的苄基位也可发生光催化烷基化反应。LED 辐照下，光催化剂 $[Acr^+-Mes]ClO_4$ 通过单电子转移将底物转化为烯丙基自由基，实现苄基 sp^3C-H 键的直接烷基化。这种反应避免了金属催化剂的污染，并且经过进一步精制可以制备出有价值的药物分子。

在可见光照射下，镍作为光催化剂，能够催化烯烃、芳基溴代物和烷基三氟硼酸钾盐的 1，2-烷基芳基化反应，从而以高对映选择性得到手性 α-芳基羰基化合物。该反应适用于含有多种官能团的底物，其反应速率主要由自由基中间体与二价镍加成的快慢决定。

（二）羰基 α-烷基化

早期，羰基 α-烷基化通常是通过高度亲核的强碱烯醇盐与卤代烷进行 S_N2 反应来实现的，但这种方法存在着官能团的耐受性较低的问题。为了克服这一问题，人们开始使用稳定的烯酸酯等效物——甲硅烷基烯醇醚——来替代强碱性金属烯醇化。然而，尽管这种替代物在稳定性方面有所改善，但其亲核性较差，不适合通过 S_N2 途径与卤代烷进行烷基化反应。

在可见光辐照下，催化剂二硫代羰基阴离子与卤代烃经 S_N2 途径生成的烷基自由基，为甲硅烷基烯醇醚的 α-烷基化提供了便利。这种反应使得反应条件更加温和，且能够经过一锅反应制备产物，其收率可高达 90%。

（三）胺的烷基化

酰胺的光催化烷基化相较于热解法具有明显优势。在室温下，通过可见光的辐照，利用 Ru（bpy）$_3$Cl$_2$ 作为催化剂，可以实现二烷基酰胺的 α-烷基化反应。这一过程经历了脱氢和氧化步骤，成功解决了酰胺由于其正还原电位较高而不易被氧化的问题。

在可见光辐照下，金属配合物作为光催化剂，也被广泛应用于亚胺的烷基化反应。例如，利用光催化剂 Ir 配合物与硫醇的协同作用，可以完成电子转移循环，活化 C（sp³）-H 键，生成碳自由基中间体，进而与亚胺发生加成反应，制备出烯丙型亚胺。另外，由 Cu 和柔性手性配体构成的 Cu（Ⅱ）双恶唑啉配合物 Cu（Ⅱ）-BOX，在蓝 LED 光的辐照下，通过配体交换—光照金属碳键均裂的过程，可以产生烷基自由基，催化环状或非环状亚胺的不对称烷基化反应，产物的对应选择性可高达 98%。此外，利用光催化剂手性二价铜配合物的单电子氧化能力，还可以实现无环亚胺的不对称 α-氮烷基化，快速构建手性 1,2-二胺，并有效控制立体选择性。在这些反应中，过渡金属的光催化氧化还原循环起到了关键作用，成功活化了 C-N 键，形成氧化还原性亚胺，并最终实现烷基化反应。

参考文献

[1] 王桂茹. 催化剂与催化作用：石油、非石油资源催化转化制取能源及化学品 [M]. 大连：大连理工大学出版社，2015：315-325.

[2] 陈旭. 光催化还原二氧化碳的反应过程优化 [D]. 石家庄：河北科技大学，2023：63.

[3] 王佚婷. 光催化在有机合成反应中的应用研究进展 [J]. 中外能源，2021，26（6）：25-31.

[4]Shi X，Shi Z，Niu G，et al.A Bimetallic Pure Inorganic Framework for Highly Efficient and Selective Photocatalytic Oxidation of Cyclohexene to 2-Cyclohexen-1-ol[J].Catalysis Letters，2019，149（11）：3048-3057.

第八章 光电协同催化在能源领域的应用

光电协同催化作为一种新兴的技术，结合了光催化和电催化的优势，展现出在能源产生和环境净化方面的巨大潜力。基于此，本章将论述光电催化分解水制氢、光电催化分解水制氧、光电催化二氧化碳还原、高效光电极的设计与制备及其光电催化分解水的应用。

第一节 光电催化分解水制氢

一、光电催化分解水制氢的重要性

在当今全球气候变化和资源日益紧张的背景下，寻找和开发清洁、可再生的能源解决方案已成为国际社会的共识。光电催化分解水制氢技术，作为一种创新的能源转换方式，正逐步展现出其作为未来可持续能源解决方案的巨大潜力。光电催化分解水制氢是将太阳能转化为氢能的一种方法，通过在负载催化剂的光电极上施加偏压，辅助以光照实现将水分解为氢气和氧气的过程。光电催化分解水过程中，同时采用光伏发电技术获取电能，利用太阳能将水分解为 H_2 和 O_2，这是未来清洁能源应用的一个重要的研究方向。[1]

第一，光电催化分解水制氢可以优化能源结构。传统的化石能源燃烧会产生大量的温室气体排放，加剧全球气候变暖。氢能作为一种零碳燃料，其燃烧产物仅为水，不产生任何有害物质，是实现碳中和目标的关键。光电催化分解水制氢技术是直接利用太阳能制氢，从根本上减少了碳排放，有助于推动能源结构向低碳、无碳方向转型。

第二，光电催化分解水制氢在实现"双碳"目标中发挥着不可替代的作用。我国已明确提出力争 2030 年前实现碳达峰与 2060 年前实现碳中和的宏伟目标，这对能源生产和消费方式提出了更高要求。光电催化分解水制氢技术作为一种绿色、高效的氢能生产手段，能够为这一目标提供有力支撑。通过大规模推广应用该技术，可以显著降低化石能源在能源消费中的比重，提高非化石能源的消费比例，为实现碳减排目标作出重要贡献。

第三，光电催化分解水制氢技术具有广泛的应用前景。氢能作为一种清洁能源，在交通、工业、建筑等多个领域均有广泛应用。随着技术的不断成熟和成本的逐步降低，光电催化分解水制氢技术有望在未来成为氢能生产的主流方式之一，为推动经济社会可持续发展注入新的动力。

二、光电催化分解水制氢的基本原理

光催化是利用光能激发催化剂，进而驱动化学反应的过程。光电催化，则是在此基础上更进一步，它结合了光电效应与电催化作用，通过外部电路的应用，更有效地促进光生电荷的分离与迁移，从而提高催化效率。这种结合不仅拓宽了光响应的范围，还提高了光能的利用效率，使得光电催化在分解水制氢方面展现出独特的优势。

（一）光电催化分解水制氢的过程

光电催化分解水制氢的过程是一个复杂而精妙的光物理化学过程，它主要包含以下三个关键步骤：

光吸收：光吸收的核心是半导体材料的光电效应。当半导体材料受到等于或大于其禁带宽度的光能照射时，价带上的电子被激发，跃迁至导带，形成电子–空穴对。这一过程是光电催化分解水的起始，也是能量转换的关键。

电荷迁移：电子和空穴的分离与迁移是光电催化过程中的重要环节。在半导体内部电场或外部电场的作用下，电子和空穴会向催化剂的表面迁移，并在那里积累。这个过程中，减少电子和空穴的复合是提高催化效率的关键。因此，催化剂的结构设计、表面修饰以及外部电路的优化尤为重要。

表面氧化还原反应：当电子和空穴迁移到催化剂表面时，它们会与水分子发生氧化还原反应。具体来说，电子与水中的氢离子结合，生成氢气；空穴氧化水分子，释放出氧气。这两个反应是光电催化分解水的最终产物生成步骤，也是实现光能向化学能转换的关键。

（二）光催化剂的选择与特性

光催化剂作为光电催化分解水的核心，其选择与特性对催化效率有着决定性的影响。目前,研究广泛的光催化剂主要包括 TiO_2、$SrTiO_3$、GaInP/GaAs 等。这些材料各有优缺点,例如,TiO_2 因其稳定性高、无毒且成本低而受到青睐,但其较宽的禁带限制了其对可见光的吸收。相比之下,GaInP/GaAs 等 Ⅲ - Ⅴ 族化合物半导体具有更窄的禁带,能够更有效地吸收可见光,但其稳定性和成本问题仍需解决。

近年来,纳米晶体材料在光催化领域的应用逐渐受到关注。纳米尺度的催化剂具有更大的比表面积,能够提供更多的反应活性位点,从而提高催化效率。同时,纳米材料的量子尺寸效应还能够调节其光电性质,使其更适应特定的催化需求。因此,在光电催化分解水制氢的研究中,探索新型纳米光催化剂,优化其结构与性能,是提升催化效率、降低成本的重要方向。

三、光电催化分解水制氢的研究实例

在探索可持续能源解决方案的征途中,光电催化水分解制氢技术因其潜在的环保和高效特性而备受瞩目。近期,南开大学罗景山教授课题组[2]携手英国剑桥大学及瑞士洛桑联邦理工学院的研究团队,在这一领域取得了重要进展。他们通过创新的溶液电化学外延生长技术,成功制备出高效的多晶氧化亚铜光电极,实现了光电催化制氢性能的显著提升。

第一,技术革新:溶液电化学外延生长技术的开发。该研究的核心创新点在于溶液电化学外延生长制备单晶氧化亚铜薄膜技术的开发。传统上,氧化亚铜光电极的制备往往面临诸多的挑战,如难以控制薄膜的晶向、表面形貌以及光电转换效率等。罗景山教授课题组与合作伙伴们所开发的这一新技术,则巧妙地解决了这些问题。

溶液电化学外延生长技术是一种在溶液环境中,通过电化学方法诱导氧化亚铜薄膜在基底上外延生长的技术。这种方法不仅能够精确控制薄膜的晶向和厚度,还能够优化薄膜的表面形貌,从而提高其光电转换效率。通过这种技术制备出的多晶氧化亚铜光电极,展现出了优异的光电催化性能。

第二,科学揭示:不同晶向光电特性对体相载流子复合的影响。除了技术上的创新,该研究还深入揭示了不同晶向光电特性对体相载流子复合的影响行为。在光电催化过程中,光生载流子的有效分离和迁移是提高催化效率的关键。然而,氧化亚铜等氧化物半导体中普遍存在的体相载流子复合问题,严重制约了其光电催化性能的提升。

研究团队通过系统的实验和理论分析，发现不同晶向的氧化亚铜薄膜具有显著不同的光电特性。特定晶向的薄膜能够有效抑制体相载流子的复合，从而提高光电转换效率。这一发现为氧化物半导体在光电催化领域的应用提供了新的思路和策略。

第三，应用前景：改性提升氧化物在多个领域的性能。这一研究成果不仅为光电催化水分解制氢技术的发展提供了新的动力，还为氧化物在光伏、晶体管、探测器以及太阳燃料等领域的改性提升提供了宝贵的策略。通过优化氧化物的晶向和光电特性，可以进一步提高这些器件和系统的性能，推动其在实际应用中的更广泛普及。

四、光电催化分解水制氢的实际应用领域

（一）清洁能源生产

在当今全球能源转型的大背景下，清洁能源的生产与应用尤为重要。其中，氢能作为一种极具潜力的清洁能源，逐渐受到广泛关注。而光电催化分解水制氢技术，作为氢能生产领域的一项创新技术，为氢能的可持续、规模化生产开辟了新的道路。氢能作为一种清洁能源，具有许多显著的优势。首先，氢能的热值极高，是汽油的三倍左右，意味着在相同的能量输出下，氢能的消耗量更少。其次，氢能在使用过程中几乎不产生任何的污染物，只产生水和少量的热能，因此被视为零排放的能源。此外，氢能还具有来源广泛、储存方便等特点。

在未来的能源体系中，氢能有望发挥重要的作用。随着化石燃料的逐渐枯竭和环境污染问题的日益严重，寻找清洁、可持续的替代能源已成为全球共识。而氢能作为一种极具潜力的清洁能源，正逐渐成为研究热点。

（二）可再生能源领域

在可再生能源领域，集成系统的构建是提高能源利用效率、增强能源系统灵活性和可靠性的重要途径。其中，光伏-光电催化耦合系统作为一种创新的集成系统，逐渐受到关注。

光伏-光电催化耦合系统是将光伏发电与光电催化分解水制氢技术相结合，构建的一种集成化的能源系统。在这种系统中，光伏发电产生的电能直接用于驱动光电催化反应，将水分解为氢气和氧气。这样，就实现了太阳能的高效转化和储存。具体来说，光伏电池板将太阳能转化为电能，然后通过

电线将电能传输到光电催化反应器中。在光电催化反应器中，电能被用于驱动光电催化反应，将水分解为氢气和氧气。生成的氢气可以被储存起来，作为备用能源使用；氧气则可以被释放到大气中。

光伏-光电催化耦合系统的出现，具有重要的意义和价值（图8-1）。

```
┌─────────────────────────────┐
│     充分利用可再生能源       │
└─────────────────────────────┘
┌─────────────────────────────┐
│     提高能源利用效率         │
└─────────────────────────────┘
┌─────────────────────────────┐
│  增强能源系统的灵活性与可靠性 │
└─────────────────────────────┘
┌─────────────────────────────┐
│  推动可再生能源技术的发展和应用 │
└─────────────────────────────┘
```

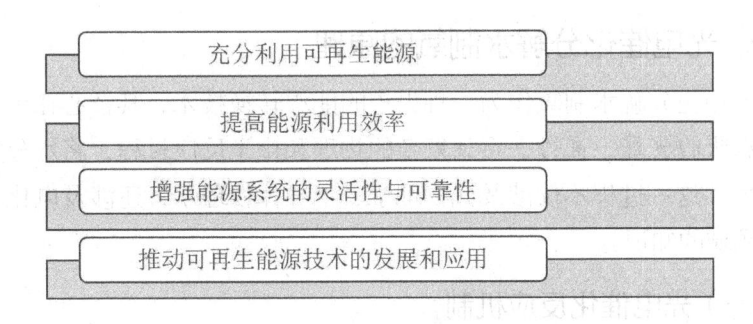

图 8-1　光伏-光电催化耦合系统的意义

第一，光伏-光电催化耦合系统能够充分利用可再生能源。光伏发电产生的电能可以直接用于驱动光电催化反应，实现了太阳能的高效利用。与传统的化石燃料相比，这种系统更加清洁、环保。

第二，光伏-光电催化耦合系统提高了能源的利用效率。在传统的能源系统中，往往存在能量转换和传输过程中的损失。光伏-光电催化耦合系统则直接将太阳能转化为化学能储存在氢气中，减少了能量转换和传输过程中的损失。

第三，光伏-光电催化耦合系统增强了能源系统的灵活性和可靠性。储存的氢能可以在需要时作为备用能源使用，为能源系统提供了额外的灵活性和可靠性。在电力供应不稳定或紧急情况下，这种系统可以作为一种独立的能源供应方式，提供清洁、可靠的能源。

第四，光伏-光电催化耦合系统的构建有助于推动可再生能源技术的发展和应用。通过集成光伏发电和光电催化分解水制氢技术，这种系统为可再生能源的利用提供了新的思路和方法。同时，这种系统的构建也需要跨学科、跨领域的合作与创新，有助于推动相关领域的技术进步和发展。

第二节 光电催化分解水制氧

一、光电催化分解水制氧的原理

光电催化分解水制氧作为一种先进的能源转换技术，其核心在于利用半导体材料吸收光能，通过一系列复杂的物理和化学反应过程，将水分解为氧气和氢气。这一过程不仅涉及光物理学、半导体物理学，还涉及电化学等多个学科领域的知识。

（一）光电催化反应机制

第一，光电催化分解水的过程始于光吸收。当半导体材料受到能量大于或等于禁带宽度的光照射时，价带中的电子会被激发到导带，形成电子－空穴对。这一步骤是光电催化反应的基础，决定了半导体材料对光的利用效率。

第二，电子－空穴对的生成。在光的激发下，半导体内部产生大量的电子和空穴，它们分别具有还原和氧化能力。然而，这些电子和空穴很容易在半导体内部或表面重新结合，释放出热能，而不参与后续的化学反应。因此，如何有效分离和传输这些电子和空穴是提高光电催化效率的关键。

第三，电荷分离与传输。为了促进电子和空穴的分离，通常会在半导体材料表面修饰一层助催化剂，如铂、氧化钴等。这些助催化剂能够提供电子或空穴的捕获位点，从而抑制电子和空穴的重新结合。同时，半导体材料的能带结构也会影响电荷的分离和传输效率。

第四，氧化还原反应。在光电催化分解水的过程中，光生电子被助催化剂捕获后，会与水中的质子产生反应，生成氢气。光生空穴则会氧化水分子，生成氧气。这两个反应分别发生在半导体光阴极和光阳极的表面，通过外电路连接形成闭合回路。

（二）半导体光电极

在光电催化分解水制氧的过程中，半导体光电极起着至关重要的作用。根据能带结构的不同，半导体光电极可以分为 n 型半导体光阳极和 p 型半导体光阴极。

n 型半导体光阳极的导带底部比氢离子的还原电位更负，因此光生电子具有足够的能量还原水生成氢气。p型半导体光阴极的价带顶部比氧的氧化电位更正，所以光生空穴能够氧化水生成氧气。这两种半导体光电极的能带结构特点决定了它们在光电催化分解水过程中的不同作用。

（三）界面反应动力学

光生载流子在半导体/电解液界面上的转移机制是影响光电催化反应速率的重要因素。在界面处，光生电子和空穴需要分别与水中的质子和氢氧根离子发生反应。然而，界面处的电荷转移过程往往受到多种因素的影响，如电解液的pH、离子浓度、半导体表面的亲水性等。

为了优化界面反应动力学，通常会对半导体材料进行表面修饰，以改善其与电解液的接触性质。例如，通过在半导体表面沉积一层贵金属或氧化物，可以提供更多的活性位点，促进电荷在界面处的转移。此外，调整电解液的组成和pH也可以有效改善界面反应动力学，从而提高光电催化分解水的效率。

二、光电催化分解水制氧的应用领域

（一）医疗领域

在医疗领域，氧气制备是一个至关重要的环节。传统的氧气制备方法往往需要消耗大量的能源，并且在制备过程中可能产生环境污染。光电催化分解水技术则提供了一种全新的、更为环保和高效的氧气制备方式。通过这项技术，医疗设备可以在现场直接制备出高纯度的氧气，无须依赖外部能源供应。这一特点使得光电催化分解水技术在医疗急救、长期氧疗等场景中具有显著优势。在紧急情况下，能够快速制备出氧气，对于挽救患者生命至关重要；而在长期氧疗中，高纯度的氧气能够确保患者得到更好的治疗效果。与传统的氧气制备方法相比，光电催化分解水技术不仅节能环保，还大大提高了制氧速度，为医疗领域带来了革命性的变革。

（二）航空航天领域

在飞船、空间站等密闭空间中，生命保障系统是确保航天员生存的关键。传统的生命保障系统往往需要携带大量的氧气和氢气作为储备，不仅增加了飞船的发射重量，还限制了航天员在太空中的活动时间。光电催化分解水技术则提供了一种更为高效和可持续的解决方案。通过这项技术，航天员可以在太空中直接分解水来获取氧气和氢气，从而满足自身的呼吸需求和燃料电池的燃料供应。这种自给自足的方式大大减轻了飞船的发射重量，提高了航天员在太空中的生存能力和活动时间。尽管目前关于光电催化分解水技术在航空航天领域的具体应用实例较少公开报道，但其在该领域的应用潜力不容忽视。

第三节　光电催化二氧化碳还原

一、光电催化二氧化碳还原的过程

光电催化二氧化碳还原又叫人工光合作用，可以将二氧化碳光催化转化为各种各样的有机化合物，例如甲烷、甲醛、甲醇、甲酸等。[3]这一过程不仅有助于缓解温室效应，还能为实现碳的循环利用和可持续能源发展开辟新路径。具体如下：

（一）光吸收与电荷分离

光电催化二氧化碳还原的初始步骤是光吸收与电荷分离。这一阶段，催化剂（通常是半导体材料）吸收光能，使其电子从价带跃迁到导带，形成电子－空穴对。这一过程中，光能被转化为电能，为后续的还原反应提供能量。

半导体材料的选择对于光吸收效率至关重要。理想的半导体材料不仅应具有适当的带隙，以便吸收可见光或近红外光，同时还应保持较高的光电转换效率。此外，半导体材料的稳定性和耐腐蚀性也是需要考虑的重要因素，以确保在长时间的光照和催化过程中保持性能。

电荷分离是光吸收后的关键步骤。在半导体内部，电子和空穴必须有效分离，以防止它们重新结合并释放能量（通常以热能的形式）。为了实现这一目标，催化剂的结构设计至关重要。例如，通过构建纳米结构或异质结，可以提高电子和空穴的分离效率，因为它们提供了更多的界面和路径来促进电荷的分离和迁移。

（二）二氧化碳吸附与活化

在电荷分离之后，下一步是二氧化碳的吸附与活化。这一阶段的目标是使二氧化碳分子与催化剂表面发生相互作用，并将其转化为更容易还原的活性形式。

二氧化碳的吸附通常涉及物理吸附和化学吸附两种机制。物理吸附是通过范德华力等弱相互作用力将二氧化碳分子吸附在催化剂表面；化学吸附则涉及二氧化碳分子与催化剂表面原子之间的电子交换，形成化学键。为了实现有效的二氧化碳还原，通常需要化学吸附来确保二氧化碳分子在催化剂表面的稳定吸附和活化。

活化过程涉及改变二氧化碳分子的电子结构，使其更容易接受电子并进行还原反应。这可以通过催化剂表面的活性位点来实现，这些位点能够提供所需的能量和电子排布来促进二氧化碳的活化。

（三）还原反应与产物生成

还原反应与产物生成这一阶段，活化后的二氧化碳分子接受来自催化剂导带的电子，并经历一系列的还原反应，最终生成目标产物。

还原反应的具体路径和产物取决于催化剂的性质和反应条件。例如：在某些催化剂和条件下，二氧化碳可以被还原为一氧化碳、甲烷、甲醇等有价值的化学品；而在其他条件下，可能会生成甲酸、乙醇或其他碳氢化合物。

产物的选择性和产率是评估光电催化二氧化碳还原性能的重要指标。为了实现高效的二氧化碳还原，需要优化催化剂的设计、反应条件以及产物的分离和收集过程。此外，对于实际应用而言，还需要考虑催化剂的稳定性、成本以及整个系统的能效等因素。

二、新型氧化石墨烯光电催化还原二氧化碳

在我国短期内仍然以煤炭为主要能源的情况下，二氧化碳排放问题持续且严峻。发展高效安全的CO_2利用技术对于我国实现"双碳"目标至关重要。利用太阳能将二氧化碳催化转化为可利用的有机小分子燃料，不仅有望解决CO_2排放过量问题，还可以获得工业原料。

氧化石墨烯（Graphene Oxide，GO）属于非金属材料，以往光催化研究中主要将其作为助催化剂。与广泛采用的金属半导体催化剂相比，GO基材料具有更大的经济和环保价值，其催化能力值得深入探究。北京大学环境科学与工程学院尚静课题组[3]围绕GO开展了一系列工作，发现其可以作为独立的可见光光催化剂，并进一步通过材料设计，实现了GO及其复合材料气相光热和光电催化还原CO_2为资源化产物，这些研究为应用GO基材料提供了新思路。

光电催化因其更大的灵活性和更高的反应效率而成为一种很有前景的 CO_2 还原方法。然而传统的光电催化还原 CO_2 是在液相中实现的，体系中需要使用对电极，因此不适于实际应用。课题组研究设计了一种全固态平面型光电催化器件 ITO/RGO/ITO，实现了气固光电催化还原 CO_2。因其适度的氧含量（48.8%）、GO 的 001 晶面和"层叠"结构，从而促进了光生载流子的分离和转移，获得了比单独光催化体系显著提高的催化还原产率。

三、光电催化二氧化碳还原的应用领域

（一）工业原料生产

在传统工业过程中，许多原料如甲醇、甲酸等，往往依赖于化石燃料的转化。然而，随着化石资源的枯竭和人们环保意识的提高，寻找可持续的原料来源变得尤为重要。光电催化技术能够将二氧化碳转化为有价值的化学品，为工业生产提供新的、绿色的原料。例如，通过精确控制反应条件，可以选择性地将二氧化碳还原为甲醇，作为一种清洁的燃料或化工原料。

（二）能源储存与转化

随着可再生能源如太阳能、风能的快速发展，如何有效地储存和转化这些间歇性的能源成为一个关键问题。光电催化技术可以将这些可再生能源转化为化学能，储存在生成的化学品或燃料中。例如，通过光电催化还原二氧化碳产生的氢气，可以作为一种清洁的能源载体，用于燃料电池或氢气发电系统。这不仅提高了可再生能源的利用率，还为构建更加可持续的能源体系提供了可能。

（三）环境保护与碳循环

全球气候变化的主要驱动力之一是二氧化碳排放的增加。通过这项技术，我们可以将大气中的二氧化碳转化为有用的化学品或燃料，从而实现碳的捕获和利用。这不仅有助于减少温室气体的排放，还能促进碳的循环利用，维持地球的碳平衡。此外，光电催化技术还可以与其他环保技术相结合，如碳捕捉和储存技术，共同应对气候变化带来的挑战。

第四节　高效光电极的设计与制备及其光电催化分解水的应用

一、电沉积法制备 Ag_2ZnSnS_4 光阳极及其高效光电催化分解水性能

在当今世界，随着能源需求的日益增长和环境污染问题的日益严重，开发清洁、可再生的能源技术已成为科学家们研究的重点。在众多可再生能源技术中，光电化学（PEC）水分解技术因其能够直接将太阳能转化为化学能而备受关注。PEC水分解技术的核心部件是光电极，其性能直接影响整个系统的效率。因此，设计和制备高效的光电极对于提高PEC水分解技术的实际应用价值具有重要意义。

（一）基本原理

Ag_2ZnSnS_4（AZTS）是一种新型的多元金属硫化物半导体材料，因其具有直接带隙、优异的光吸收特性和合适的能带位置，被认为是一种理想的光阳极材料。AZTS光阳极在光电催化分解水方面的应用，能够有效地将太阳能转化为氢能，为解决能源危机和环境污染问题提供了一种可行的解决方案。

电沉积法是一种通过电流驱动金属离子在导电基底上还原沉积，从而形成金属薄膜的工艺。该方法具有操作简便、成本低廉、易于控制等优点，适用于大规模生产。在AZTS光阳极的制备中，通过调节电沉积参数（如电流密度、沉积时间、电解液成分等），可以实现对薄膜厚度和形貌的精确控制。

（二）AZTS光阳极的制备过程

在光电催化领域，AZTS光阳极是一种备受关注的材料，具有潜在的应用前景。为了制备具有优异性能的AZTS光阳极，可以采用电沉积法，并通过三电极体系进行操作。

第一，在电化学池中建立三电极体系，包括工作电极、参比电极和对电极。在特定的电位下，它们分别进行了Ag、Sn和Zn金属层的电沉积。这个步骤中，调节沉积时间和电荷量密度至关重要。沉积时间的长短直接影响金属层的厚

度和均匀性，电荷量密度则决定了金属层的成分和质量。通过精确地控制这些参数，可以确保金属层的沉积达到理想的状态。

第二，经过金属层的电沉积，需要进行硫化处理，将金属层转化为AZTS薄膜。硫化处理是通过将沉积好的金属层置于特定的气氛下进行的，通常是在硫化氢气氛中进行。这个过程中，金属层的表面会与硫化氢反应，形成AZTS薄膜。这一步骤的关键在于控制硫化处理的条件，包括温度、压力和时间等参数。只有在适当的条件下，才能确保金属层完全转化为高质量的AZTS薄膜。

第三，通过优化电沉积参数，研究人员可以获得具有高结晶度、均匀覆盖的AZTS光阳极。高结晶度的薄膜可以提高光电催化的效率，均匀覆盖的薄膜则可以增加光吸收的表面积，进一步提高反应速率。因此，在制备过程中，研究人员需要综合考虑各种参数，并进行适当的调节和优化，以确保获得优异性能的AZTS光阳极。

（三）AZTS光阳极的性能测试与分析

第一，对制备好的AZTS光阳极进行X射线衍射（XRD）分析。XRD是一种常用的表征材料晶体结构的方法，通过观察样品的衍射图谱可以确定其结晶度和晶体结构。结果显示，所制备的AZTS光阳极具有高度的结晶度，其衍射峰对应的晶面符合预期的晶体结构，表明了其具有良好的结晶性。

第二，通过扫描电子显微镜（SEM）和透射电子显微镜（TEM）对样品进行形貌和微观结构的观察。SEM能够提供样品表面的形貌特征，TEM则可以观察到样品的微观结构。通过这两种显微镜技术的观察，可以确定AZTS光阳极的表面形貌和颗粒分布情况，以及其内部的晶体结构和纳米级别的细节特征。

第三，利用X射线光电子能谱（XPS）对样品进行化学组成和表面元素价态的分析。XPS是一种表征样品表面元素化学状态和组成的表征手段，通过分析XPS谱图可以确定材料的化学成分及其化学状态。通过XPS分析，可以确定所制备的AZTS光阳极的元素组分符合理论摩尔比，并且可以了解到表面元素的化学状态，为进一步理解其光电催化性能提供重要信息。

第四，通过光电流密度测试评估AZTS光阳极的光电催化性能。在无须助催化剂修饰的情况下，该光阳极在0.6V（相对于标准氢电极的电位）的偏压下表现出高达$4.0\ mA/cm^2$的光电流密度，这一性能表现是目前报道的最高水平之一，表明所制备的 AZTS 光阳极具有优异的光电催化分解水性能，具有潜在的应用前景。[4]

（四）AZTS 光阳极的光电催化机制

第一，合适的带隙和能带位置。AZTS 材料具有适中的带隙和能带位置，使其能够吸收可见光，并促进光生电子－空穴对的产生，为后续的光电化学反应提供了充足的能量来源。

第二，高结晶度。高结晶度的 AZTS 光阳极具有较高的结晶质量和晶格完整性，有利于电子在晶体内的传输和迁移，从而提高光电催化反应的速率和效率。

第三，低晶界密度。晶界是光阳极中电子－空穴对复合的主要区域之一，晶界密度的降低可以减少电子－空穴对的复合率，延长其寿命，从而提高光电催化效率。

第四，有效的光生载流子分离和传输。AZTS 光阳极通过合理的结构设计和表面修饰，能够有效地分离和传输光生电子和空穴，从而减少其复合率，提高光电催化反应的效率和稳定性。

第五，通过在 AZTS 表面沉积非晶型二氧化钛（TiO_2）薄层，可以有效地抑制硫化物光腐蚀，提高电极的稳定性。TiO_2 薄层具有良好的光稳定性和化学稳定性，可以保护 AZTS 光阳极免受外界环境的影响，延长其使用寿命。

二、类印刷法制备大尺寸 $BiVO_4$ 纳米光阳极及其高效光电催化分解水性能

$BiVO_4$ 是一种单斜白钨矿结构的半导体材料，具有窄带隙、稳定的结构和无毒特性，被认为是一种理想的光阳极材料。然而，$BiVO_4$ 光阳极的光电转换效率受到光生载流子分离效率低的限制。因此，开发具有高效率、大尺寸的 $BiVO_4$ 光阳极对于提高 PEC 水分解技术的实际应用价值具有重要意义。

类印刷法是一种通过控制基底浸入电解液的速度，实现前驱体薄膜均匀沉积的方法。该方法类似于传统印刷技术，可以实现大面积、均匀的薄膜制备，适用于规模化生产。

（一）$BiVO_4$ 光阳极的制备过程

第一，采用的制备方法是类印刷法，这是一种常用的制备光阳极的方法之一。该方法在 FTO 导电玻璃基底上制备大尺寸的 $BiVO_4$ 光阳极。FTO 导电

玻璃具有良好的导电性和光透过性，是制备光电催化材料的理想基底之一。

第二，制备过程首先进行的步骤是电沉积金属 Bi 层。通过调节电荷量在 FTO 玻璃表面沉积金属 Bi 层，为后续 BiVO$_4$ 的形成提供了基础。金属 Bi 层的沉积过程需要精确控制沉积参数，如电流密度、沉积时间等，以确保金属 Bi 层的均匀性和适当的厚度。

第三，通过退火和煅烧处理将金属 Bi 层转化为 BiVO$_4$。在特定的温度和气氛下，金属 Bi 层发生化学反应和结构转变，最终形成 BiVO$_4$ 薄膜。这一步骤的关键在于控制退火和煅烧的条件，以确保 BiVO$_4$ 的结晶度和形貌。

第四，通过优化浸入速度和沉积参数，可以获得具有纳米多孔结构的 BiVO$_4$ 薄膜。纳米多孔结构具有大表面积和丰富的活性位点，有利于光电催化反应的进行，提高光电催化材料的性能和稳定性。

（二）BiVO$_4$ 光阳极的性能测试与分析

首先，通过 XRD、SEM、TEM 和 XPS 等表征测试手段对 BiVO$_4$ 光阳极进行分析。制备的 BiVO$_4$ 光阳极具有高度的结晶度和均匀的纳米多孔结构。高结晶度保证了材料内部的电子传输通道畅通，有利于光生载流子的迁移和分离；均匀的纳米多孔结构则增加了材料的比表面积，提高了光吸收和反应活性。

其次，通过光电沉积法在 BiVO$_4$ 表面负载 NiOOH 助催化剂，可以显著提高光阳极的水氧化活性。NiOOH 作为一种高效的氧化剂，能够促进光生载流子与水分子之间的反应，加速水氧化反应的进行。负载 NiOOH 助催化剂后，光阳极的起始电位降低，光电转换效率大幅提高，使其在光电催化中表现出更优异的性能。

（三）BiVO$_4$ 光阳极的光电催化机制

首先，BiVO$_4$ 光阳极具有独特的纳米多孔结构，这种结构为其提供了大量的活性位点，有利于光生载流子的分离和传输。纳米多孔结构具有高表面积和丰富的界面，使得光生电子和空穴更容易在表面发生分离，减少了复合的可能性，提高了光电催化效率。

其次，NiOOH 助催化剂的修饰进一步降低了水氧化的过电位，有利于促进光生载流子的界面分离效率。NiOOH 作为一种高效的氧化还原催化剂，能够促进水的氧化反应，提高水氧化的速率。通过在 BiVO$_4$ 表面修饰 NiOOH，可以有效地降低水氧化的能量，加速反应的进行，提高了光电催化的效率。

（四）BiVO₄光阳极的应用前景

首先，采用类印刷法制备的大尺寸 BiVO₄ 光阳极在光电催化分解水方面表现出较高的效率和稳定性。其优异的光催化性能可以将太阳能光能转化为化学能，实现水的分解，产生氢气等清洁能源。同时，其稳定性能保证长时间的持续运行，为工业化应用提供可靠的保障。

其次，BiVO₄ 光阳极在新能源领域展现出了广阔的应用前景。作为一种高效、可持续的能源转化材料，BiVO₄ 光阳极可以应用于太阳能水分解、光催化 CO_2 还原等领域，为解决能源危机和减缓气候变化提供了重要技术支持。

除此之外，类印刷法制备 BiVO₄ 光阳极的方法对于其他光电极的规模化生产和形貌调控具有很高的借鉴意义。这种简单、高效的制备方法为光电极材料的制备提供了新的思路和技术路线，有助于推动光电催化技术的进一步发展和应用。

参考文献

[1] 张冀宁，曹爽，胡文平，等.光电催化海水分解制氢[J].化学进展，2020，32（9）：1376-1385.

[2] 周威，郭君康，申升，等.光电催化二氧化碳还原研究进展[J].物理化学学报，2020，36（3）：71-81.

[3]Liu Y,Wang Y,Shang J,et al.Construction of a novel metal-free heterostructure photocatalyst PRGO/TP-COF for enhanced photocatalytic CO_2 reduction[J].Applied Catalysis B:Environment and Energy,2024,350:123937.

[4] 梁希壮.高效光电极的设计与制备及其光电催化分解水的应用研究[D].济南：山东大学，2020：84-111.

第九章 光热协同催化在能源领域中的应用

光热协同催化在能源领域的应用呈现出巨大潜力。通过光热效应和催化的协同作用，可以实现高效能源转化和利用。此外，光热协同催化还可以应用于光催化水分解、CO_2 转化等领域，促进清洁能源的生产和利用。通过精心设计催化剂的结构和优化光热条件，可以实现对能源转化过程的精准控制和高效利用。本章主要探究典型氧化物光催化材料的光热催化、氮化钛纳米材料制备及其光热转换应用、铋基复合物催化剂光热协同催化还原 CO_2 性能、非贵金属助催化剂提高 TiO_2 光热协同催化制氢。

第一节 典型氧化物光催化材料的光热催化

光催化氧化去除挥发性有机物（VOCs）被认为是一种极具前景的空气净化技术。光催化剂以及与催化剂带隙相匹配波长的光是传统光催化氧化反应中两个最重要的因素。由于光催化过程中常常伴随着副产物的形成，如一些碳物种。这些副产物具有比反应物更强的吸附能力，附着在催化剂表面作为电子和空穴的复合中心，阻碍催化反应的持续进行。随着反应时间的累积，积碳增多，最终导致催化剂失活。因此如何提升光催化过程中深度氧化能力来提高光催化体系效率是光催化氧化体系关键所在。

一、典型氧化物光催化材料的重要性

典型氧化物光催化材料在当今社会中具有重要的地位和广泛的应用，这主要归功于它们在环境保护、能源开发、水处理、医疗卫生等领域的卓越性能和多功能性。典型的氧化物光催化剂主要包括二氧化钛、氧化锌、氧化铈、氧化钨、氧化铁、氧化铜、氧化镁。

第一，氧化物光催化材料能够利用可见光或紫外光将光能转化为化学能，从而催化各种反应，如光解水产生氢气、光催化降解有机污染物等。这些反应能够实现清洁能源的生产和有害物质的高效去除，对于解决能源危机和环境污染问题至关重要。

第二，典型氧化物光催化材料具有良好的稳定性和可再生性，能够持续地进行光催化反应，从而减少了对稀有资源的依赖，降低了能源和原材料的消耗，有利于可持续发展。与此同时，这些材料的制备方法日益成熟，成本逐渐降低，为大规模生产和工业化应用奠定了基础。

第三，典型氧化物光催化材料还具有良好的光学性能和表面活性，能够调控光催化反应的速率和选择性，提高反应的效率和产率。通过结构设计和表面修饰，可以进一步优化其光催化性能，拓展其在不同领域的应用潜力。

二、典型氧化物光催化材料的种类

（一）氧化镁

氧化镁（MgO）因其高度晶体稳定性和催化活性而备受关注。在光催化方面，MgO可利用其表面活性位点催化有机污染物的降解，从而净化水源和改善环境。[1]此外，MgO还可作为载体或助剂用于制备催化剂，提高反应的效率和选择性。其优异的化学稳定性和相对低成本使其成为工业应用中备受青睐的材料之一。因此，氧化镁在环境保护和催化领域的应用前景广阔，并且有望为解决环境问题和促进工业进步做出重要贡献。

（二）氧化铁

氧化铁（Fe_2O_3）具有良好的光催化活性和生物相容性，因此在环境保护和医疗领域具有重要应用[2]。在环境方面，Fe_2O_3可用于光催化降解有机污染物、去除重金属离子和净化水源。同时，在医疗器械的制备中，其生物相容性使其成为生物医学材料的理想选择，如医用成像剂、药物载体等。这些应用充分展示了Fe_2O_3在解决环境污染问题和提升医疗水平方面的重要性和潜力。

（三）氧化铜

氧化铜（CuO）因其优异的催化活性和选择性而备受瞩目[3]。在CO氧化反应中，CuO能够有效地催化CO与氧气反应生成CO_2，是重要的CO氧化催化剂之一，可用于清除工业废气中的有害CO污染物。此外，CuO还在有机合成反应中表现出良好的催化活性和选择性，可用于合成各种有机化合物，如醇、醚、酮等。其催化性能可通过控制晶体结构、粒径和表面形貌等方法进行调控，以满足不同反应的要求。由于其丰富的资源、低成本和良好的催化性能，氧化铜在化工工业中广泛应用，为提高反应效率、减少能源消耗和减少污染做出了重要贡献。

（四）氧化铝

氧化铝（Al_2O_3）因其良好的化学惰性和机械性能而受到广泛应用。作为催化剂的载体，Al_2O_3[4]能够提供良好的表面积和稳定的结构，有利于催化剂的分散和固定，从而提高催化活性和选择性。此外，Al_2O_3还常用于陶瓷材料的制备，其高温稳定性和耐腐蚀性使其成为制备耐用陶瓷产品的理想选择。因此，氧化铝在催化和材料领域具有重要地位，对于提高工业生产效率和产品质量具有重要意义。

（五）二氧化钛

二氧化钛（TiO_2）是最常见的光催化材料之一，其具有良好的稳定性和光催化活性[5]。由于TiO_2能够在紫外线照射下催化各种反应，特别是光解水产生氢气和光催化降解有机污染物等。这种广泛应用主要源于其低成本、无毒性和良好的光催化性能，使其成为环境保护、能源开发和水处理等领域的重要材料。

自然界中TiO_2主要以四种晶型存在，TiO_2（B）、锐钛矿、金红石和板钛矿。所有晶型的TiO_2都是由正八面组成，然而不同晶型之间八面体单元扭曲和共边角方式不同，如图9-1所示[6]。热力学上金红石相是最稳定的结构。四种结构的TiO_2基于其自身的物理化学特性被用在多个领域，最主要的仍旧作为太阳能转换材料，其中以光催化反应作为最集中的研究领域。

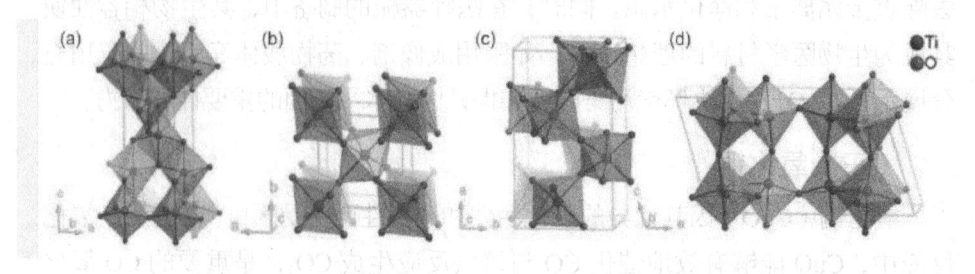

图9-1 TiO_2常见的晶体结构

（a）锐钛矿；（b）金红石；（c）板钛矿；（d）TiO_2（B）

三、氧化物光催化材料性能提升策略

（一）表面修饰

表面修饰在提升氧化物光催化材料性能方面起着至关重要的作用。通过改变材料的表面化学性质，表面修饰能够有效调控光催化反应的效率与选择性。光催化过程中，材料的表面状态直接影响光生电子和空穴的生成与分离，因此，优化表面特性成为提升光催化性能的关键策略。

1. 共催化剂的应用

共催化剂的加入能够显著增强光生电子-空穴对的分离效率，减缓它们的复合速率，从而延长光生载流子的寿命，这种方法不仅可以提高反应速率，还能改善反应的选择性，为光催化反应提供更高的活性和更好的光能转化率。通过合理地选择和设计共催化剂，可以针对不同的反应体系，实现理想的催化效果。

2. 纳米材料的负载

通过负载纳米材料，催化剂的表面积得以增大，从而增强催化剂与反应物之间的接触面积，促进了反应物的吸附和反应速率，提高了催化反应的整体效率。同时，纳米材料的优异性能使其成为理想的载体，可以有效地支持催化反应过程，并提高催化剂的稳定性和再利用性。

3. 功能基团的修饰

通过修饰表面的功能基团，可以调节材料的电子结构和活性位点，进而优化反应过渡态的吸附和解离过程，这种调节能够提高反应的选择性，促进特定反应路径的形成。因此，选择合适的功能基团并进行精确的修饰，将对光催化材料性能的提升产生积极影响。

（二）纳米结构设计

1. 增加材料的比表面积

材料比表面积的增加是通过精心设计的纳米粒子、纳米线和纳米片等多种纳米结构实现的。相较于传统的微米级材料，纳米结构由于其较小的尺寸和独特的形态，能够在单位体积内提供更大的表面面积，这一特性直接影响光催化反应的进行，因为较大的比表面积意味着更多的反应位点可供反应物分子与催化剂接触，从而提升了光催化活性。

2. 增强反应物分子的吸附能力

具体而言，材料表面的活性位点数量的增加，能够促进反应物在催化剂表面的吸附，从而加速催化反应的进行。对于光催化过程而言，反应物的吸附能力是影响催化效率的重要因素。通过纳米结构设计，研究人员能够调节材料的表面性质，进一步提高其对特定反应物的选择性和亲和力。

3. 光吸收率和载流子分离效率

纳米结构的引入有助于提高材料的光吸收率，使其能够在可见光范围内有效吸收光能，从而产生更多的光生电子-空穴对。此外，纳米结构不仅优化了光生载流子的分离效率，还减少了电子与空穴之间的复合概率。载流子分离效率的提升对于提高光催化反应的速率至关重要，因为高效的载流子分离能使得更多的光生电子和空穴参与后续的化学反应。

4. 缩短了光生载流子的扩散路径

载流子的扩散路径缩短意味着光生载流子能够更快地到达催化反应位点，这一过程的加速减少了载流子在传输过程中的损失，有助于提升光催化效率。此外，纳米结构的设计也有助于优化载流子的迁移率，使其在催化过程中更为高效。

（三）晶体结构调控

1. 调节晶面表面活性位点的分布和表面能级结构

不同的晶面会呈现出不同的表面活性位点，其活性位点的数量和类型直接影响催化反应的效率。例如，在某些情况下，特定的晶面能够提供更高的反应活性，其他晶面则可能不利于反应的进行。因此，通过选择适当的晶面和控制其结构，研究者可以有效提升光催化材料的性能。

2. 增强光的吸收和光生电子-空穴对的分离效率

光催化反应的核心在于材料能够有效地吸收光能并产生电子-空穴对，这些电子和空穴在光催化反应中起着至关重要的作用，其有效的分离和迁移能够显著提升反应速率。有序的晶面结构不仅能够增加光的入射角度和吸收率，还能够优化电子的迁移路径，从而提高光催化活性。

3. 调节电子结构和表面反应活性

缺陷通常被认为是材料中的不完美之处，但在某些情况下，这些缺陷却能够极大地增强材料的光催化性能。例如，氧缺陷可以导致材料中电子的局部化，增加表面活性位点的数量，这种结构调整不仅提升了材料的光催化活性，还增强了其选择性，使其在多种反应条件下均能保持良好的催化效果。

4. 引起晶粒尺寸和晶格畸变等物理性质的变化

晶粒尺寸的变化会直接影响材料的比表面积，从而影响反应物与催化剂的接触效率。较小的晶粒尺寸通常会带来更高的比表面积，从而提高光催化活性。然而，过小的晶粒可能会导致晶体结构的不稳定性，因此在实际应用中需要找到一个平衡点，以确保材料的稳定性和催化活性之间的最佳结合。

5. 影响光催化性能

晶格畸变可能会导致电子能带的变化，从而影响材料的光电性质。在某些情况下，适度的晶格畸变可以诱发材料产生新的活性位点，从而提升其光催化性能。因此，研究人员在优化晶体结构时，应同时关注晶粒尺寸和晶格畸变的情况，寻求最佳的结构设计方案。

四、典型氧化物光热催化的应用

（一）污水处理领域与环境治理领域的应用

1. 污水处理领域的应用

（1）杀灭微生物[7]。光热效应在氧化物光热催化中具有重要作用，尤其在水中微生物的消毒和杀菌方面。当光热催化材料暴露在光源下时，其表面吸收光能后会产生热能，提高周围水体的温度。这种高温环境对水中微生物，如细菌、病毒等具有杀灭作用，从而起到消毒和杀菌的效果。例如，高压蒸汽灭菌、干热灭菌、巴氏消毒法。与传统的消毒方法相比，光热效应无须添加化学药剂、无二次污染问题，且操作简便、能耗低，能够在较短的时间内有效杀灭水中的微生物，提高水质的安全性和卫生性，因此，在污水处理和饮用水净化领域，光热催化技术的应用对于保障人们的健康和水质安全具有重要意义。

（2）降解有机污染物。氧化物光热催化在污水处理中是一种高效的技术。以二氧化钛（TiO_2）为例，当 TiO_2 催化剂暴露在紫外光下时，其表面将发生光催化反应，产生活性氧自由基（如羟基自由基、过氧化氢等）[8]。同时，TiO_2 还具有良好的光热效应，可以吸收光能并将其转化为热能，使污水中的有机物质发生热解、裂解和氧化反应。两种效应的协同作用使得有机废水中的有机物质能够高效降解，从而实现对污水的净化和处理。这种技术具有操作简便、能源消耗低、处理效率高等优点，因此在污水处理领域具有广泛的应用前景。

（3）去除抗生素[9]和重金属[10]。典型氧化物光热催化在污水处理中不仅适用于有机污染物的去除，还可应用于难降解的抗生素和重金属等有害物质的处理。通过光热效应，氧化物催化剂能够吸收光能转化为热能，提高反应体系的温度，促进有害物质的热解和裂解。同时，光催化效应产生活性氧自由基，能够氧化有害物质，将其转化为无害的物质或降解为较小的分子。这种协同作用可以高效地分解抗生素、去除重金属等难降解有害物质，从而提高污水处理的效率和彻底程度。因此，氧化物光热催化技术在解决水质污染、保护生态环境等方面具有重要的应用潜力。

2. 环境治理领域的应用

（1）土壤修复[11]。氧化物光热催化的基本原理是通过光催化和热催化的耦合作用，提升催化剂的活性，使其在相对低温下实现高效的污染物降解。光催化过程中，氧化物催化剂在光照射下激发产生电子–空穴对，这些活性物种能够氧化或还原土壤中的污染物。此外，光热催化技术还能够提高土壤中微生物的活性和生物降解能力，加速土壤污染物的分解和降解过程。因此，光热催化技术在土壤治理和生态环境保护方面具有重要的应用潜力，有助于减少土壤污染对环境和人类健康的危害，促进生态系统的健康和稳定发展。

（2）能源转化[12]。第一，光热催化技术可用于太阳能的转化和利用。光热效应可以将太阳能转化为热能，用于产生蒸汽驱动发电机或供热系统。同时，光催化效应可以将太阳能转化为电能，例如光催化水分解产生氢气，用于燃料电池发电。第二，光热催化技术还可用于生物质能源的转化，通过光热效应和光催化效应将生物质转化为生物燃料或生物油，用于发电、供热或工业生产。第三，光热催化技术还可用于CO_2的光催化还原反应，将CO_2转化为高附加值的碳氢化合物，实现CO_2的减排和资源化利用。

（二）能源转化领域的应用

1. 太阳能利用

（1）利用光热效应，光热催化材料可以将太阳能转化为热能，例如通过太阳能聚焦系统将阳光集中到光热催化材料表面，产生高温热能。这种热能可用于产生蒸汽，驱动发电机发电或提供工业生产中所需的热能。

（2）利用光催化二氧化碳还原。光催化二氧化碳还原的基本原理是利用光能激发催化剂，产生电子－空穴对，这些活性物种能够与二氧化碳分子发生反应，将其还原为一氧化碳、甲醇、甲烷等化合物。二氧化钛是最常用的光催化剂，其在紫外光照射下能有效分解二氧化碳。然而，由于二氧化钛只能吸收紫外光，这极大地限制了其实际应用，因为太阳光谱中紫外光的比例仅占5%左右。

热催化的引入是光热催化技术的一个重要特征，通过增加反应温度，可以显著提升催化剂的活性和反应速率。热能不仅有助于激活催化剂表面的活性位点，还能促进反应物分子的吸附和解离，从而加速还原反应的进行。在光热催化过程中，光和热的协同作用能够有效降低反应所需的激活能，提高催化效率。

2. 水分解产氢

光热催化技术在水的光催化分解产氢方面具有巨大潜力。通过光热效应和光催化效应的协同作用，光热催化材料可以吸收太阳能并将其转化为热能和光能，进而促使水中的光催化反应发生。在这个过程中，光热效应提高了反应体系的温度，有利于活化反应物质，而光催化效应产生的活性氧自由基能够催化水的分解反应，将水分解为氢气和氧气。因此，利用光热催化技术进行水的光催化分解产氢，可以实现高效、可持续地获取氢气作为清洁能源。氢气具有高能量密度、无污染排放和可再生性等优点，可用于燃料电池发电、氢能源车辆等领域，为实现能源转型和减缓气候变化提供重要的技术支持。因此，光热催化技术在水的光催化分解产氢方面具有重要的应用前景。

3. 生物质能源转化

光热催化技术可以利用太阳能将生物质进行光催化分解，将生物质中的碳水化合物、脂肪酸等有机物质转化为生物燃料，如生物乙醇、生物柴油等。这些生物燃料具有较高的能量密度和可再生性，可用于发电站、工业锅炉或供热系统中替代传统的化石燃料。光热催化技术也可将生物质转化为生物油，用于工业生产中的原料或化工合成。这种方法能够有效利用生物质资源，降低对化石燃料的依赖，减少温室气体排放，有助于应对能源危机和环境污染问题。因此，光热催化技术在生物质能源转化方面具有广阔的应用前景，能为可持续能源的开发和利用提供重要的技术支持。

第二节 氮化钛纳米材料制备及其光热转换应用

当过渡金属氮化物材料粒度达到纳米级时，离子体共振特性可以将光学控制的维度从三维降至零维，实现纳米尺度超衍射极限光传输的有效调控，同时可在纳米尺度区域汇聚放大电磁能量，实现对紫外光至近红外光的增强吸收。光热转换效应是通过材料表面SPR特性将光能转化为电子或空穴谐振的动能，或者电子跃迁产生的能量，由晶格散射的振动能向周围环境传递从而使环境温度提高，SPR特性的光热转换材料被称为热等离子体材料。

一、氮化钛纳米材料的制备技术

纳米氮化钛具有高熔点、良好的化学稳定性以及优良的抗氧化性和导电性能，同时具备局部表面等离子体共振（LSPR）特性，被视为新一代热等离子体材料。[13] 氮化钛纳米材料的制备技术涉及多种方法，包括物理方法、化学方法和生物方法等。这些方法可以通过控制反应条件和材料形貌，实现对氮化钛纳米材料的精确合成和调控。氮化钛纳米的晶体结构图如图9-2所示。

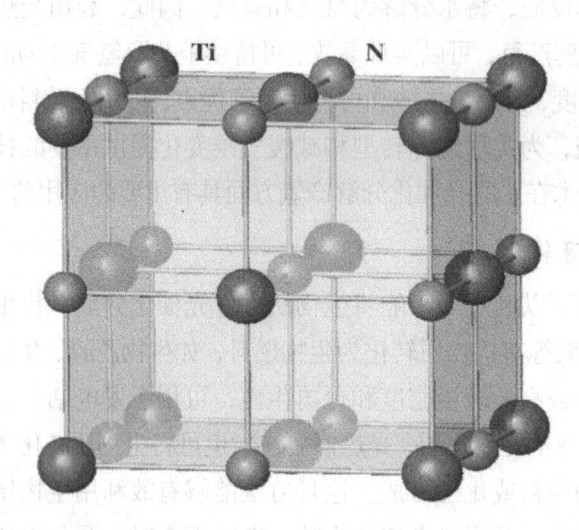

图9-2 氮化钛纳米的晶体结构图

在物理方法中，机械法是常用的制备氮化钛纳米材料的方式之一。通过高能球磨或机械合金化等方法，将宏观尺寸的氮化钛颗粒逐渐研磨至纳米级别，从而实现纳米材料的制备。此外，气相法也被广泛应用，包括化学气相沉积和物理气相沉积等技术，通过在适当的气相条件下使气态前驱体发生反应，从而在衬底上生长出纳米尺度的氮化钛薄膜或纳米颗粒。

化学方法中，溶剂热法是常见的制备氮化钛纳米材料的方法之一。通过在有机溶剂中加热反应，使得氮化钛的前驱体在溶液中发生反应生成纳米颗粒。此外，溶胶-凝胶法和沉淀法也被广泛应用，通过控制溶胶或沉淀的形成过程，实现氮化钛纳米材料的制备。

生物方法是一种绿色环保的制备氮化钛纳米材料的方式，利用生物体或其代谢产物合成纳米颗粒。例如，可以利用植物提取物、微生物或生物酶介导氮化钛纳米材料的形成，这种方法具有低成本、无毒性和环保等优点。

还有一些新兴的制备技术，如电化学法、激光烧蚀法和原子层沉积等，这些方法都能够实现对氮化钛纳米材料的精确控制和功能化修饰，从而拓展了氮化钛纳米材料的应用领域。

二、纳米氮化钛材料的光热转换应用

（一）光热水蒸发

光热水蒸发是一种利用光能驱动水分子从液态转变为气态的过程，其在能源利用、海水淡化以及环境保护等领域展现出了广阔的应用前景。通过深入研究光热水蒸发的机制与特性，可以更好地理解其背后的科学原理，并进一步优化其性能，为实际应用提供更为高效、环保的解决方案。

光热水蒸发的核心在于光热转换。当太阳光照射到水面时，部分光能会被水分子吸收并转化为热能，导致水温升高。随着水温的升高，水分子获得足够的能量，从液态转变为气态，形成水蒸气。这一过程不仅发生在水面上，还可以通过设计特定的光热转换材料，如纳米流体[14]、光热膜[15]等，实现更高效的光热转换和水蒸发。

光热水蒸发技术的优势在于其非机械性和环保性。相比传统的机械蒸发方式，光热水蒸发无须消耗额外的能源，而是直接利用太阳能的可再生能源，不仅降低了能源消耗，还减少了碳排放，有助于实现可持续发展。此外，光热水蒸发技术还具有操作简便、设备简单、维护成本低等优点。

在实际应用中，光热水蒸发技术已经在海水淡化、污水处理、农业灌溉等领域取得了显著成效。例如：在海水淡化方面，通过设计高效的光热转换材料[16]，可以实现对海水的快速蒸发和盐分的分离，从而得到纯净的淡水；在污水处理方面，光热水蒸发技术[17]可以有效地去除污水中的有害物质，实现污水的无害化处理和资源化利用；在农业灌溉方面，光热水蒸发技术可以提高灌溉水的利用效率，减少水资源的浪费。海水淡化原理如图9-3所示。

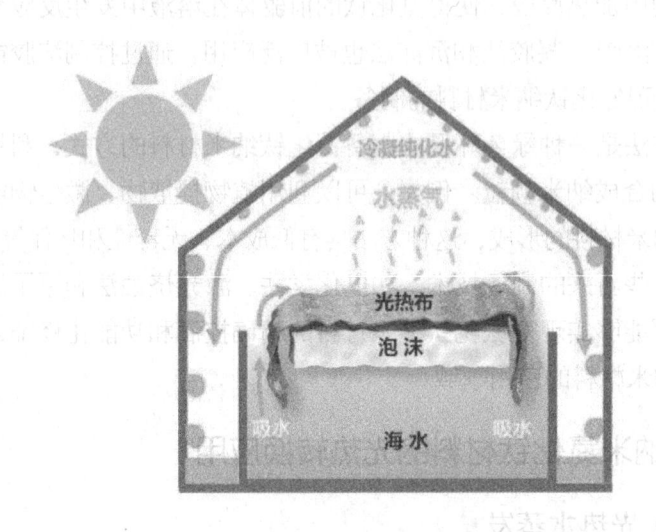

图9-3 海水淡化原理图

（二）光热协同催化

光热协同催化是一种综合利用光能和热能的催化技术，旨在通过光热之间的协同作用，共同促进化学反应的进行，从而实现更高效、更环保的催化过程。这种技术结合了光催化和热催化的优势，通过光热之间的互补效应，克服了单一催化方式的局限性，为催化领域的发展开辟了新的道路。

在光热协同催化中[18]，光催化通过吸收光能，产生电子和空穴，这些电子和空穴能够参与化学反应，促进反应的进行。热催化则通过提供热能，增加分子的运动速度和碰撞频率，从而提高反应速率。当光催化和热催化相结合时，光热之间的协同作用能够进一步加速反应进程，提高反应效率。例如，在二氧化碳还原反应中，金纳米颗粒修饰的二氧化钛纳米复合材料展示出卓越的性能。金纳米颗粒在光照下产生等离子体共振，增强局部电磁场，促进二氧化钛的光生电子和空穴的分离。加热进一步提升了催化剂表面的活性位点数量和反应物分子的动能，从而加速二氧化碳还原为一氧化碳、甲醇或甲烷的过程。

光热协同催化的优势在于其高效性和环保性。通过光热协同作用，催化剂的活性和选择性可以得到显著提升，从而实现更高的反应效率和更低的能耗。同时，光热协同催化还可以减少副产物的生成，提高反应产物的纯度和质量。

（三）光热辅助相变

光热辅助相变是一种利用光能转化为热能，进而驱动物质发生相态变化的过程。这种技术在多个领域，如能源、材料科学和环境保护中，展现出巨大的应用潜力。通过光热辅助相变，可以实现高效、环保的能源转换和材料加工，为可持续发展提供有力支持。

在光热辅助相变过程中，光能被特定的光热转换材料吸收。[19]这些材料具有优良的光吸收性能和光热转换效率，能够将光能迅速转化为热能。产生的热能被传递到目标物质中，驱动其发生相态变化。这种相态变化可以是固-液、液-气或固-气之间的转变，具体取决于目标物质的性质和所需的应用场景。

光热辅助相变在能源领域的应用尤为突出。目前 Ice Energy、Axiotherm、RGEES、Rubitherm Technologies GmbH、GlacialTech 等企业在应用这项技术。通过利用太阳能等可再生能源，可以实现清洁、低碳的能源转换。例如，在太阳能热水器中，光热辅助相变技术可以高效地将太阳能转化为热能，用于加热生活用水或工业用水。此外，光热辅助相变还可以应用于太阳能发电领域，通过提高光伏电池的光热转换效率，提升太阳能发电的效率和稳定性。

在材料科学领域，光热辅助相变同样具有重要意义。通过精确控制光热转换过程中的温度和能量分布，可以实现对材料微观结构和性能的精确调控。例如，在金属材料的相变处理中，光热辅助相变技术可以实现快速、均匀的加热，促进材料的组织转变和性能提升。此外，光热辅助相变还可用于制备新型功能材料，如光热响应性材料、储能材料等。

第三节 铋基复合物催化剂光热协同催化还原CO_2性能

一、光热协同催化还原CO_2的背景

随着社会工业化进程的加快和人类生活水平的提高，化石能源的过度消耗导致CO_2等温室气体排放量急剧上升，不仅引发了一系列环境问题，还加剧了能源危机，这一全球性的挑战已引起国际社会的广泛关注。在过去的全球发展中，发达国家曾贡献了大量的CO_2排放，而当前及未来，发展中国家的经济增长将是推动全球CO_2排放增长的关键因素。

化石燃料的燃烧是导致大气中CO_2浓度上升的主要原因，其中人为排放占据了主导地位。在工业生产过程中，煤炭和其他化石燃料的大量使用，使得过量的CO_2释放到大气中。同时，人类日常生活中，煤和天然气的燃烧也会产生大量含有CO_2的排放物。这些温室气体的积累引发了严重的环境问题，如全球温度异常变化、病虫害增多、海平面上升以及极端天气事件的频发。

对于中国而言，随着经济发展进入新的阶段，生态环境质量已成为政府考核的重要指标。面对能源短缺、大气污染以及由此引发的气候变化问题，中国必须采取积极的措施。碳达峰和碳中和是我国在生态环境保护方面的重要任务，符合国家环境保护的重大战略需求。

所谓"碳达峰"，即指某一时刻CO_2排放量达到历史峰值后逐渐下降的过程。"碳中和"则是指通过植树造林、绿色出行、节能减排等手段，抵消CO_2排放，实现净零排放的目标。为实现碳达峰，需要推进能源结构的转型。解决方案包括两个方面：一是从源头上减少CO_2的排放，通过利用光伏、风电等清洁能源技术，以及提高煤炭等传统能源的利用效率，降低能耗并减少CO_2的排放；二是针对已排放到大气中的CO_2，探索将其转化为有价值的燃料或产品的路径。

除了植树造林这一传统的碳中和手段，催化工艺也为CO_2的转化利用提供了新的途径。通过光热协同催化技术，可以将CO_2转化为有价值的化学品和资源，实现能源结构的转型和升级。因此，近年来，CO_2的储存与捕获，以及光热协同催化还原CO_2的技术研究，已成为学术界和工业界的研究热点。

二、Bi/RuO₂ 光催化剂光热催化还原 CO₂ 的性能

单质铋材料在空气中极易发生氧化反应，且其比表面积较小[20]，这些特性限制了其在光催化应用中的效果。为了解决单质铋材料的局限性，研究者们提出了一种创新的方法，即通过浸渍还原法将贵金属钌负载于单质铋的表面。钌原子由于其较小的粒径，能够均匀地分布在铋金属的表面，这种均匀性不仅提高了材料的稳定性，还显著增加了光催化材料的比表面积。

通过增加比表面积，负载钌的单质铋能够与反应体系中的物质进行更充分的接触。这一过程促进了光催化反应的进行，使得反应物能更高效地参与光催化还原 CO_2 的反应。钌作为一种具有优良催化性能的贵金属，其在光催化过程中的引入，极大地改善了单质铋的光催化性能。通过优化材料的结构与组成，最终实现了对 CO_2 的高效还原，展现出良好的应用前景。因此，这种通过钌负载改性单质铋的策略不仅提升了材料的催化活性，还为未来在环境治理和可再生能源领域的应用奠定了基础。

（一）铋金属材料的制备

1. 单质铋金属材料基底的制备

将 1.0g 商业铋粉在 0.1M 的硝酸溶液中处理 2min，随后用蒸馏水进行 3 次洗涤离心，最后在真空冷冻干燥机中进行干燥，将得到的固体粉末进行收集保存、备用。

2. Bi/RuO₂ 催化剂的制备

材料的制备：所有的化学物质都是分析纯的，没有进行进一步的处理。以金属铋单质和 $RuCl_3·3H_2O$ 为前驱体，采用浸渍还原法制备了贵金属钌负载金属铋样品。制备操作步骤如下：

①将金属铋粉末（1.0g）在 0.1M 的硝酸中处理 2min，用去离子水洗后冷冻干燥。

②配制 10mmol·L⁻¹ 的 $RuCl_3·3H_2O$ 溶液。

③将步骤一中得到的样品取 0.5g，并将②中得到的溶液取一定量，将以上 2 种材料置于 50mL 的烧杯中进行浸渍搅拌，转速为 400r·min⁻¹。

④配制 0.5M 的硼氢化钠溶液，在③中的溶液浸渍 30min 时加入一定量的硼氢化钠进行还原，并继续浸渍搅拌 20h，将得到的产物水洗离心，冷冻干燥。所得产品依次标注为：0.19%-Bi/RuO₂、0.38%-Bi/RuO₂、0.76%-Bi/RuO₂、

0.93%-Bi/RuO$_2$ 和 2.16%-Bi/RuO$_2$。所得金属钌负载含量通过 ICP 测定可得。

（二）Bi/RuO$_2$ 催化剂光热协同还原 CO$_2$ 的性能

对于不同金属钌负载量的催化剂进行相同条件下的光热催化还原 CO$_2$ 的研究，为了保证实验数据的可靠性，对所得材料的每组性能进行了三次测试。在不同金属钌的负载量中，0.93%-Bi/RuO$_2$ 具有最佳的光热催化还原 CO$_2$ 的性能，CO 的平均产率可达到 28.12μmolg^{-1}·h^{-1}。在探索催化剂性能的过程中，发现催化反应过程的温度也对催化性能有着较为明显的影响。

第一次选定光源为 420nm 的 LED 灯，在不同的温度下对催化剂的光热催化还原 CO$_2$ 的性能进行了测试，在温度逐渐升高的过程中，发现催化剂的性能也在不断地提高，因此温度也是影响光热催化还原 CO$_2$ 的过程中的一个重要因素。

第二次以 473.15K 为最佳的反应温度，针对不同波长的光源进行了相关光热催化还原 CO$_2$ 的性能测试，发现在光热催化还原 CO$_2$ 的过程中在同一个光源辐射下，不同光强对应的光热催化活性也是不同的。说明光源的不同光强也是整个反应过程中的一个影响因素。

第三次以 473.15K 为最佳反应温度，在 420nm 的 LED 光源辐照下，随着 LED 光源的光强的增加，光催化性能也是增加的。光催化材料的性能和光强是线性相关的，说明不同光强下光源辐照催化剂产生的光生电子空穴对于整个光热催化还原 CO$_2$ 的过程是非常重要的。

在 420nm、473.15K 的实验条件下对催化剂的稳定性进行测试，结果表明 0.93%-Bi/RuO$_2$ 光催化剂具有较好的稳定性。对于在反应体系和反应过程中的 CO$_2$ 的存在和产物中 CO 的来源，为了排除反应过程中其他杂质的影响，并同时确定一氧化碳产物的来源，用 ^{13}CO$_2$ 同位素取代普通的 CO$_2$ 作为碳源进行性能测试，并用气相质谱色谱联用对反应产物进行分析测试。质荷比 m/z=29 对应于 ^{13}CO，结果表明反应产物中的碳源来自 ^{13}CO$_2$，并非材料在空气中吸附的 CO$_2$ 或者是反应过程中可能存在的杂质碳，这说明 CO$_2$ 气体是整个反应体系中的唯一碳源。

（三）Bi/RuO$_2$ 催化剂光热协同催化还原 CO$_2$ 的机制

结合对负载型催化剂 0.93%-Bi/RuO$_2$ 的活性测试和相应的表征，为了更进一步探究催化反应过程中的机制，可以借助原位红外，即对催化剂反应不同时间的傅立叶红外光谱进行测试，对催化剂反应过程中的中间产物进行测试。3431.3cm^{-1}处对应的是-OH基团的拉伸振动峰。2929.15cm^{-1}处对应的是C-H的拉伸振动的特征峰，2863.32cm^{-1}处对应的是羧基的-OH拉伸振动，2344.2cm^{-1}处对应的是CO_2的特征峰。1631.35cm^{-1}处可归因于样品表面被吸收的水中-OH的振动，在1327.9cm^{-1}处的尖峰显示了羰基（C=O）或羧基（COOH）存在的强峰。在1055cm^{-1}处的峰清楚地显示了C-O基团在羧酸中的存在。在1398.75cm^{-1}处的宽强峰归因于羧基的特征峰。

由此得知，由浸渍还原法得到的0.93%-Bi/RuO_2光催化剂，在太阳光照下产生电子和空穴，空穴传递到表面钌物种上促进水的氧化，同时电子将反应体系中的CO_2还原成CO。结合红外测试结果可知：在反应过程中CO通过以下途径生成：CO_2 → COOH* → CO，光生电子的有效分离能够促进反应向更积极的方向进行。

第四节 非贵金属助催化剂提高TiO_2光热协同催化制氢

一、TiO_2光热协同催化制氢的背景

能源作为人类社会生存与进步的基石，其重要性不言而喻。随着科技的日新月异与经济的迅猛增长，人类对能源的需求日益迫切。然而，传统的化石燃料，如煤炭、石油和天然气，在过度消耗的同时，引发了资源枯竭、环境污染等一系列问题，严重制约了人类的可持续发展。因此，寻找并发展可替代传统化石能源的清洁、可再生能源，已成为当下亟待解决的重大课题。

在众多可再生能源中，太阳能、风能、地热能等已得到广泛应用。然而，这些能源受时间、地域、气候等因素的限制，难以实现持续稳定的能源供应。相较之下，氢气作为一种能源形式，具有独特的优势。其燃烧产物仅为水，无任何污染物排放，因此被誉为最清洁的绿色能源。此外，氢气的储存和运输也相对便捷，为能源短缺问题提供了可行的解决方案。

然而，氢能的利用并非易事。在自然界中，氢以化合态的形式存在，因此在使用前需要进行大量的制取工作。目前，全球制氢总量虽高，但制备成本昂贵，且主要用于工业合成氨或其他化学制品。因此，如何实现低成本、大规模的制氢，成为科研人员关注的焦点。

太阳能作为一种无尽的清洁能源，为制氢提供了新的途径。通过光化学制氢技术，利用半导体催化剂吸收太阳能，将水分解为氢气和氧气，实现了绿色高效的氢气制取，不仅降低了制氢成本，还有助于解决能源短缺和环境污染问题。

非贵金属助催化剂在 TiO_2 光热协同催化制氢中的应用，近年来受到广泛的关注。这一技术发展的背景，主要源于全球对清洁能源和可持续发展的迫切需求。随着工业化的快速发展，化石燃料的消耗和环境污染问题日益严重，因此寻找一种高效、环保且可持续的能源转换方式尤为重要。

TiO_2 作为一种常见的光催化剂，具有良好的稳定性和光催化活性，因此在光催化制氢领域具有广阔的应用前景。然而，传统的 TiO_2 光催化制氢过程往往受到光吸收范围窄、光生电子-空穴对复合速率快以及光催化效率不高等问题的制约。因此，如何提高 TiO_2 的光催化性能，成为研究者们关注的焦点。在这一背景下，非贵金属助催化剂的引入为 TiO_2 光热协同催化制氢提供了新的思路。非贵金属助催化剂不仅具有成本优势，而且其独特的电子结构和催化性能，能够有效地拓展 TiO_2 的光吸收范围，抑制光生电子-空穴对的复合，从而提高光催化效率。此外，非贵金属助催化剂还能够与 TiO_2 形成协同效应，增强光热协同催化制氢的效果。

TiO_2（P25）因其结构性质稳定、无毒、无污染等优点被广泛应用，是目前光催化材料中应用最广泛的材料之一。[21]然而，在光催化反应过程中，由于 TiO_2 的光生电子-空穴对易于复合，导致其光催化活性受限，从而制约了其在实际应用中的进一步推广。

为了克服这一难题，研究者们致力于通过各种方法对 TiO_2 进行改性，以提升其光催化产氢活性。这些方法包括掺杂、贵金属沉积以及异质结的构建等。其中，助催化剂的负载成为提高光催化效率的一种有效策略。在现有的助催化剂材料中，贵金属助催化剂，尤其是 Pt，显示出较高的光催化产氢活性。然而，鉴于贵金属的成本问题，大规模应用受到限制。因此，探索低成本的非贵金属作为助催化剂成为近年来的研究热点。

一系列非贵金属材料，如 Cu、Co、Ni 等，已被证实可作为高效的助催化剂，能够显著提升光生电子-空穴对的分离效率，增强光催化反应活性。特别是铜，由于其丰富的储量、低廉的价格以及稳定的性质，成为备受关注的助催化剂。铜及其氧化物在光催化制氢体系中的研究已经十分深入。在这些研究中，铜物种作为催化剂的活性位点，能够迅速捕获光生电子并与质子反应，提高催化反应速率。

值得注意的是，在铜改性的 TiO_2 催化剂中，铜主要以 +2 价或混合价态的形式存在，低价态和金属铜则难以稳定存在。为了突破这一瓶颈，研究人员采用有机金属表面接枝的方法。这种方法能够将单一金属元素牢固地固定在 TiO_2 表面，并保持其稳定性。通过这种方法制备的催化剂有效地避免了金属元素的聚集，使得制备的材料具有稳定且均匀分散的活性位点，进而展现出较高的光催化分解水产氢活性。因此，有机金属表面接枝法为将低价态铜均匀分散地固定在催化剂载体上提供了一种可行的策略。

基于此，可以以 P25 作为活性位点的载体，采用有机金属表面接枝的方法制备 xCu-His-P25 一系列光催化剂，用于光催化分解水制氢反应。用组氨酸将铜络合，通过原位光沉积将铜均匀分散地锚定在 P25 表面。制备的 xCu-His-P25 材料具有高度分散的活性位点，有效增大了反应物与金属表面的接触面积，有效提高了 TiO_2 的光催化产氢活性。反应温度为 5℃时，Cu-His-P25 氢气的产量最大，为 0.718mmol/(g·h)，分别是 P25、His-P25、Cu-P25 的 512.9、239.3 和 1.37 倍。此外，Cu-His-P25 催化剂具有长期产氢稳定性。

二、xCu-His-P25 光催化分解水产氢机制

（一）xCu-His-P25 光催化剂的制备

使用的所有试剂,包括二氧化钛(P25)、甲醇(CH_3OH)、组氨酸($C_6H_9N_3O_2$)、六水氯铂酸（ $H_2PtCl_6·6H_2O$ ）和氯化亚铜（ CuCl ），使用时并未做进一步处理。

xCu-His-P25 光催化剂（ x 代表催化剂中铜的质量分数）的制备。以 $1×10^3$mol/L 的组氨酸溶液为前驱体溶液，采用光沉积法将铜物种锚定在 P25 表面，得到的催化剂被标记为 xCu-His-P25。具体合成流程为：先将 400mg 的 P25 分散于一定浓度的组氨酸溶液中，超声 10min 形成悬浮液。以 500rpm 的速率在磁力搅拌器上持续搅拌 30min，在搅拌的同时向悬浮液中加入一定量的 CuCl。室温避光条件下以 500rpm 的速率继续搅拌 30min，使得铜物种和组氨酸完全络合，氙灯照射下原位光沉积 1h。静置 2h 后，除去上清液，将沉淀物多次离心、洗涤以除去多余的组氨酸。将洗涤后的产品在真空冷冻中过夜干燥后获得所需的样品的预产物。最后预产物在氮气氛围的保护下，在马弗炉中 400℃下煅烧 2h，待自然降温冷却后，得到实验所需的样品，即 xCu-His-P25 纳米颗粒。P25 纳米颗粒上沉积的铜的质量分数分别为 0.5%、1.0%、2.0% 和 5.0%，并将其分别命名为 0.5Cu-His-P25、1.0Cu-His-P25（或

Cu His P25）、2.0Cu His P25 和 5.0Cu His P25。

Cu-P25 催化剂的制备。在与 Cu-His-P25 催化剂相同的制备条件下，将组氨酸溶液替换为等体积的去离子水，进行制备。

His-P25 催化剂的制备。在与 Cu-His-P25 催化剂相同的制备条件下，制备过程中不添加 CuCl，制备不含铜的催化剂。

Pt/P25 催化剂的制备。在与 Cu-His-P25 光催化剂相同的条件下制备 Pt/P25 催化剂。具体方法为将 200mg P25 分散于一定浓度的 $H_2PtCl_6·6H_2O$ 水溶液中，其中铂的质量分数为 1.0%。相同条件下磁力搅拌 0.5h 后，用氙灯照射悬浮液 1h，进行光沉积反应。静置 2h 后去除上清液，收集所得沉淀物并用去离子水洗涤数次以去除杂离子的影响。最后，真空冷冻干燥后，得到 Pt/P25 纳米颗粒。

（二）光催化分解水机制研究与探讨

组氨酸单一组分改性 P25 时，得到的催化剂在可见光区域内没有明显的吸收。在这个研究基础上，铜被络合原位光沉积到 P25 表面后，制备的 xCu-His-P25 系列的催化剂在可见光区域有明显的吸收，说明组氨酸和铜共同作用改变了 P25 的光学性质。

光生载流子的分离－复合行为是影响光催化分解水制氢光催化性能的关键因素。半导体的稳态荧光是由光生载流子的复合引起的，因此被用来研究光生电子－空穴对的复合效率。相比纯 P25，Cu-His-P25 的荧光强度显著降低，说明组氨酸和 Cu 负载的 P25 有效地抑制了光生电子－空穴对的复合。P25 和 Cu-His-P25 的光电流响应曲线是在氙灯全波长光照下重复开/关循环期间记录。Cu-His-P25 催化剂具有较高光电流响应，说明其光生载流子的分离效率高于纯 P25 的分离效率，与光催化产氢活性的实验结果一致。

为了进一步研究铜对 P25 光学性能的影响，采用电化学阻抗谱（EIS）研究了其电荷转移能力，间接为提高光生电荷分离效率提供有力的证据。众所周知，EIS 半径越小，表明电极/电解液的电荷转移电阻越小。[22] 铜物种引入后，EIS 曲线的半径略有减小，说明组氨酸和铜的引入在一定程度上降低了 P25 中光生电荷转移的电阻，即 Cu-His-P25 比纯 P25 有更低的电荷转移电阻，有利于光生电荷的转移。

在上述分析讨论的基础上，Cu-His-P25 光催化剂在氙灯照射下，P25 吸收光区范围内的紫外光被激发，产生光生电子－空穴对。未改性的 P25 光生电子-空穴对很容易复合，当铜负载到 P25 表面后，光生电子很容易被 P25 的导带被表面分散的铜活性位点捕获，并与水电离出来的 H^+ 发生还原反应产生 H_2。当加入组氨酸后，组氨酸和铜络合后共同沉积到 P25 表面后，组氨酸分子侧链上的咪唑环为光电子的转移提供了一个更有利的环境。因此，组氨酸分子侧链上的咪唑环作为光生电子的传递体，很快将光生电子转移至 Cu^+ 活性位点，进而导致较高的光生电子-空穴对的分离效率。光生电子被快速分离后，沿着组氨酸分子迁移至催化剂表面后，分散的 Cu^+ 活性位点迅速捕获光电子，并与水电离出来的 H 发生还原反应产生 H_2。

在光催化反应体系中，甲醇作为牺牲剂参与氧化反应，最终被转化为 CO_2，而 Cu-His-P25 催化剂的性能增强机制涉及多个因素，具体如下：

第一，非贵金属铜的负载。铜的负载不仅提高了催化剂对光的吸收能力，还增强了光生电子-空穴对的分离效率，意味着光能更有效地转化为反应所需的能量，从而提高了催化剂的活性。通过铜的负载，催化剂能够更充分地利用光能，促进反应速率的提高。

第二，组氨酸作为络合剂。催化剂制备过程中采用组氨酸作为络合剂，有助于避免活性位点的聚集，实现活性位点的均匀分散。这种均匀分散确保了更多的活性位点参与反应，提高了催化剂的效率。组氨酸的加入使得催化剂具有更优异的分散性，增加了其活性位点的暴露度，促进了反应的进行。

第三，组氨酸的稳定存在。组氨酸在催化剂中稳定存在，其侧链咪唑环作为电子的传递体，提供了更有利的通道，使光生电子的传输和迁移得以顺利进行。这种电子传递通道的优化有助于有效地分离光生电子和空穴，提高了催化剂的光催化性能。组氨酸的存在使得催化剂具有更好的电子传输通道，提高了反应的效率和选择性。

参考文献

[1] 李婷，张若涵，郭红霞. 光催化还原 CO_2 的机理与 MgO 在吸附转化方面的应用 [J]. 辽宁化工，2024，53（3）：399.

[2] Khan M W, Asif S U, Ahmed F, et al. Enhanced visible light photocatalytic properties of Fe2O3-doped carbon nitride-based organo-catalysts[J]. Physica Scripta, 2021, 96(5): 055806.

[3] 颜松林, 胡志飞. CuO 改性活性炭低温脱硝性能的研究 [J]. 湖南有色金属, 2024, 40（2）：90.

[4] 王苗, 邢红梅, 张晓炜. 纳米 Al_2O_3 改性沥青的制备及其性能研究 [J]. 城市道桥与防洪, 2024（3）：240.

[5] 李宁, 王明月, 焦悦, 等. 含钛高炉渣制备硅基 TiO_2 光催化剂及其性能研究 [J/OL]. 化工新型材料, 2024（11）：7.

[6] 李莹莹. 典型氧化物光催化材料的光热催化研究 [D]. 长春：东北师范大学, 2020：4.

[7] 朱石荻, 刘义明, 王玉凤, 等. 二氧化氯对微生物的杀灭机制研究进展 [J]. 黑龙江畜牧兽医, 2023（14）：33.

[8] 单孟博. TiO_2 基催化材料的制备及其光热催化性能和机理研究 [D]. 新乡：河南师范大学, 2023：15.

[9] 于江波, 于婧, 刘杰, 等. 光催化去除水体中的抗生素 [J]. 化学进展, 2024, 36（1）：95.

[10] 许振民, 施利毅. 光催化去除水体中重金属离子的研究进展 [J]. 上海大学学报（自然科学版）, 2020, 26（4）：491.

[11] 裴广鹏, 李华, 朱宇恩. 光催化降解土壤中有机污染物的研究进展 [J]. 能源与节能, 2015（3）：87.

[12] 董倩, 伍水生, 马博凯, 等. 石墨烯基光催化剂在能源转化方面的应用 [J]. 功能材料, 2016, 47（7）：7034.

[13] 曹云波, 梁峰, 王森, 等. 氮化钛纳米材料制备及其光热转换应用的研究进展 [J]. 耐火材料, 2021, 55（3）：244.

[14] 钟天明, 白浩贤, 何志林, 等. 纳米流体在不同类型热管中传热特性研究进展 [J]. 热能动力工程, 2024, 39（6）：15.

[15] 李浩, 周庆欣, 马生华, 等. 光热膜的制备以及光芬顿催化性能的研究 [J]. 激光与光电子学进展, 2021, 58（19）：301.

[16] 赵玉娟. 复合光热材料的制备及海水净化研究 [D]. 海口：海南大学, 2023：4.

[17] 马赛男, 闫卿, 汪倩倩, 等. 生物基材料应用于界面光热水蒸发系统的研究进展 [J]. 太阳能学报, 2024, 45（2）：30.

[18] 秦宏宇, 柯义虎, 李景云, 等. 光热协同效应在催化反应中的应用研究进展 [J]. 分子催化, 2021, 35（4）：375.

[19] 王菲. 多孔离子聚合物基光热转换材料的制备及其太阳能界面蒸发性能研究 [D]. 兰州：兰州理工大学，2021：10.

[20] 文苗苗. 铋基复合物催化剂光热协同催化还原 CO_2 性能研究 [D]. 西安：陕西科技大学，2021：39-40.

[21] 韩晓晶. 非贵金属助催化剂提高 TiO_2 光－热协同催化制氢性能研究 [D]. 西安：陕西科技大学，2021：43.

[22] Zou L, Li J, Zakharov D, et al. In situ atomic-scale imaging of the metal/oxide interfacial transformation[J]. Nature communications, 2017, 8(1): 307.

第十章 光催化技术的其他应用

光催化技术作为一种绿色、环保的先进技术，在众多领域中展现出其独特的优势。本章将探讨光催化技术的其他应用，包括空气净化、石油污染土壤修复以及杀菌等方面。通过本章，可以看到光催化技术在各个领域的广泛应用，为解决环境问题提供了新的思路和方法。

第一节 光催化技术在空气净化中的应用

一、光催化空气净化的原理

挥发性有机污染物（VOCs）是常见的大气污染物，常见于石油化工、油漆生产、化纤行业、金属涂装、化学涂料、制鞋制革、电镀、胶合板制造、轮胎制造、废水处理厂等行业排放的废气。有毒有害的挥发性有机物包括丙酮、甲醛、甲苯以及短链饱和烷烃等。这些VOCs广泛存在于水、土壤和大气环境中，部分在太阳光辐射下能够与大气中的其他污染物如NO_x或SO_2发生反应，形成光化学烟雾，并导致平流层臭氧的破坏和全球气候变暖。目前一般采用催化燃烧、化学氧化、吸附等方法将其除去，光催化技术能有效降解有机污染物，是气体净化的潜在有效处理技术。在光催化过程中，光催化剂通过吸收光能产生活性氧化物，如羟基自由基、超氧自由基等，这些氧化物能与污染物相互作用，使其分解成水、二氧化碳等无害物质。随着光催化技术的发展，其在室内空气净化领域展现了诱人的应用前景。光催化技术具有无二次污染、效果稳定、操作简单等优点，可应用于室内空气净化、表面自清洁等领域。[1]

汽车尾气排放的NO_x以及燃煤排放的SO_x是城市大气环境的重要污染物，通过光催化反应，可以将NO或SO_2氧化为NO_2或SO_3，并转化为硝酸和硫酸，可以进一步被转化或存储。因此光催化技术在净化去除气相污染物中具有很好的应用前景。

光催化降解气相污染物的实验研究和理论模型已有大量报导，甚至已出现一些商业化的产品。影响气相VOCs光催化降解的主要因素有光强、污染物种类和浓度、O_2分压、湿度等，某些情况由于生成相对稳定的中间产物并由于中间产物在催化剂表面活性位置的吸附，导致催化剂的失活并抑制污染物的光催化彻底降解。

空气污染物的光催化降解反应可以用动力学方程来描述。动力学方程从反应物降解机制的描述给出反应速率，而且动力学方程可以指导反应器的放大设计和应用，实验室测定的动力学参数和动力学反应速率等数据是进行实际光催化反应器尺寸设计所必需的参数。对于单分子反应[2]①，可以从反应动力学级数直接进行描述，如反应物A的降解速率可以表示为式（10-1），其中 n 可以为0、0.5、1和2，C_A 为反应物浓度，k 为速率常数。

$$r_A = kC_A^n \quad (n=0,\ 0.5,\ 1,\ 2) \tag{10-1}$$

目标污染物的光催化降解速率通常与各种影响因素有关（如光强、反应物浓度、氧浓度、水蒸气浓度、温度等），动力学方程中必须考虑这些因素并用于优化这些实验条件，从而指导反应器的设计。对于气相污染物的光催化反应，反应速率与吸附量成正比，且光催化反应是表面吸附的氧（或含氧分子）与可还原反应物的表面双分子反应历程[2]，因此方程（10-2）被广泛采用：

$$r = k\theta_R \theta_{O_2(ads)} \tag{10-2}$$

其中 θ_R 表示反应物R在光催化剂表面吸附的覆盖率，而 $\theta_{O_2(ads)}$ 是氧气在催化剂表面吸附的覆盖率。基于单分子层表面吸附的Langmuir模型，R的表面吸附覆盖率可以用式（10-3）表示：

$$\theta_R = \frac{K_A[R]}{1+K[R]} \tag{10-3}$$

其中 K_A 为吸附平衡系数。经测定 O_2 在DegussaP25表面的吸附平衡系数为 $3.4 \times 10^3 \sim 20 \times 10^4 M^{-1}$，通常空气中氧气充足（体积比约为20.8%），可以

---

① 单分子反应是只有单一反应物分子参与而实现的反应。

认为 $\theta_{O_2(ads)}$ 接近 1[3]，上式可以简化为单分子 L-H 模型[①]（ULH），即得到动力学表达式。

然而光催化空气净化的实际应用中，通常存在多种化合物的竞争吸附，因此在多组分共存情况下，ULH 模型需要修改多组分的 LH 模型[4]（MLH），如式（10-4）：

$$r_A = k \frac{K_A C_A}{1 + K_A C_A + \sum_i K_i C_i} \qquad (10\text{-}4)$$

水蒸气是一种重要的反应物，水分子在催化剂表面的吸附可以有助于形成高活性的羟基自由基，也可以与目标污染物分子形成竞争吸附。

理论上当光催化降解气相有机污染物时，存在最佳的水蒸气浓度，可以通过实验获得。另外，水蒸气也影响了光催化反应形成的中间产物和副产物，例如，甲醛光催化反应生成的副产物甲酸随着湿度升高而降低。

温度对光催化反应的动力学影响不大，反应动力学常数符合 Arrhenius 方程，表观反应活化能通常大于 0，所以升高温度有利于光催化降解反应。然而温度会影响气相化合物在催化剂表面的吸附，且吸附量随着温度升高而降低，吸附动力学常数符合类似 Arrhenius 方程：$k \propto f\left[\exp\left(\dfrac{-E}{RT}\right)\right]$。因此气相污染物光催化降解表现出不同的降解规律，研究发现乙醛、甲苯、丁二烯、三氯乙烯、全氯乙烯的降解速率随着温度升高而下降，而乙烯、甲醛的光催化降解速率随着温度升高而增大。

含氯有机物如三氯乙烯、四氯乙烯等，在光催化降解中具有较高的光子效率，而且在降解苯、甲苯等有机化合物时引入含氯有机物，将促进这些有机物的光催化转化。这是因为反应中生成的 Cl 自由基可以通过链式转移机制活化并降解甲苯，因此极大地促进了甲苯以及自身的转化降解。NO 和 SO_2 也是室内空气污染中存在的污染物质。在光催化净化室内空气中，NO 的存在促进了对有机化合物的降解和去除，因为光催化降解 NO 过程中将生成羟基自由基。SO_2 在光催化降解中起到相反的效果。SO_2 氧化产物形成 SO_4^{2-} 将吸附在催化剂的表面，竞争吸附活性位从而抑制目标污染物的降解。

---

① L-H 模型的全称是 Langmuir-Hinshelwood 模型，是一种用于描述多相催化反应动力学的经典模型。

二、典型空气中废气的光催化净化

(一) ZnO 光催化氧化正庚烷

正庚烷是一种典型的易挥发短链饱和烷烃，化学稳定性高而环境危害性强。采用半导体光催化技术，以宽带隙半导体 ZnO 超微粒为催化剂，用气相色谱－质谱联用仪对光催化过程中气体组成进行定性分析，对中间产物丙醛进行定量分析，并考察氧气、水蒸气分压等因素对其光催化氧化的影响规律。n-C_7H_{16} 单独光照下的光解作用可以忽略，单独 ZnO 粒子对 n-C_7H_{16} 的吸附作用也很小。在 ZnO 粒子和光照下 n-C_7H_{16} 发生光催化降解。商品 ZnO 投加量对 n-C_7H_{16} 光催化降解速率的影响为：当 ZnO 粒子的投加量为 0.2g 时达到饱和，此后 n-C_7H_{16} 光催化降解速率不再随 ZnO 的用量增大而升高。

利用 GC/MS 对反应 3h 后的气体进行成分分析，结果显示反应气体中主要有（按保留时间增加的顺序）：CO_2、丙醛、n-C_7H_{16}、3-庚酮和 4-庚酮等，且丙醛为 n-C_7H_{16} 光催化降解反应的主要中间产物。可证实产物中 CO_2 的存在，说明 n-C_7H_{16} 可以被彻底氧化，且反应时间越长或催化剂活性越大，CO_2 的生成量越高。纳米粒子 ZnO 对 n-C_7H_{16} 光催化降解的活性随着粒径的增加而降低，但相对于商品 ZnO 的活性要高。在光催化气体降解反应中，催化剂本身的特征如粒径大小、比表面积、氧缺位含量等是影响其活性的主要因素，即随着 ZnO 粒子粒径减小、比表面积和氧缺位含量等增加，其光催化活性逐渐增加。

在气相反应体系中，氧气分压和水蒸气分压对光催化反应有很大的影响，尤其是吸附于光催化剂表面的 O_2 和水蒸气。一般认为，O_2 能捕获光生电子，可有效阻止电子和空穴的复合，提高反应效率。同时 O_2 通过俘获电子产生在光催化反应中发挥重要作用的各种活性自由基。另外 O_2 自身也是氧化剂参与反应。

因为气相中水蒸气的存在有利于 ·OH 的生成并促进光催化反应，所以通常情况下适量的水将加快光催化反应的进行，但是水含量超过某一界限，由于水蒸气与有机物在催化剂表面的竞争吸附，有可能降低光催化活性。水蒸气对商品和纳米粒子 ZnO 光催化降解 n-C_7H_{16} 的影响显示，水蒸气的存在对光催化氧化反应有一定的促进作用，但是对纳米粒子的影响要大于商品 ZnO，这与粒子的性质如表面积等有关。

光照和 ZnO 是 n-C_7H_{16} 发生光催化氧化反应的两个必要条件。在无水的条件下，由于吸附的分子氧捕获电子产生活性氧物质而引发正庚烷的降解，引入水分后，由于活性组分·OH的增加进一步加快了$n\text{-}C_7H_{16}$的氧化。此外，从气相产物中主要有丙醛、庚酮等，可以推测活性组分如·O_2^-和·OH等易于攻击$n\text{-}C_7H_{16}$中3和4位置的C而导致$n\text{-}C_7H_{16}$的降解。

（二）ZnO光催化氧化SO_2

SO_2是一种重要的大气污染物质，是引起酸雨和光化学烟雾的元凶，所造成的环境危害引起环保工作者的高度关注。我国城市由于煤炭的大量使用，城市大气以煤烟型污染为主，其中火电厂的二氧化硫排放量已经超过全国二氧化硫排放量的50%，国家对火电厂脱硫治理要求日趋严格，SO_2的控制和消除技术显得尤其重要。采用光催化原理可以有效氧化SO_2生成SO_3，从而变废为宝。

在无光照条件下，SO_2并不发生氧化反应；无ZnO存在下，$SO_2\text{-}O_2\text{-}N_2$体系可进行$SO_2$的均相光化学氧化。$SO_2$在紫外光照射下可形成单线态$^1SO_2$和三线态$^3SO_2$，后者在$SO_2$的光化学反应中起主要作用，可与$SO_2$或$O_2$反应形成$SO_3$。光照下引入光催化剂ZnO，同时发生均相光化学氧化和非均相光催化氧化。在光催化反应过程中，有白色烟雾生成，45min左右烟雾最大，1.5h后烟雾基本消失，反应3h后有无色或淡黄色液滴生成。可证实反应过程中生成了气态和凝聚态SO_3。

氧气分压和水蒸气分压是光催化氧化SO_2反应的重要影响因素，尤其是吸附于光催化剂表面的O_2和水蒸气。氧气分压对ZnO纳米粒子光催化氧化SO_2速率的影响表明SO_2氧化速率先是随着氧气分压的升高而增加，当氧气分压为30%时达到最高，继续升高氧气分压，氧化速率降低。过量氧气抑制SO_2氧化是因为氧气在催化剂表面的竞争吸附或者氧气对三线态$^3SO_2$的猝灭作用。

水蒸气也存在类似影响，SO_2光催化氧化速率先是随着水蒸气分压的升高而增加，当水蒸气分压为3.0%时达到最大，继续升高水蒸气分压将使得SO_2光催化氧化速率降低。模拟大气环境中SO_2的光催化氧化数据表明，紫外光照下模拟大气中SO_2的光催化氧化效率较高，在净化废气中SO_2的应用中具有一定技术前景。

（三）ZnO光催化氧化正庚烷和SO_2

烃类和SO_2是发生光化学烟雾的主要污染物。在此混合系统中引入光催化剂，在光照下发生光催化反应，可以有效控制该类污染的发生。当$n\text{-}C_7H_{16}$

和 SO_2 发生光化学反应时，反应约 15min 后反应瓶内出现棕色烟雾，60min 左右烟雾最浓，接着逐渐变得稀薄，约 90min 时基本消失。光化学反应发生越快，出现烟雾和烟雾的消失所需的时间相对越短。3h 反应后，在反应瓶底部均有淡黄色或无色凝聚物生成，可证实气相和液相产物中均有 SO_3 生成。

首先研究有无氧气对单纯光化学反应的影响。无氧气时 n-C_7H_{16} 和 SO_2 的光化学降解均比有氧气时的快，但是无论有无氧气，SO_2 的降解均比 n-C_7H_{16} 的快。气相中主要产物 3-庚酮的量并不随光照时间的延长而增加，而是出现一个峰值。当氧气存在时，峰值出现的时间滞后。1.5h 后无氧气的 3-庚酮值比有氧气的低，这些均说明了无氧气的光化学反应比有氧气的快。$^3SO_2$ 在这一光化学反应过程中起着一定关键的作用，反应物的降解速度和产物的生成速度，甚至产物的进一步降解都与其有着很大的关系。氧气对 $^3SO_2$ 的猝灭作用是水蒸气的引入促进了反应物的氧化，但是相对来说，水蒸气对 ZnO 纳米粒子的影响要比商品 ZnO 的大。因为水是空穴的捕获剂，可产生活性组分 •OH，进一步加快了反应物的降解。纳米粒子的比表面积较大，易于吸附水蒸气分子而捕获光生空穴，故水对它的影响要比商品的显著。

三、室内空气的光催化净化

（一）室内空气中化学性污染物质的危害

室内空气污染已经演变为一个全球性公共健康问题，其严重性日益凸显，因而引起了研究人员、政策制定者以及公众的广泛关注与讨论。近年来，随着房地产市场的蓬勃发展、家庭装饰和装修行业的迅速壮大，以及合成建材、家具和日用化学品的普遍使用，室内空气中化学污染物的来源和种类呈现出显著增加的趋势。这些化学污染物不仅对人们的居住环境和健康造成了严重影响，更对生活质量构成了极大的威胁，甚至可能引发一系列长期的健康问题。

室内空间的范围涵盖了住宅、办公室、医院、学校、餐厅和交通工具等多个场所，这些场所构成了人们日常生活的主要环境。根据研究数据表明，现代人群在日常生活中大部分时间都在室内度过，某些人群甚至高达 90% 的时间在室内活动。因此，室内空气质量的优劣直接影响人们的身体健康及生活质量。长期暴露于含有有害化学物质的室内空气中，可能对人体产生多方面的潜在危害，包括呼吸系统疾病、过敏反应、免疫功能下降、认知能力障碍等一系列健康问题，这些影响不仅局限于个体，长期而言，可能还会对社会经济发展造成负面影响。

　　室内空气污染的成因复杂，涉及多种因素的交互作用。首先，建筑材料的选择直接影响室内空气质量。例如，一些合成建材在生产过程中会释放出挥发性有机化合物（VOCs），这些化合物在室内环境中挥发后，导致空气污染。其次，室内通风条件的优劣同样对空气质量有着重要影响。在许多现代建筑中，由于节能设计的实施，通风不良导致室内污染物的积累，使得空气质量进一步恶化。此外，生活方式和居住者的行为习惯，如吸烟、使用清洁剂和化妆品等，也会增加室内空气中的有害物质浓度。

　　为了有效改善室内空气质量，保障居民的身体健康，亟须开展系统性的研究和评估，推动相关政策的实施，以提高公众对室内空气污染的认识和防治意识。这不仅是提升人们生活质量的必要条件，也是应对全球健康挑战的重要一步。通过实施空气质量监测、改善建筑设计、推广绿色材料的使用以及加强公众教育等措施，我们可以为人们创造一个更安全、更健康的居住和工作环境。此外，加强跨学科的研究与合作也是解决这一问题的重要途径，只有通过多方面的努力，才能更全面地应对室内空气污染这一复杂的挑战。

　　美国环境保护署（EPA）已经将室内空气污染列为威胁大众健康的五大环境危害之一，凸显了解决这一问题的紧迫性。室内空气污染具有低浓度长期效应和多因素协同作用的特点，使得其对人体健康的危害更加难以察觉和防范。

　　目前，在室内空间已经检测出多达500种有机化学物质，这些物质主要以甲醛、卤代烃、苯系物等挥发性有机化合物（VOCs）为主。这些VOCs在室内空气中浓度较低，但长期暴露其中可能对人体健康产生负面影响。这些化学污染物质可能通过呼吸道、皮肤等途径进入人体，对人体造成直接的毒性作用。长期暴露于这些污染物质中，人们可能会出现头痛、乏力、嗓子不适等症状，严重时甚至可能导致癌症等恶性疾病的发生。因此，对于室内空气污染问题，我们必须给予足够的重视，采取有效的措施进行预防和治理。

　　室内空气中化学性污染物质对人体健康的影响是一个复杂且亟待关注的问题。近年来，随着城市化进程的加快和室内装修材料的多样化，这一问题愈加突出。这些污染物质，无论是短期还是长期暴露，都可能对人体造成不同程度的危害，具体如下。

　　首先，化学性污染物质在室内的存在常常会引起对皮肤和黏膜的刺激作用。例如，甲醛作为一种常见的室内污染物，当其浓度达到一定水平时，人体可能会出现不适反应，包括眼睛发红、刺痛及瘙痒，咽喉不适或疼痛等症状。这些症状的出现，无疑是对人体健康的一种直接威胁，且随着暴露时间的延长，症状可能会加剧，进而影响人们的日常生活和工作效率。

其次，室内空气中化学性污染物质还可能引发急性中毒反应。例如，甲醛浓度过高时，可能导致咽喉灼痛、呼吸困难、恶心等严重症状，甚至在极端情况下，可能导致窒息等生命危险。同样，高浓度的苯等挥发性有机化合物对中枢神经系统产生毒害，可能引发头痛、头晕、注意力不集中等症状。这些急性中毒反应的发生，往往需要立即进行医疗干预，以防止病情恶化，甚至对人们的生命安全造成威胁。

值得注意的是，即使化学性污染物的浓度较低，长期接触也可能产生慢性危害。这是因为低浓度的有害物质虽然短时间内可能不会引起明显的症状，但长期积累，却可能对人体造成慢性中毒。例如，长期接触低浓度的甲醛，人们可能会感到头痛、头晕、乏力，甚至可能出现感觉障碍、免疫力降低等症状。更为严重的是，这种情况还可能引发瞌睡、记忆力衰退、精神抑郁等精神健康问题。

此外，还需要关注化学性污染物质的遗传毒性和致癌作用。甲醛等污染物质能够引起哺乳动物细胞核的基因突变、染色体损伤以及 DNA 断裂，无疑增加了患癌的风险。此外，多环芳烃 3，4-苯并芘等已被证实对人和动物具有强致癌性，其存在无疑进一步加剧了室内空气污染的严重性。

新装修或密闭室内空间中化学污染物甲醛、苯和其他挥发性有机物往往出现严重超标现象。在污染源无法消除的实际情况下，人们由于工作和生活的需要，长期暴露于低浓度污染空气中是一个不可避免的现实。特别是对于空调房、供暖房或者新风量供应不足的密闭室内空间，采取空气净化技术进行治理是必要而且迫切的。

目前国内外采用的空气净化技术主要有活性炭吸附、臭氧净化、负离子、高压静电、光催化以及多种技术的组合。吸附方法仅仅是一种污染物的转移过程，一旦吸附达到饱和而不能及时更换吸附剂，或者环境条件变化时污染物将再次释放到环境空气中产生危害。臭氧技术虽然具有杀菌除臭作用，然而降解 VOCs 等化学性污染物质的效率极低，且容易产生醛和酸等二次污染物和有害的气溶胶粒子，另外臭氧本身对人体也是有害的。高压静电和负离子技术对化学和微生物污染的去除效果不佳，如果控制不好也将产生中间有毒有害物质的泄漏出现二次污染的危害。

光催化技术用于环境污染治理中很早就被科学家们寄予厚望。原则上采用以 TiO_2 为代表的光催化剂在充足的氧气和 UV 光照下，利用光催化剂表面的光生电子和空穴对的氧化还原作用，可以降解空气中几乎全部的有机污染物并将其转化为 CO_2、H_2O 及其他无机物，彻底稳定化。光催化室内空气净化技术具有成本低、可在室温下氧化降解大部分室内污染物且效率较高等优点，可同时用于降解有机物、除臭和杀菌消毒。这种低能耗、高效率的空气净化技术具有诱人的前景，成为室内空气污染治理的新发展方向。

常规光催化室内空气净化技术是采用一定强度紫外光照射到固定的 TiO_2 上，空气流动穿过反应器达到净化的效果。但是有研究表明现有的一些商品化的光催化空气净化器，相对于甲醛的吸附去除作用，光催化去除甲醛的效果很低，可能与净化器结构设计以及光催化材料固定化技术有关。当前在可见光或室内光响应 TiO_2 方面取得了大量新进展，利用含有这些改性 TiO_2 成分的室内墙壁涂料、号称可以"净化室内空气"的涂料产品也大量涌现。

由此可见，尽管光催化技术已经应用于净化室内空气，但是其中相关的化学和动力学问题仍然没有完全解决，在技术上也存在许多困难，因此，开发在室内环境下能有效消除污染物的材料是一项挑战。

（二）典型室内空气有机污染物的光催化降解

1. 醇类

醇类化合物是室内环境中常见的有机污染物，尤其是甲醇，其主要来源包括室内装修材料中的木制品及人体的生物代谢过程。甲醇的气相降解产物主要为甲醛，这一过程相比于液相反应所产生的产物更为简单。乙醇在光催化降解的过程中，首先经历氧化反应生成乙醛，随后乙醛又通过与甲醛的反应转化为 CO_2，在这一过程中，亦可检测到甲酸和乙酸的生成。此外，丁醇在室内装修中常被用作溶剂，其光催化降解过程中主要的中间产物包括丁醛、丁酸、丙醇、丙醛、乙醇和乙醛。通常，烷基醇的降解路径可概括为：醇→醛→酸→短链醛→短链醇，最终的氧化产物为甲醛和甲醇，这些物质进一步转化为 CO_2 和 H_2O。然而，异丙醇等特定醇类化合物则通过丙酮的中间途径实现其降解。

2. 醛类

醛类化合物，尤其是甲醛，其光催化降解反应中最简单的中间产物为甲酸和CO。CO的产生主要源于反应的不完全氧化以及甲醛的自光解反应。需要指出的是，CO_2和CO在催化剂表面的吸附能力相对较弱，其中CO作为副产物在环境中的浓度有时可能超过环境标准，因此该类副产物的形成及其环境影响值得深入关注。对于其他醛类化合物的光催化降解，通常会产生相应的酸、短链醛、二氧化碳及水等产物。这些反应路径的研究不仅为了解室内空气污染物的去除机制提供了重要依据，同时也为制定有效的空气净化策略提供了理论基础。

3. 酮类

酮类化合物在室内空气中广泛存在，丙酮是其主要的代表之一，它不仅是人体呼吸过程中产生的重要有机成分，还在光催化反应中扮演着关键的中间产物角色。在光催化降解过程中，丙酮的反应机制复杂，研究表明，其降解过程会生成多种反应中间产物，包括乙醛、甲乙酮、甲酸和甲醇等。在这一过程中，丙酮的降解会形成过氧自由基，这些自由基在反应中发挥着重要的催化作用，并能够加速丙酮的分解过程。因此丙酮的主要降解途径可以描述为：丙酮→甲乙酮→乙醛 + 甲酸或 CO_2 →甲醛 + 甲醇→甲酸。最终通过一系列氧化反应生成甲酸。这一系列反应表明，丙酮的降解途径并非简单线性，而是涉及多个中间产物和复杂的反应机制。

丙酮作为室内空气污染物的主要成分之一，其光催化降解不仅有助于降低室内空气中有机物的浓度，还为理解室内环境中酮类化合物的行为提供了重要的信息。这些研究成果对制定有效的室内空气净化技术和策略具有重要的理论价值和实际意义，尤其是在现代建筑中，改善室内空气质量已成为重要的研究方向。通过深入探讨酮类化合物的光催化降解机制，未来能够为开发新型光催化材料和技术提供更为科学的依据，从而有效提升室内空气治理的效率和效果。

4. 芳香类化合物

甲苯和苯是典型的室内芳香化合物。在日常生活中，苯主要来源于装饰材料、人造板中胶黏剂、油漆、涂料、空气消毒剂、杀虫剂的溶剂，而甲苯主要来源于一些溶剂、香水、洗涤剂、油漆、墙纸等，吸烟产生的甲苯也很多。苯的降解主要中间产物是苯酚、对苯二酚和对苯醌，其他还检测到 2- 乙醇、2-甲基丁烯醛、4- 羟基 -3- 甲基 -2 丁酮、乙酰乙酯等。

苯的光催化降解主要有两种途径：一是空穴直接氧化形成阳离子自由基，

随后自由基与表面的碱性羟基（或者与表面吸附的水分子反应并质子化）反应生成苯酚；二是 OH· 进攻苯分子加成形成环己二烯自由基，O_2 加成到该自由基，随后消除 HO_2· 生成苯酚，该方法类似水溶液中光催化反应确定的途径。另外在没有水存在时通过空穴直接氧化过程可以产生自由基缩聚反应，苯阳离子与苯分子反应形成大分子的聚合物。苯的次级光催化氧化降解则类似苯酚的降解。

甲苯降解的初级中间产物包括苯甲醛、苯甲醇、甲酚、苯甲酸、苯酚和苯等。甲苯与 O_2 反应的速率和中间产物的反应速率不同。吸附的苯甲醛光催化形成 CO_2 的速率比甲苯快 10 倍，苯甲醇快 20～30 倍，苯甲酸则由于强吸附在催化剂表面将导致催化剂的失活。甲苯光催化过程中在催化剂表面将生成一些酸性中间产物，包括草酸、乙酸、甲酸和丙酮酸等。甲苯的光催化降解历程为：首先发生从甲基的摘氢反应形成苯甲基自由基，苯甲基自由基与氧反应形成苯甲基过氧自由基，然后分解形成苯甲醛和苯甲醇，或者与 HO_2· 反应经自由基历程形成苯甲醛，苯甲醛很容易氧化为苯甲酸，并被进一步降解。

（三）室内空气净化器

光催化空气净化器是一种先进的技术，它利用复合纳米材料制成，在低温条件下，光催化纳米粒子受到光照，形成电子和空穴对，氧化吸附在表面的水分子，形成羟基自由基，电子使其附近的氧还原成超氧自由基，具有极强的还原性，可以有效地去除光催化剂表面的污染物，也可以有效地杀死表面的细菌和病毒。[5]

依据光催化空气净化的基本原理，合理的空气净化器结构应该满足相应的条件：在净化器内部，光子、固体催化剂与污染气流应紧密有效地接触，必须使得光子利用效率尽可能高；另外，风机和光能的能耗决定了净化器的总运转费用，必须使总运转费用尽可能低。故此在空气净化器设计时必须考虑：①以最小的动力驱动室内污染气流以一定速度通过净化器，即气流通过净化器进出口的压降要低；②光源产生的光子能够被有效利用。这包括两方面：一方面光源产生的光子尽可能多地被用于激发产生光生电子和空穴，要求在净化器内部设计时要考虑好光源辐射场的分布；另一方面必须保证光生电子和空穴与足够的污染气流发生有效作用，要求在设计净化器时必须优化流过净化器内部的污染物流场和浓度场。因此在设计光催化空气净化器时要考虑气流通过净化器的进出口压降、光辐射场、流场和污染物浓度分布等。

为满足压降要求,在净化器设计中不仅需要设计以最小的动力来满足内部流场需要,同时又要保证光子能够被有效利用。通常采用蜂窝状或多孔状的光催化剂负载结构,用于消减和控制汽车尾气和电站废气中的 NO。蜂窝独石结构具有一定数量的通道,交叉的孔道形状有方形和圆形两种,催化剂以薄层涂覆在通道壁上。蜂窝独石的这种构造具有压降低、单位体积的比表面积高的优点,同时能保证气流与催化剂的接触表面积较大。一般 TiO_2 纳米颗粒与比表面积较大的助吸附剂负载在孔道壁,活性炭、分子筛等助吸附剂的使用有助于吸附富集空气中的微量污染物,同时吸附反应的气相中间产物,使之不扩散到环境中。长期使用后由于氧化 NH_3 或硫化物生成 HNO_3 和 H_2SO_4,将造成过滤器的中毒失活,但是经水洗和干燥后可以获得再生。

辐射场是决定空气净化器效率的另一个重要因素。根据第一定律辐射场模型,可以认为紫外光辐射场是由通道的几何形状、通道的纵横比及催化剂的涂层反射率决定的。当催化剂涂层的反射率及通道几何形状一定时,辐射场分布仅由通道的纵横比确定。当纵向距离达到横向 3 倍时,光强将低于入射光强的 1%。因此在设计净化器内部结构时,紫外光源与催化剂层应充分靠近,且选择的蜂窝结构的每一通道纵横比不能太大。

净化器内的流场和浓度场对于净化效率的影响是相互关联的。为保证足够量的污染气流被处理,同时又要保证污染气流在反应器内驻留时间足够长。污染气流通过催化剂层时入口处横向速度最大,而远离入口处横向速度几乎为 0,轴向速度变为最大[6]。因此入口处污染气流向壁面的质量传递系数较大,同时入口的壁面附近污染物的浓度梯度变化最大,因此在光强较大、污染物质量传递系数较大和浓度变化较大的入口区,污染物降解速率最大,由此得出催化剂层通道的纵横比不宜太大。

常见的光催化空气净化器有平板型反应器[7]、蜂窝独石反应器、流化床反应器[8]、填料床反应器[9]、环形反应器[10]和光纤反应器[11]。通过传质速率、反应速率和有效反应面积比较,看出平板反应器可以获得较大的传质速率和反应速率,但是有效反应面积最小,这种反应器通常在实验室使用;蜂窝独石反应器的入射光方向与反应面平行,导致反应速率较低,尽管反应面积和传质速率均较大;而环形反应器的传质速率和反应面积均较小,尽管入射光直接照射在反应表面使得反应速率较高。

理想的光催化反应器应该具有高比表面积以提供大的反应面积、通透的通道中保证低气速和高传质,并且入射光能直接照射到反应面上。通常的光催化反应器分为两部分：反应结构和光源，而且二者一般分离设置，这就导致光催化反应或者受限于传质或者受限于反应速率。二者的协调是光催化反应器设计中的难题。通过透光的光纤负载 TiO_2 设计的光纤反应器使得反应结构和光源集成于一体，然而光纤传导的损耗和 TiO_2 涂层的厚度及光纤长度严重影响了污染物的光催化降解。

光催化空气净化器能够改善室内空气质量，如何评价空气净化器的性能是非常重要的。通常在实验室测定的污染物去除率由于缺乏可比性，所以不能准确反映空气净化器的净化能力。采用净化效率（空气净化器出风口处比进风口处的污染物浓度减少的相对百分比）来评价对某种污染物的降解效率，尽管净化效率可接近于1，但当额定风量较小时，空气净化器的净化能力也极小，仅限于在小空间使用。通常采用洁净空气量（CADR）来评价光催化空气净化器的气体净化能力，它能够准确反映空气净化器的净化能力。其定义如下式：

$$CADR = G \times \varepsilon \qquad (10\text{-}5)$$

式中，G 是空气净化器的气体流速；ε 是污染物的转化效率，洁净空气量单位为 m^3/h，即每小时提供的洁净空气体积。洁净空气量也适用于采用各种空气净化技术的空气净化器的定量性能评价。在光催化空气净化器评价中，保证不产生有毒有害的中间产物也是非常关键的评价指标。通过对反应历程的理解和对中间产物的控制、研制高效光催化材料、开发新型光催化空气净化器，将提供更加广泛实用的、安全可靠的室内空气污染净化技术。

第二节 纳米光催化剂在石油污染土壤修复中的应用

由于在石油开发和生产活动过程中，会发生渗漏、溢出、淹没等事故，因而会产生大量石油污染土壤。土壤中的石油通过向下迁移的方式污染地下水，或随地表径流污染地表水体，威胁着人类和动植物的健康。[12] 国内外针对石油污染修复，从物理修复技术、化学修复技术及生物修复技术等方面进行了大量研究。随着纳米光催化材料的发展，纳米光催化修复石油污染土壤技术也随之产生，成为当今环境领域的研究热点。

一、光催化技术修复石油污染土壤的原理

光催化技术作为一种高效、环保的土壤修复手段，在石油污染土壤治理中展现出显著的应用潜力。电子传递、能量转移、自由基氧化等是光催化降解的主要方式，其所遵循的动力学规律一般为简单双分子动力学。[13]深入探讨这一机制的运作原理，对于优化光催化技术、提升石油污染土壤修复效率具有重要意义。

在光催化降解过程中，电子传递是核心环节之一。当太阳光照射到石油污染土壤时，光催化剂分子能够吸收光子，进而将吸收的能量转化为电子的激发态。这些激发态的电子通过一系列的反应途径传递给石油烃分子，引发光解反应。在这一过程中，光催化剂起到了桥梁的作用，将光能转化为化学能，从而推动石油烃分子的降解。

能量转移同样是光催化降解的关键步骤。由于石油烃中部分组分的吸光能力较弱，直接利用太阳光进行光解反应的效果有限。因此，光催化剂通过反应体系将能量传递给这些石油烃分子，使其获得足够的能量以发生光化学降解。这种能量转移机制使得光催化技术能够更广泛地应用于不同类型的石油污染土壤修复。

此外，自由基氧化在光催化降解过程中也发挥着重要作用。在光催化剂的作用下，部分石油烃分子被氧化生成自由基，这些自由基具有很高的反应活性，将进一步引发连锁反应，加速石油烃的降解过程。通过自由基氧化作用，光催化技术能够有效地破坏石油烃分子的结构，降低其毒性和生物可利用性。

光催化降解过程的动力学规律一般遵循简单双分子动力学。在反应过程中，光催化剂分子与石油烃分子之间的相互作用是关键因素之一。这种相互作用受到多种因素的影响，包括光催化剂的种类、浓度、光照强度以及土壤环境等。通过优化这些因素，提高光催化降解的效率，实现对石油污染土壤的高效修复。

光催化剂作为光催化技术的核心组成部分，其性能直接影响修复效果。理想的光催化剂应具备以下特点：首先，应具有良好的光吸收性能，能够充分利用太阳光中的光子能量；其次，光催化剂应具有较高的能量传递效率，能够将吸收的能量有效地传递给石油烃分子；最后，光催化剂还应具备稳定的化学性质，能够在反应过程中保持其催化活性。

二、土壤石油类光降解的影响因素

（一）光照条件

光化学反应的发生离不开光照这一基本条件，同时光照也是调控光化学反应变化的核心要素之一。光照条件的微小变化，都可能对光化学降解过程产生显著影响。在这一过程中，单位体积内有效光子的数量成为决定光反应速率的关键因素。

具体而言，当光照强度增强时，土壤单位体积内所接收到的入射光子数量随之增加。这些光子与土壤中的光催化剂相互作用，激发出更多的活性物质，从而加速光催化反应的进行。值得注意的是，光照强度的增加并非无限制地提高催化效果。当达到某一临界值时，即达到最大的光子利用率，多余的光子将无法被有效利用，因此光照强度的增加并不会持续提高催化效率。

此外，光照类型和光照时间同样对光催化反应效果产生重要影响。不同类型的光源具有不同的光谱分布和能量特性，直接影响光催化剂的激活效率和光化学降解的速率。同时，光照时间的长短也决定了光催化反应进行的程度和效果。有研究表明，在连续照射石油污染土壤 100 h 后，其中的烷烃、烯烃以及其他芳香族化合物的光催化降解率可高达 95% 以上，充分说明光照时间在光催化降解过程中的重要作用。

总之，光照条件是土壤石油类光降解过程中的关键因素之一。通过优化光照强度、选择合适的光照类型和调控光照时间，可以有效地提高光催化降解的效率，为石油污染土壤的修复提供有力支持。然而，光照条件并非唯一的影响因素，在实际应用中还需要综合考虑其他因素，如催化剂的性质、土壤理化性质以及环境条件等，以实现最佳的修复效果。

未来研究可以进一步深入探究光照条件与土壤石油类光降解之间的复杂关系，揭示更多影响光催化降解的机制和因素。同时，还可以尝试开发新型的光催化剂和优化光照技术，以提高光催化降解的效率和稳定性，为石油污染土壤的治理提供更加高效、环保的解决方案。此外，通过实际应用案例的分析和总结，可以为土壤石油类光降解技术的应用提供宝贵的经验和指导。

（二）土壤条件

在探讨土壤石油类光降解的过程中，土壤条件是一个不可忽视的重要方面。土壤的物理性质、水分含量以及无机组分等，均对土壤中有机污染物的光化学降解过程产生深远影响。

　　首先，土壤的物理性质，特别是土壤粒径大小和孔隙率，对光在土壤中的穿透能力以及有机污染物分子的迁移扩散速率具有显著影响。在粒径小于1mm的土壤中，有机污染物的降解速率与土壤粒径大小呈正相关关系。这一现象可解释为，较小粒径的土壤颗粒提供了更大的比表面积，使得有机污染物与光的作用更为充分。此外，在较大的土壤团粒中，由于其具有更好的通气性和光透过性，使得有机污染物的光化学降解更易发生。通气性的提高有助于氧气的参与，光透过性的增强则使得光能更为有效地作用于有机污染物分子。

　　其次，土壤的水分含量对有机物的光降解速率具有重要影响。在光照条件下，土壤中的水分产生自由基，且生成自由基的数量与土壤含水量呈正相关关系。这些自由基具有较高的活性，能够加速有机物光降解的速率。同时，当土壤含水量较高时，有机物的迁移扩散能力也会得到增强，从而进一步加速其光解过程。然而，过高的水分含量也可能导致土壤中的氧气含量降低，从而在一定程度上抑制光降解反应的进行。

　　此外，土壤中的无机组分同样对有机物的光降解过程产生影响。土壤中的腐殖质含量及其功能基团种类是影响光解过程的重要因素。腐殖质作为一种复杂的有机物质，在土壤环境中扮演着重要的角色。然而，实验结果表明，在干燥土壤中加入腐殖质后，有机物的光解速率反而降低。这表明，在特定的土壤环境下，腐殖质并没有起到光敏化作用，反而可能作为光稳定剂，对有机物的光降解过程产生抑制作用[14]。

　　值得注意的是，土壤石油类光降解是一个复杂的过程，受到多种因素的共同影响。除了上述提到的土壤物理性质、水分含量以及无机组分，其他因素如土壤类型、温度、光照强度等也可能对光降解过程产生影响。因此，在深入研究土壤石油类光降解机制时，需要综合考虑各种因素，以期得到更为全面和准确的认识。

　　总之，土壤条件是影响土壤中有机污染物光化学降解的重要因素之一。通过深入探究土壤物理性质、水分含量以及无机组分等因素对光降解过程的影响，我们可以为土壤污染修复和环境保护提供更为有效的理论依据和实践指导。同时，这也将有助于我们更好地理解和应对土壤环境中有机污染物的迁移转化问题，为未来的土壤污染防治工作提供有力支持。

(三)其他因素

土壤石油类污染物的光化学降解过程不仅受到光照条件的影响，还受到众多其他因素的共同作用。这些因素既包括土壤自身的理化性质，也与土壤-大气界面的交互作用密切相关。

首先，土壤自身的理化性质对石油类污染物的光化学降解具有显著影响。其中，氧气浓度是一个重要的因素。氧气作为光化学反应中的氧化剂，其浓度的变化会直接影响光催化反应的速率和效率。此外，土壤的pH也是影响光降解的关键因素之一。在不同pH条件下，土壤中的活性物质和催化剂的活性状态发生变化，从而影响光化学降解的效果。同时，溶解性有机物含量也是影响光降解的重要因素之一。溶解性有机物能够与污染物发生竞争反应，改变光催化剂的活性位点，从而影响光化学降解的进程。

其次，土壤-大气界面的交互作用也对光化学降解产生重要影响。土壤表面与大气之间的氧气交换、水分蒸发等过程会影响土壤中的氧气浓度和湿度，进而影响光催化反应的发生和进行。此外，大气中的污染物和颗粒物也可能通过沉降等方式进入土壤，与土壤中的石油类污染物发生交互作用，改变光降解的动力学和机制。

除了土壤自身的理化性质和土壤-大气界面的交互作用外，气象因子也对光化学降解产生重要影响。温度、气压、湿度等气象因子的变化会影响土壤中污染物光催化剂在反应体系中的扩散迁移过程，从而影响光化学降解的速率和效率。例如：温度的升高可以加速分子的热运动，促进光催化剂与污染物之间的接触和反应；湿度的变化则会影响土壤中的水分含量，进而影响光催化反应的进行。

再次，微波辐射和紫外光的协同作用也被证实能够提高污染物光催化降解的效率。微波辐射可以通过其特殊的加热机制促进土壤中污染物的热解和挥发，紫外光则能够直接激发光催化剂产生活性物质，加速光化学降解的进行。这两种技术的结合可以实现对土壤石油类污染物的高效降解。

最后，土壤厚度也是一个不可忽视的影响因素。土壤对光具有屏蔽作用，随着土壤厚度的增加，进入土壤的光子数量逐渐减少，光体积减小，同时土壤内部的过滤作用也会削弱光的强度。因此，土壤中的有机物光解深度一般不超过1mm，这也限制了光化学降解在深层土壤中的应用。

三、石油类污染物光化学降解产物

石油作为一种高度复杂的混合物，其组分涵盖了众多不同类型的碳氢化合物，具有复杂的分子结构。这种多元化的化学组成不仅赋予了石油独特的物理化学特性，也直接导致其光降解产物的多样性及相关研究结果的显著差异。例如，林志峰[15]针对海水中石油的光化学降解进行了深入研究，探讨了通过正己烷萃取石油烃的方法以及石油水溶部分（WSF）在光照条件下的降解反应机制。

研究结果显示，在天然日光及高压汞灯的照射下，WSF均能有效发生光降解反应，且在高压汞灯照射下的降解速率显著高于在天然日光下的降解速率。这一现象提示我们，光照的强度、波长和光源类型等因素可能对石油类污染物的降解效率产生显著影响。具体而言，光照波长的差异可能会引发不同的光化学反应路径，导致各类降解产物的形成及其生态毒性特征的变化。

通过系统而全面的研究与分析，学术界能够更深入地理解石油类污染物的光化学降解过程及其产物特征。这种了解不仅对石油污染土壤的光化学修复提供了更加有效的策略和方法，还为环境科学领域的进一步探索奠定了重要的基础。此外，深入研究光降解产物的性质与分布，对评估石油污染对环境及生态系统的长期影响具有重要意义。这一过程不仅有助于科学界理解石油污染对自然界的破坏程度，也为制定有效的环境保护与污染控制措施提供了坚实的科学依据。

石油污染物的光化学降解产物的特征分析和识别，进一步地为我们揭示了其在水体、土壤及生物体内的迁移与转化机制。这些降解产物可能具有不同的生物可降解性和生态毒性，从而对水体生态系统和土壤健康产生深远的影响。因此，开展相关研究对于识别和评估石油类污染物的环境风险具有重要的意义。

在全球范围内，随着人类活动对环境影响的加剧，系统性地研究和治理石油污染问题显得愈发紧迫和必要。对于光降解产物的深入研究，不仅是对环境科学的一个重要贡献，更是推动可持续发展和生态文明建设的重要环节。通过这些研究，我们能够为政策制定者和环境管理者提供科学的依据和建议，从而有效地应对日益严重的石油污染问题，保障生态环境的健康与安全。

四、纳米光催化剂在石油污染土壤修复中的改进方向

在石油污染土壤修复的研究与应用中，纳米光催化剂作为一种新型材料，

其重要性日益凸显。然而，当前纳米光催化剂在实际应用中的局限性亟待突破，因此对其材料进行改进已成为推动石油污染土壤修复技术进步的关键环节。

首先，复合改性纳米材料的研发被视为拓宽光响应范围的重要策略。传统的纳米光催化剂通常受到其光吸收特性的限制，导致其催化作用仅能在特定波长范围内发挥有效性。通过引入其他功能性材料形成复合材料，不仅能够显著提高光催化剂的光稳定性和热稳定性，还能有效拓宽其光响应范围，使其能够在更广泛的光谱区域内进行催化反应。这一策略不仅提升了光能的利用效率，也增强了纳米光催化剂在实际应用场景中的适应性，提高了其在石油污染土壤修复中的应用效果。

其次，制备单分散纳米光催化剂颗粒是提高其在污染土壤表面分散均匀性的重要举措。纳米光催化剂的催化性能与其在土壤中的分布状态密切相关。如果催化剂颗粒在土壤中分散不均，不仅会显著降低其催化效率，还可能对土壤生态环境造成潜在的负面影响。因此，优化制备工艺，实现纳米光催化剂颗粒的单分散状态，增加其与污染物之间的接触面积、提升吸附能力，从而增强催化效果具有重要意义。

此外，充分考虑土壤的多样性及其物理化学特征，制备针对不同土壤类型的纳米光催化材料是提高石油污染土壤修复效率的另一个重要方向。土壤的成分、结构、pH及有机质含量等因素均会对纳米光催化剂的催化性能产生显著影响。因此，针对不同土壤类型的特性，研发具有针对性的纳米光催化材料，不仅能够更好地适应不同的土壤环境，还能有效提高修复效率。同时，这一过程对纳米光催化剂的设计提出了新的挑战，促使我们在材料科学、土壤学、环境科学等多个领域进行交叉研究，以实现更为有效的土壤修复。

纳米光催化剂的改进方向并非孤立存在，而是相互关联、相互影响的。因此，在改进纳米光催化剂材料时，必须综合考虑各个因素，以实现最佳的修复效果。例如，光催化剂的结构特性、表面性质，以及其在土壤中的分散行为等，均应在材料设计时予以综合考虑。

随着纳米技术的迅猛发展，新型纳米光催化材料不断涌现，为石油污染土壤修复提供了前所未有的可能性。例如，通过对纳米结构进行精细调控，可以有效优化光催化剂的能带结构，从而进一步提升其光催化活性。此外，借助新型纳米载体，可以实现光催化剂在土壤中的稳定分散和长效作用。这些新兴技术的发展为纳米光催化剂在石油污染土壤修复中的应用开辟了更为广阔的空间，为提升环境治理能力和实现可持续发展目标奠定了基础。

综上所述，纳米光催化剂在石油污染土壤修复中的改进方向涉及多个方面，包括复合改性纳米材料的研发、单分散纳米光催化剂颗粒的制备以及针对不同土壤类型的纳米光催化材料的制备等。通过不断优化纳米光催化剂的性能和适应性，可以提高石油污染土壤修复的效率和质量，为环境保护和可持续发展作出积极贡献。

第三节 异相光催化技术在杀菌方面的应用

一、细菌与真菌的认知

在微观世界的深处，存在着一种我们肉眼难以察觉的生命形式——细菌。细菌个体通常不足 1μm，大多数经显微镜放大数百倍甚至上千倍才能被看到。作为单细胞微生物的代表，细菌的结构异常简洁，缺乏复杂的膜状细胞器，甚至连细胞核等结构也付之阙如。因此，在生物分类上，它们被归为原核生物。在日常生活中，我们常听到的革兰氏阴性菌，如大肠杆菌，以及革兰氏阳性菌，如金黄色葡萄球菌，都是细菌家族的成员。

细菌的存在遍布生物圈的每一个角落，从肥沃的土壤到清澈的水体，再到我们所呼吸的空气，几乎无处不在。更为引人注目的是，细菌不仅生存于自然环境中，还常常寻找并寄生于其他生物体，尤其在人类的身体内，携带着大量的细菌。这些微小的生命体在生态系统中扮演着不可或缺的重要角色，其作用深远且多样化。

首先，细菌是有机物的重要分解者，它们通过分解作用使得复杂的有机物质转化为简单的无机物，从而促进了碳元素的循环流动，维护了生态系统的稳定性。这一过程不仅有助于清除生态系统中的有机废物，降低环境污染，还为其他生物提供了必要的营养物质，进一步促进了食物链的延续与生态平衡的实现。

其次，细菌在土壤中发挥着固氮作用，能够将大气中的氮元素转化为生物体能够利用的形式，尤其是氨，这一过程对植物的生长至关重要。细菌通过与植物根系的共生关系，不仅提供了植物所需的氮源，也增强了土壤的肥力，为农业生产提供了重要支持。此外，这种自然的氮固定过程减少了对化肥的依赖，从而促进了可持续农业的发展。

更为重要的是，部分益生菌被人类广泛应用于食品生产，尤其是在制作乳酪、酸奶等发酵食品时，细菌不仅赋予了食品独特的风味和口感，还富含多种营养成分，丰富了我们的饮食文化。这些益生菌对人类健康的积极影响也日益受到重视，它们在维持肠道微生态平衡、增强免疫力以及促进消化吸收等方面发挥着重要作用。

然而，尽管细菌在生态系统中扮演着重要的角色，但它们对人类生活所造成的负面影响也同样不容忽视。许多细菌是疾病的病原菌，能够引发诸如肺结核、淋病、砂眼、梅毒、鼠疫等严重疾病，给人类的健康带来巨大威胁。近年来，由细菌引发的食物中毒事件频频发生，食品污染问题日益凸显，引起了人们的广泛关注。这些事件不仅给受害者的身体健康带来了严重损害，也引发了公众对食品安全问题的深度忧虑。

因此，对于细菌的研究不仅具有科学意义，更有着深远的社会意义。我们需要深入了解细菌的生物学特性、生态分布以及与人类的关系，以便更好地应对它们可能带来的挑战。同时，我们也需要加强食品安全监管，提高公众对食品卫生的认识，共同维护一个健康、安全的生活环境。

（一）细菌的生物学特征与结构

在微生物学的广阔领域中，细菌作为一类重要的生物体，其生物学特征与结构特性备受关注。在日常生活中，经常会接触到两大类细菌：革兰氏阴性菌中的代表——大肠杆菌，以及革兰氏阳性菌中的佼佼者——金黄色葡萄球菌。

大肠杆菌是一种广泛存在于自然界中的细菌，其学名为大肠埃希氏菌。从形态学角度来看，大肠杆菌呈现出两端钝圆的形态，且不具备芽孢结构。其尺寸为 $0.5 \sim 3\mu m$，最适宜的生长温度为37℃。新陈代谢功能活跃是大肠杆菌的一个显著特点，它不仅能够通过发酵葡萄糖产生气体和酸性物质，还能够利用多种碳水化合物进行发酵，甚至包括生活中的一些有机酸和盐类。然而，对于人体和多种动物而言，尽管大肠杆菌在自然界中广泛分布，但具有致病能力的菌株往往具有宿主特异性，因此，能够引起人类感染的菌株很少导致动物感染，反之亦然。

接下来，我们探讨金黄色葡萄球菌的生物学特性。金黄色葡萄球菌，又称金葡菌，其形态上呈现出一种无规则的葡萄串状，同样不具备芽孢、鞭毛及荚膜等生物结构。其尺寸相对较小，通常为 $0.5 \sim 1.5\mu m$，最适生长温度为

35℃。与大肠杆菌相比，金黄色葡萄球菌的新陈代谢速度稍显缓慢，它能够发酵葡萄糖、麦芽糖、乳糖及蔗糖等多种糖类，产生酸性物质，但不产生气体。此外，金黄色葡萄球菌展现出了较高的耐盐性和较强的抵抗力，这使其能够在高浓度（10%～15%）的 NaCl 盐溶液中正常生长。同时，金黄色葡萄球菌对青霉素、红霉素等抗生素具有高度敏感性，为临床治疗提供了一定的依据。在条件适宜的情况下，金黄色葡萄球菌能够产生多种酶和毒素，如肠毒素、溶血毒素等，这些物质赋予了其极强的致病性，对人体健康构成了严重威胁。

综上所述，大肠杆菌和金黄色葡萄球菌作为两种典型的细菌，其生物学特征和结构特性各具特色。通过对这些特性的深入研究，我们可以更好地理解细菌在自然界中的生存策略，以及它们与宿主之间的相互关系。同时，也为我们在医学、生物工程和环境保护等领域的应用提供了有益的启示和依据。

（二）真菌孢子结构

霉菌是自然界中很常见的一类真菌，霉菌繁殖主要是通过产生一个个成熟的无性或有性孢子来进行的。生命周期末了产生的孢子就像是植物最后结出的成熟种子，尺寸很小，但量非常大。以烟曲霉菌为例（图 10-1）[16]，多数情况下是通过无性孢子进行繁殖的，主要生长周期为：散落的分生孢子感知周围所处环境，一旦遇到合适的生长环境，孢子便会吸收水分、甘油或其他营养物质而逐渐膨胀。膨胀是一个均匀生长的过程，该过程中，生长轴得以建立。一般来说，孢子膨胀至两倍大左右时，会在沿生长轴的方向冒出新生芽管，之后进入快速极性生长期。持续的极性生长会把均匀生长的膨胀孢子逐渐变成菌丝，而菌丝在后续的生长过程中又会不断地分枝。最终，原先的小孢子变成纵横交错的网络体，即菌丝体，也称为菌落。在烟曲霉菌生长周期中，菌落上的表层菌丝分化为向上生长的气生菌丝，其发育出顶囊、瓶梗等结构，随着生殖周期的延续，顶囊上的瓶梗逐渐成熟。最终，成熟的瓶梗上长出呈放射状的分生孢子，类似"糖葫芦"。成熟孢子在有外力作用时便会释放到周围的环境中，而当周围环境合适时，便可开始下一个生长周期。

霉菌孢子结构致密复杂，具有较强的抵御外界攻击的能力。孢子最外围被很多小棒层覆盖，小棒层由 RODA 基因编码的疏水蛋白组成，赋予霉菌分生孢子疏水特性。位于棒层下方的是另一重要组成——黑色素，它为霉菌生长提供保护作用，表现为吸收紫外线、清除自由基、增强机械强度等。黑色素通过一些酚类化合物聚合而成，主要分布在分生孢子的细胞壁表面。

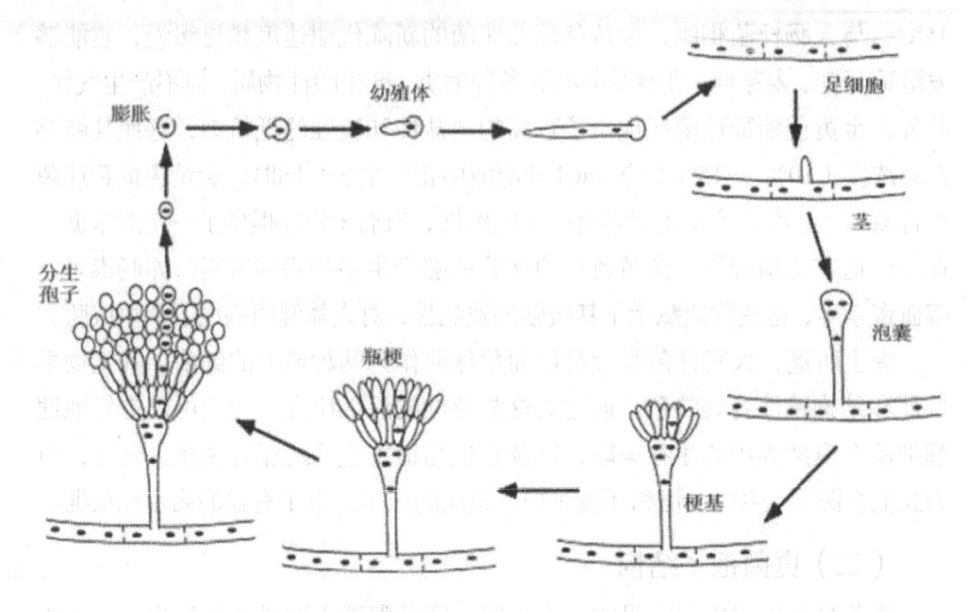

图 10-1 烟曲霉菌生长周期

霉菌细胞壁结构为霉菌所特有，在人体或其他动物体中是不存在的，因此，霉菌细胞壁是开发抗菌剂的一个理想靶点。细胞壁主要是提供保护作用，使细胞免受因渗透压变化而导致的细胞溶解以及有害大分子的进入。大多数霉菌细胞壁厚度为 0.1～1μm，通常由多糖（主要是几丁质和葡聚糖）内层和糖蛋白（主要是甘露糖、蛋白质和磷酸盐）外层组成。其中，几丁质在维持细胞壁结构完整以及提高物理强度等方面扮演着重要角色。一旦几丁质遭到破坏，细胞壁就会变得松散、无序，甚至导致细胞裂解、死亡。甘露聚糖不是作为多糖存在于细胞壁中，而是与细胞壁中相关蛋白共价结合形成甘露糖基化糖蛋白。蛋白质通过 N- 和 O- 之间的共价键或者几丁质/葡聚糖聚合物相连的糖基磷脂酰肌醇（GPI）锚定物牢固地附着在细胞壁上。位于细胞壁上的蛋白质具有诸多功能，如运输大分子、参与细胞与细胞的相互作用，以及提供免受外来有毒物质作用的保护等，细胞壁中的每一组成对霉菌细胞的正常生长都至关重要。

（三）真菌萌发孢子结构

在适宜的外部环境条件下，真菌的分生孢子会表现出显著的生理变化，尤其是在水分、甘油或其他营养物质的浓度达到一定水平时，孢子内部的生化反应将被激活，导致其体积迅速膨胀。这一过程不仅是分生孢子生命周期中的重要阶段，也是其适应环境变化和启动生长的关键时刻。当分生孢子的体积扩张至休眠状态下的两倍大时，萌发过程中的极化生长随之开始。此阶段伴随着分生孢子旧细胞壁的破裂，并在其表面形成新细胞壁，称为芽管。这一膨胀和极性芽管生长的状态被称为萌发孢子，与休眠孢子的结构相比，二者在多个方面存在显著差异，特别是在孢子的最外层结构的特征上。

随着分生孢子的萌发，细胞壁中的天冬氨酸蛋白酶的降解会导致原本紧密排列的小棒层消失，进而使得分生孢子从疏水性转变为亲水性。这种亲水性的变化不仅显著增强了孢子的水分吸收能力，还有助于其在不同环境中更好地适应和生存。此外，疏水性的丧失与黑色素层的破裂密切相关。虽然目前尚不明确这种破裂的具体机制，但已有研究提出，可能与细胞内部渗透压的增加有关，或者与黑色素层中的未知化学键或酶的变化密切相关。

与此同时，伴随着孢子的萌发，内部成分也经历了深刻的变化。在膨胀的初始阶段，细胞内部的渗透压因水分的快速进入而显著增加，结合糖基水解酶的催化作用，促使在细胞膜与细胞壁之间合成一种新的多糖层。这种新形成的多糖层主要由柔软的非晶态物质组成，具备良好的塑性和适应性，能够有效抵御外部压力和环境变化。随着生长过程的推进，这一新型多糖层将逐渐演化为芽管的最外层细胞壁，为芽管的进一步生长与发育提供了坚实的支持。

总之，真菌分生孢子的萌发过程不仅体现了其在生长机制上的复杂性，也展示了其在环境适应性和生物学特性上的多样性。这一系列的生理变化反映了真菌在生命周期中的动态适应能力，为后续研究其生物学特性及其生态功能提供了重要的理论依据和实践指导。

二、光催化灭活细菌与真菌的现状

微生物侵袭对人类造成的不良影响反映在生产、生活的方方面面，像病原细菌引发的疟疾、肠胃炎、梅毒等，以及霉菌造成的物质发霉、霉变，甚至癌变等等，都严重威胁着人体健康。因此，杀菌、防霉一直被人们所重视。近年来，半导体光催化杀菌技术因其独特的生态友好、强氧化等特性而逐渐成为研究热点，表现出比传统杀菌消毒方法更好的优点。光催化剂在光照下对细菌、病毒、微生物甚至癌细胞等具有抑制作用，不仅可以杀死细菌，而且可以将其代谢所产生的有毒物质降解[17]。

光催化剂一般分为多种典型结构：介孔、零维、一维、二维、三维以及核壳等结构。总的来说，具有特殊纳米结构的光催化剂具有更好的活性，这可能是由于尺寸效应、更大的比表面积、多重光散射效应等原因。近年来，各种纳米结构的合成呈指数增长，其在光催化杀菌消毒中的应用也日益广泛。在上述纳米结构中，最盛行的是二维纳米结构，主要有三个原因：①二维纳米结构有较大的比表面积，相应地具有更多的活性中心；②光生载流子寿命较长，这是由于纳米片表面的缺陷和相当大的非化学计量造成的；③最重要的是，控制二维纳米结构中暴露的活性面非常简单。

此外，随着科技进步，一种新的改性方法被尝试，即在 g-C_3N_4 纳米片的边缘选择性引入吸电子基团，可以有效促进载体分离，协助产生 H_2O_2，从而提高杀菌效率。另外，单就催化剂而言，单层 g-C_3N_4 纳米片比多层 g-C_3N_4 纳米片有更好的光学和电学性能。单层纳米片在 4h 内将大肠杆菌全部杀死，而多层纳米片只灭活了部分大肠杆菌。核壳结构被认为是一种保护核（客体）纳米材料，具有免受周围环境影响以及使两种纳米材料的接触面积最大化的优点。

三、光催化杀菌的机制分析

光催化杀菌技术作为一种新兴且高效的消毒方法，近年来引起广泛的关注。在深入探索其杀菌机制的过程中，学者们提出了两种主要的理论框架，分别阐述了光催化剂与微生物细胞之间的直接和间接作用方式。

首先，光催化剂与微生物细胞之间的直接作用机制。在光照条件下，光催化剂吸收光能并发生电子跃迁，产生光生电子和光生空穴。这些具有极高反应活性的光生电子和光生空穴能够与细胞壁、细胞膜及其组成成分直接接触并发生化学反应。细胞壁作为微生物细胞的第一道防线，其结构的完整性对于细胞的生存至关重要。光生电子和光生空穴与细胞壁中的有机物质发生氧化还原反应，导致细胞壁的结构破坏和通透性改变。同时，这些活性物种还能够与细胞膜中的磷脂分子相互作用，破坏其稳定性和功能，进而导致细胞膜的损伤。例如，在光催化杀菌过程中 K^+ 从细胞质中的流出实验可以证实细菌的细胞膜被严重破坏，最终导致细菌的裂解死亡[18]。细胞膜的破坏会进一步导致细胞内物质的外泄和细胞代谢活动的紊乱，并引发细胞的死亡。

其次，光催化剂与微生物细胞之间的间接作用机制。在这一过程中，光生电子和光生空穴首先与水或水中的溶解氧发生反应，生成一系列具有强氧化性的活性物种，如羟基自由基和超氧自由基等。这些活性物种在光催化体系中起到关键的作用。它们具有较高的氧化还原电位，能够迅速与细胞壁、细胞膜及其组成成分发生化学反应。与直接作用机制相比，间接作用机制涉及更多的反应步骤和中间产物，但其杀菌效果同样显著。这些活性物种能够破坏细胞壁和细胞膜的结构，干扰细胞的正常代谢活动，最终导致细胞死亡。

光催化杀菌的机制并非单一存在的，而是可能同时发生直接和间接作用。在实际应用中，光催化剂的种类、光照条件、微生物种类和浓度等因素都可能影响杀菌机制作用的发挥。因此，深入研究光催化杀菌的机制对于优化反应条件、提高杀菌效率以及拓展应用领域具有重要意义。

此外，光催化剂还有一定的抗菌特性，例如，TiO_2 可以通过与银离子的有效复合，控制其释放过程，从而达到银离子－光催化协同抗菌杀菌效果；TiO_2 纳米颗粒尺寸大小为 5～10nm，通过表面修饰使其可以附着于各类软硬材料的表面，使用后具有长效的抗菌抑菌、净化空气、表面自清洁等功能[19]。

综上所述，光催化杀菌技术通过光催化剂与微生物细胞之间的直接和间接作用达到杀菌效果。直接作用机制涉及光生电子和光生空穴与细胞壁、细胞膜及其组成成分的化学反应，间接作用机制则依赖于光生电子和光生空穴与水或溶解氧反应生成的活性物种对细胞的破坏作用。两种机制共同构成了光催化杀菌技术的理论基础，为我们在未来进一步探索其应用潜力和优化方法提供了重要的指导。

参考文献

[1] 叶志强. 基于光催化技术的空气净化器设计与性能研究 [D]. 盐城：盐城工学院，2024：3.

[2]Mo J, Zhang Y, Xu Q, et al. Photocatalytic purification of volatile organic compounds in indoor air: A literature review[J]. Atmospheric environment, 2009, 43(14): 2229-2246.

[3]Hoffmann M R, Martin S T, Choi W, et al. Environmental applications of semiconductor photocatalysis[J]. Chemical reviews, 1995, 95(1): 69-96.

[4] 蔡伟民，龙明策. 环境光催化材料与光催化净化技术 [M]. 上海：上海交通大学出版社，2011：279-295.

[5] 毛一铮. 光催化技术在室内空气净化中的研究进展 [J]. 山西化工，

2024, 11（3）：32.

[6]Hossain M M, Raupp G B, Hay S O, et al. Three-dimensional development of a transient laminar flow model for photocatalytic monolith reactors[J]. AIChE Journal, 1999, 45(6): 1309-1321.

[7]Obee T N, Brown R T. TiO2 photocatalysis for indoor air applications: effects of humidity and trace contaminant levels on the oxidation rates of formaldehyde, toluene, and 1, 3-butadiene[J]. Environmental science & technology, 1995, 29(5): 1223-1231.

[8]Dibble L A, Raupp G B. Fluidized-bed photocatalytic oxidation of trichloroethylene in contaminated air streams[J]. Environmental Science & Technology, 1992, 26(3): 492-495.

[9]Mehrvar M, Anderson W A, Moo-Young M. Preliminary analysis of a tellerette packed-bed photocatalytic reactor[J]. Advances in Environmental Research, 2002, 6(4): 411-418.

[10]Larson S A, Widegren J A, Falconer J L. Transient studies of 2-propanol photocatalytic oxidation on titania[J]. Journal of Catalysis, 1995, 157(2): 611-625.

[11]Choi W, Ko J Y, Park H, et al. Investigation on TiO2-coated optical fibers for gas-phase photocatalytic oxidation of acetone[J]. Applied Catalysis B: Environmental, 2001, 31(3): 209-220.

[12]孙增慧. 纳米光催化剂在石油污染土壤修复中的研究[J]. 资源节约与环保，2018（10）：81-82.

[13]Mill T. Predicting photoreaction rates in surface waters[J]. Chemosphere, 1999, 38(6): 1379-1390.

[14]Si Y, Zhou J, Chen H, et al. Effects of humic substances on photodegradation of bensulfuron-methyl on dry soil surfaces[J]. Chemosphere, 2004, 56(10): 967-972.

[15]林志峰. 海水中石油的光化学降解研究[D]. 青岛：中国海洋大学，2008：23.

[16]张欢欢. 光催化杀灭微生物及其机理研究[D]. 南京：南京邮电大学，2021：3-4.

[17]吴琦琪，乔玮，苏韧. 异相光催化技术在能源与环境及有机合成领域的研究进展[J]. 科学通报，2019，64（32）：3317.

[18] 杨国详.可见光催化抗菌材料的设计及其构效关系的研究 [D]. 上海：上海师范大学，2018：46.

[19] 韩杰，斯康，郭子威.纳米二氧化钛抗菌性能研究进展 [J]. 中国消毒学杂志，2021，38（9）：705-708.

第十一章 光催化材料的表征与理论计算

光催化材料在环境净化和能源转换等领域具有重要应用,为了进一步提高其性能,需要深入了解其结构与性能之间的关系。本章将重点探讨光催化材料的表征与理论计算方法。

第一节 光催化材料的表征方法

一、光催化材料的结构分析

(一)X 射线衍射(XRD)

X 射线衍射(XRD)物相分析是基于多晶样品的 X 射线衍射效应,对样品中各组分的存在形态和物相结构进行分析测定的方法。XRD 测定的内容包括各组分的结晶情况、所属的晶相、晶体的结构等。但是 XRD 物相分析灵敏度较低,而且定量测定的准确度不高[1]。

晶体是由原子(或离子、分子)在三维空间周期性排列而构成的固体物质。如果把原子、离子或分子抽象成一个几何点,则无数个周围环境完全相同的这种点的集合就构成空间点阵,其特征可以用一个平行六面体(晶胞)来描述,其大小和形状可由平行六面体的三条不相平行的边长(a、b、c)及其夹角(α、β、γ)来表示。过点阵中任意三个不共线的点阵点可确定一个点阵平面,通过全部点阵点的一族平行的点阵平面,是一族等间距、周围环境相同的点阵平面。在这一族平面中每个点阵平面和三个坐标轴(X、Y、Z)相交,若三个截距的倒数之比为 h、k、l 且互质,则(hkl)称为晶面指标,它反映晶面

第十一章 光催化材料的表征与理论计算

在空间中的指向。例如，点阵平面（322）在点阵中的位置如图 11-1 所示[①]：

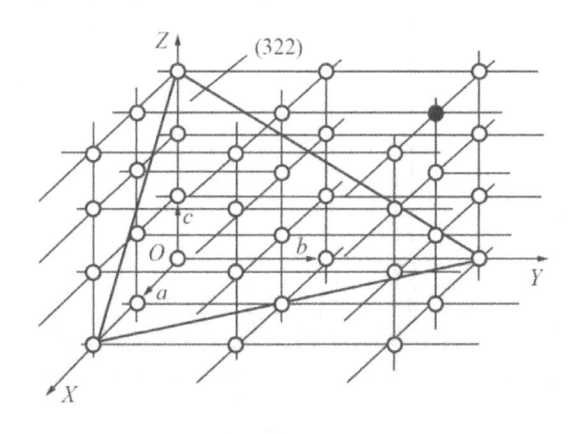

图 11-1 点阵平面（322）在点阵中的位置

XRD 测定原理是单色 X 射线照射晶体中的原子，由于原子的周期性排列，弹性散射波相互干涉发生衍射现象。一束波长为 λ 的平行 X 射线以入射角 θ 照射到两个间距为 d 的相邻晶面上发生衍射，两个晶面反射的反射线干涉加强的条件是两者光程差 $2d_{hkl}\sin\theta_{hkl}$ 等于波长的整数倍，用布拉格方程表示为：

$$2d_{hkl}\sin\theta_{hkl} = n\lambda \quad (n\text{ 为衍射级数}) \quad (11\text{-}1)$$

根据布拉格方程，在 λ 一定时，对于同一晶体而言，θ 和 d 有一一对应的关系，也就是说通过实验中测定的 θ，可以计算 d 确定晶体的周期结构，这就是晶体结构分析。每一种物相都有自己特定的衍射图谱，混合物的衍射图是各个物相衍射图的加和，因此通过与纯相标准图谱的比对可以鉴定样品中的物相。目前最全的标准 XRD 衍射图数据库是 JCPDS 编辑的 PDF 卡片集，每一种物相对应一个 PDF 编号，通过软件如 Search-Match、Jade、highscore 等进行峰的比对，可以确定实验测定图谱的晶体结构（图 11-2）。

---

① 本节图片引自：蔡伟民，龙明策. 环境光催化材料与光催化净化技术 [M]. 上海：上海交通大学出版社，2011：36-37.

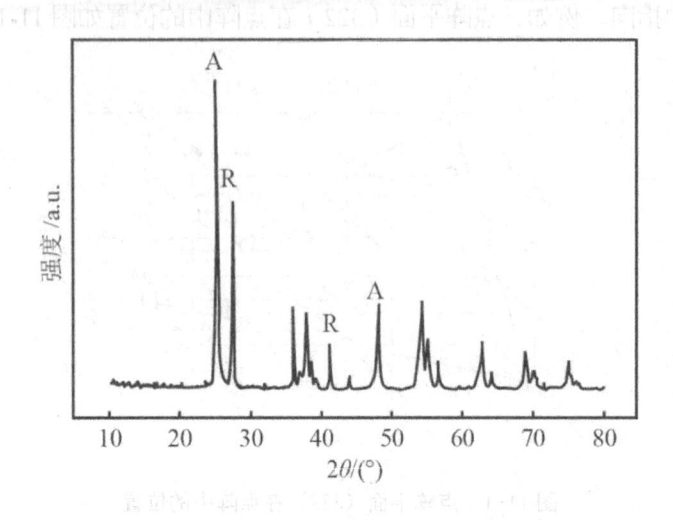

图 11-2　TiO₂ 纳米粒子的 XRD 衍射图

1. 物相组成分析

物相组成分析在材料科学和固体物理研究中占据着举足轻重的地位，其核心目标是揭示多晶材料中不同物相的相对含量、分布特征及其相互关系。这一分析方法通常通过 X 射线衍射、电子衍射等技术手段实现，能够为研究者提供关于材料微观结构的重要信息。

在不同物相多晶混合物的衍射谱中，所观测到的衍射信号不仅是各组成物相衍射谱的叠加，还是反映物相间相互作用的复杂结果。具体来说，每种物相都具有独特的晶体结构和排列方式，这使得其在衍射谱中产生特定的衍射峰。尽管各组成相的衍射强度受到其他物相的影响，但总体上，这些强度与各个相的含量成正比。因此，研究人员可以通过对衍射谱中各衍射峰的定量分析，来有效地确定不同物相的相对含量。

在实际操作中，衍射谱的解读需要细致入微。研究人员首先需通过合适的峰识别算法，准确定位不同物相的特征衍射峰，然后进行峰面积或峰强度的定量分析。通过与已知标准样品进行对比，研究人员可以校正并量化每种物相的贡献。采用这种方法，可以得到各组成相的质量百分比，进而推导出材料的物相组成。

物相组成分析不仅局限于量化成分，还提供了对材料微观结构和性质理解的深刻洞察。例如，通过分析不同物相的相对丰度，研究人员能够推测出材料在特定条件下的热稳定性、力学性能及其反应性。这一分析结果在催化剂、陶瓷材料、合金以及功能材料的研究和开发中均具有重要意义。

因此，物相组成分析在现代材料科学中，不仅是一项基本的实验技术，也是理解和预测材料性能的基础性工具。它为探索新材料的设计、优化以及其在各种应用中的表现提供了重要的理论依据和实验支持，推动了相关领域的不断发展与创新。

2. 纳米晶粒尺寸的估算

纳米多晶材料的晶粒尺寸是决定其物理化学性质的一个重要因素。光催化剂的活性、比表面积、孔容积、强度以及寿命等参数均与晶粒尺寸密切相关。因为 X 射线衍射峰宽与晶粒尺寸成反比，采用 X 射线衍射宽化法可以估算样品的晶粒粒径。当颗粒为单晶时，该方法测得的是颗粒粒径；当颗粒为多晶时，测得的是组成单个颗粒的单个晶粒的平均晶粒粒径。一般晶粒粒径小于 50nm，测量值与实际值相近，而当晶粒大于 100nm 时，其衍射峰宽度随晶粒大小变化不敏感，采用 XRD 方法计算晶粒尺寸则不适用。半导体光催化剂纳米晶粒尺寸可以采用谢乐（Scherrer）方程进行计算：

$$D = \frac{K\lambda}{B\cos\theta} \tag{11-2}$$

式中：D——晶粒在衍射峰对应晶面法线平面的平均厚度，以此作为平均晶粒大小（nm）；

λ——所用 X 射线波长（nm）；

B——纳米粒子细化而引起的 X 射线宽化，可以采用对应衍射峰的半峰宽数值，单位为弧度；

θ——衍射峰对应的布拉格角；

K——常数，一般取 0.89。

由于晶粒不是球形，不同晶面方向其厚度是不同的，即用不同衍射峰求得的 D 值往往不同。一般求取数个（如 n 个）不同方向（不同衍射峰）的晶粒厚度，据此可以估计晶粒的外形。并取平均值，所得为不同方向厚度的平均值 D，即为晶粒大小。

3. 晶格畸变的估算

由于晶体中原子间作用力平衡被破坏，使其周围的其他原子产生靠拢或撑开，导致正常的晶格发生扭曲，这种变化称为晶格畸变。在产生晶格畸变时，原子离开了平衡位置，引起势能增加，稳定性降低，对晶体的一系列物理和化学性质产生影响。光催化材料制备中不同的热处理工艺和掺杂修饰均可能引起晶格畸变，导致光催化性能的变化。晶格畸变引起的部分晶体或局部的微观应力将导致衍射峰的宽化，所以可以用公式计算晶格畸变的程度：

$$\varepsilon = B / (4\tan\theta) \qquad (11\text{-}3)$$

式中：ε——晶格畸变的应变（相对变化），表示晶格的畸变程度；

B——晶格畸变的广义应变；

θ——衍射角（衍射角度），即 X 射线衍射实验中光束与晶面之间的角度。

4. 小角 XRD 衍射

介孔材料孔径为 2～10nm，具有很高的比表面积，在石油化工和生物化学中具有良好的应用前景。在光催化研究中，介孔分子筛可以作为光催化剂的载体，而介孔光催化材料如介孔 TiO_2 粉体往往具有优异的光催化性能，逐渐成为一个重要研究方向。小角 XRD 是目前测定纳米介孔材料结构最有效的方法之一。将介孔材料规整的孔隙看成周期性结构，通过样品在小角区的衍射峰反映孔周期大小。

（二）X 射线光电子能谱（XPS）

X 射线光电子能谱（XPS），全称为 X-ray Photoelectron Spectroscopy，是一种广泛应用于材料表面化学性质及组成分析的重要技术。该技术通过测量样品表面以下 1～10nm 范围内逸出电子的动能和数量，从而得到关于样品表面的化学信息。XPS 不仅具备高表面灵敏度，还能揭示样品中元素的化学状态，成为在材料科学研究中不可或缺的分析工具。

XPS 的基本原理基于光电效应。当一束 X 射线照射到样品表面时，样品中的原子或分子的内层电子或价电子吸收光子能量而被激发出来，成为光电子。这些光电子的动能与它们所结合的原子轨道的能量有关，即电子的结合能。通过测量这些光电子的动能，可以计算出电子的结合能，进而确定样品表面的元素种类及其化学状态。

XPS 因其独特的分析能力而被广泛应用于各种材料的表面化学研究。它不仅可以用于无机化合物、合金、半导体、聚合物等材料的元素组成和化学状态分析，还能揭示催化剂、玻璃、陶瓷、染料、纸张、墨水、木材、化妆品、牙齿、骨骼等复杂样品表面的化学信息。此外，XPS还常用于腐蚀、摩擦、润滑、粘接、催化、包覆、氧化等过程的研究，为材料科学、化学工程、生物医学等领域提供了重要的技术支持。

（三）红外光谱与拉曼光谱

红外光谱作为一种分子振动光谱技术，在光催化研究中占据了重要地位。尤其是在对固体光催化剂的研究中，红外光谱的应用尤为广泛。通过对光催化剂表面羟基状态的测定，红外光谱能够揭示光催化剂表面的化学性质。此外，红外光谱还能够观察固体光催化剂表面吸附的有机物质在光催化降解过程中官能团的变化[2]，为揭示光催化降解机制提供了有力的工具。在纳米 TiO_2 粉体表面微结构的研究中，红外光谱发挥着关键作用。通过对比改性剂与表面改性的纳米 TiO_2 颗粒间的红外光谱，可以深入分析改性剂与纳米 TiO_2 表面的键合状态，为光催化剂的优化提供重要依据。

近年来，红外反射光谱 FTIR-RS 技术在纳米 TiO_2 组装膜的表面组成与微结构分析方面取得了显著进展。该技术利用其对垂直取向大分子的响应特性，不仅能够分析纳米 TiO_2 组装膜的表面组成，还能对表面有机大分子的取向进行深入分析。然而，FTIR-RS 技术也存在一些局限性，如需要苛刻的实验条件、耗时较长，以及在表面组分含量较少时谱图信号较弱等问题。尽管如此，随着技术的不断进步，原位红外测量技术已成为光催化研究的重要手段之一。

拉曼光谱作为一种研究固体中各种元激发状态的有效方法，也在光催化领域发挥了重要作用[3]。在光散射过程中，光子与分子相互作用产生拉曼散射，这种散射反映了分子振动、固体中的光学声子等元激发与光的相互作用。拉曼光谱的光散射频率位移与晶体晶格的振动模式密切相关，因此可用于分析纳米材料的微结构变化和键态特征。与 XRD 分析结合，拉曼光谱还能用于确定纳米晶体的结构，为深入研究光催化机制提供了有力支持。

值得注意的是，体相和纳米颗粒的拉曼光谱往往表现出一定的差异，这主要是由于颗粒大小和氧空位的影响。与红外光谱相比，拉曼光谱在分析纳米光催化剂表面组成与微结构方面具有独特的优势，如不受水分影响、对无机物的晶体结构更加敏感等。因此，拉曼光谱在光催化研究中的应用前景十分广阔。

二、光催化材料的形貌分析

光催化剂的性能深受其颗粒大小与形貌特征的双重影响。针对同一种光催化剂,当制备成纳米颗粒、纳米管、纳米线、纳米片以及核壳结构等具有特殊形貌的形态时,往往能够观察到显著的性能差异。这种差异性表明,对于纳米光催化剂的性能研究,仅依赖于理论计算或宏观实验远远不够,还需直接观察其形貌特征。

在形貌分析中,核心目标在于解析材料的几何形貌、颗粒度及其分布,以及形貌微区的成分和物相结构等关键信息。这些信息对于深入理解光催化剂的性能机制以及优化其制备工艺具有指导意义。

为实现这一目标,扫描电子显微镜(SEM)和透射电子显微镜(TEM)等电子显微镜技术被广泛应用于形貌分析。这些技术基于电子的波粒二象性原理,以高压下的高速电子作为光源。由于电子波长远小于可见光,因此电子显微镜具有极高的分辨率,可达到0.5nm甚至更低,使得研究者能够在分子、原子尺度上对光催化材料进行精细表征。

(一)扫描电子显微镜

扫描电子显微镜(SEM)作为现代材料科学领域的重要工具,在光催化材料形貌分析方面发挥着不可或缺的作用。其工作原理基于电子与物质之间的相互作用,通过高度集中的电子束扫描材料表面,从而获取材料表面的微观形貌信息。

在SEM分析中,电子束以$0.5 \sim 30eV$的能量范围作用于材料表面,激发出大量的低能量二次电子。这些二次电子的强度随样品表面形貌的变化而有所不同。因此,通过测量扫描区域内二次电子的强度随不同位置的变化函数,SEM能够生成材料表面的高倍放大照片。这种技术不仅具有高度的分辨率,而且能够直观地展示材料表面的微观结构,为光催化材料的研究提供了有力支持。

在制样方面,SEM具有相对简单的操作过程。粉体样品可以通过导电胶黏附在样品台上进行测试,固体块状试样则可以直接进行扫描。需要注意的是,光催化剂作为一种半导体材料,其导电性能往往较差。这可能导致直接测定时图像不够清晰。为了解决这一问题,通常需要在样品表面涂覆一层导电性良好的金属膜,如Au膜。通过真空蒸镀或离子溅射的方式将Au膜均匀地涂覆在光催化剂表面,可以有效地提高其导电性能,从而得到更为清晰的SEM图像。

此外,SEM在分析过程中不仅产生二次电子,同时还产生后散射电子和

X 射线。后散射电子的强度与组成样品的元素原子序数密切相关，为我们提供了一种通过分析后散射电子强度来推断样品元素组成的方法。释放出的 X 射线则可以通过能量色散 X 射线光谱（EDX）进行分析，进一步确定样品表面的元素组成和分布。因此，SEM 通常配备有 EDX 能谱附件，使得我们可以在一次扫描过程中同时获得样品的形貌信息和元素组成信息，极大地提高了分析效率。

扫描电子显微镜作为一种成本较低且简单实用的表面分析方法，在光催化材料形貌分析领域具有广泛的应用前景。通过 SEM 技术，我们可以直观地了解光催化材料的微观形貌特征，为深入研究其性能和应用提供有力的支持。随着技术的不断进步和完善，相信 SEM 将在光催化材料研究领域发挥更加重要的作用。

（二）透射电镜

在光催化材料的研究中，形貌分析是一项至关重要的工作。透射电镜（TEM）作为一种具有极高放大倍数的显微成像技术，为研究人员提供了直接观察纳米粒子形貌、平均直径或粒径分布的有效手段。通过 TEM 的观察，可以直观地获取纳米粒子的形貌信息，进而分析其结构与性能之间的关系。

透射电镜在光催化材料形貌分析中的应用具有显著的优势。相较于其他表征手段，TEM 能够提供更为精确和直观的图像，使得研究者能够更准确地判断纳米粒子的形貌特征。此外，透射电镜所测得的颗粒大小直接反映了纳米粒子的实际尺寸，与通过 XRD 等间接方法计算得到的晶粒尺寸有所不同，为研究者提供了更为全面的信息。

然而，透射电镜样品的制备是一个相对复杂的过程。由于电子束需要穿透样品，因此要求样品具有极薄的厚度，一般应小于 100nm。对于纳米颗粒样品，通常需要先将其超声分散在无水乙醇等载液中，使超微粉体均匀分散在载液中。随后，将悬浮液滴在带有碳膜的电镜用铜网上，待悬浮液挥发后，便可将样品放入电镜样品台进行观察。这一制备过程虽然烦琐，但确保了样品在透射电镜下的观测质量。

此外，随着技术的不断发展，高分辨透射电镜（HR-TEM）的出现为光催化材料的形貌分析提供了更为强大的工具。HR-TEM 具有更高的点分辨率，例如，200kV 的 TEM 点分辨率为 0.2nm，1000kV 的 TEM 点分辨率达到了 0.1nm。[4] 这使得研究人员能够直接观察原子像，进而获得晶胞、晶面排列的信息,甚至可以确定晶胞中原子的位置。这些信息对于深入理解光催化材料的结构与性能关系具有重要意义。

三、光催化材料的光学性质分析

(一)固体紫外-可见漫反射光谱

半导体光催化材料具有其特性,因此也有一些满足其特性的表征方法。作为光催化剂,其高效宽谱的光学吸收性能是保证光催化活性的一个必要而非充分条件,因此分析固体光催化剂的光学吸收性能是必不可少的。由于固体样品存在大量的散射,所以不能直接测定样品。通常采用固体紫外-可见漫反射光谱(DRS)测得漫反射谱,经过Kubelka-Munk函数,将测得的无限厚样品的反射光谱转化为等价的吸收光谱 $F(R_\infty)$。Kubelka-Munk函数如下:

$$F(R_\infty) = \frac{(1-R_\infty)^2}{2R_\infty} = \frac{\alpha(\text{吸收系数})}{s(\text{散射系数})} \quad (11\text{-}4)$$

式中,R_∞是无限厚样品的反射率。通常反射率采用与一已知高反射率($R_\infty \approx 1$)的标准物质比较来测量,多采用$BaSO_4$或MgO作为标准物质,将其对波长作图,构成该物质的反射光谱。通过上式转换成紫外可见吸收光谱。通过吸收光谱的吸收截止波长可以粗略估算吸收带边。

(二)固体光致发光光谱

光致发光(PL)是指一定波长光照下被激发到高能级激发态的电子重新跃入低能级,被空穴捕获而发光的微观过程。从物理机制上分析,电子跃迁可以分为非辐射跃迁和辐射跃迁两类。光致发光属于辐射跃迁,当能级间距较大时,电子跃迁释放的能量以光子形式发射出来,产生荧光发射现象。光致发光光谱是研究半导体纳米材料的电子结构和光学性能的有效方法,并且能够揭示光生载流子的迁移、捕获和复合等规律。

纳米粒子所展现出的发光光谱与常规材料相比呈现出显著的差异,具体表现为出现了一系列常规材料中从未观察到的全新发光带。针对这一现象,结合纳米结构材料独特的物理和化学特性,可以从以下三个核心方面进行深入解析[5]:

首先,纳米材料中存在大量的原子排列混乱的界面区域。在这些区域中,平移周期性遭到了严重的破坏,使得传统的k空间描述方法无法准确描述电

第十一章 光催化材料的表征与理论计算

子的能级状态。此外，根据垂直跃迁的选择定则，这一在常规材料中广泛适用的原则，对于纳米态的电子跃迁可能不再适用。因此，在光的激发下，纳米粒子可能会产生一些特定的发光带，这些发光带在常规材料中由于选择定则的限制而无法出现。这为我们理解纳米材料发光光谱的特殊性提供了有力的理论支撑。

其次，纳米材料中的空穴浓度远高于常规材料。由于纳米粒子的尺寸较小，电子在其中的运动平均自由程也相对较短。使得空穴更容易束缚电子形成激子，从而增加了激子发光的概率。因此，纳米材料能够展现出激子发光带，这是一种在相同实验条件下常规材料无法观察到的全新发光现象。这一发现不仅拓宽了我们对纳米材料发光机制的理解，也为纳米材料在发光器件等领域的应用提供了新的可能性。

最后，纳米材料界面内存在大量不同类型的悬键和不饱和键。这些特殊的化学键结构在能隙中形成了一些附加能级，即缺陷能级。这些缺陷能级的存在会引起一些新的发光带，使得纳米粒子的发光光谱更加丰富多样。相比之下，常规材料中悬键和不饱和键出现的概率较小，浓度也较低，因此在能隙中很难形成显著的缺陷能级。这也是纳米粒子发光光谱与常规材料存在显著差异的重要原因之一。

通常当发光光谱对应带隙能量时，发光峰越强，表明能量损耗的复合作用越强，光催化活性越低。但很多时候发光峰还对应复杂的表面态能级和激子复合，因此对于发光光谱的结果需要综合分析。对于同一种材料，不同激发波长得到的光致发光光谱不同。在 300nm 和 350nm 激发波长下 ZnO 纳米粒子的发光光谱，在 400～550nm 范围内均有强而宽的 PL 发光信号。其中在 420nm 和 480nm 有明显的发光峰，分别对应了能带边缘自由激子和束缚激子的发光。[6] 通常纳米颗粒氧化物表面有许多氧空位，由于纳米粒子的粒径很小，电子的平均自由移动距离较短，使得氧空位很容易结合电子形成激子，并形成靠近导带底的激子能级，因此存在对应的激子发光带。而且纳米粒子粒径越小，表面氧空位浓度越高，激子存在的概率越大，因此 PL 发光越强。

第二节　光催化材料的表征的理论计算研究方法

一、光催化材料的表征的理论计算基础

（一）量子力学

17世纪末，近代经典物理学创立，但随着时代的发展，在探索微观世界过程中，人们逐渐注意到了一系列的现象，根本无法用以宏观世界为研究对象的经典理论解释。20世纪初，一大批物理学家以极大的努力彻底推翻并重建了整个物理学体系，发展出相对论和量子论，并称为现代物理学两大支柱[7]。

量子力学是20世纪影响最为深远的科学进展，其关键之一就是为了描述微观粒子运动而建立的薛定谔方程。与时间无关的非相对论薛定谔方程具有简单的形式，即[8]：

$$H\Psi = E\Psi \tag{11-5}$$

式中：H——哈密顿算符，取决于方程所描述的物理体系；

Ψ——哈密顿量的一套求解，解中的每个Ψ_n均对应于相应的本征值E_n，这是满足本征值方程的真实解。

对于规则排列原子集合，所需关注的基本信息是这些原子的能量，以及这些原子移动时的能量变化。为了定义一个原子的位置，需要同时定义其原子核以及所有电子的位置。由于原子核的质量远大于单个电子，电子对环境变化的响应要远快于原子核。利用玻恩－奥本海默近似，可将该问题分割为原子核和电子两个部分。

固定原子核位置，求解描述电子运动的方程组，可得到该原子核势场中能量最低的电子构型，称之为电子的基态。而对于M个在$R_1, \cdots, R_M$位置的原子核，基态能量可表示为这些原子核位置的函数$E(R_1, \cdots, R_M)$，称之为这些原子的绝热势能面。基于该绝热势能面，便可计算得到原子移动导致的能量变化。光热协同催化材料是多电子与多原子核交互作用体系，薛定谔方程可以写成一个更完整而复杂的形式，即：

$$\left[-\frac{h^2}{2m} \sum_{N}^{i=1} \nabla_i^2 + \sum_{N}^{i=1} V(r_i) + \sum_{N}^{i=1} \sum_{j<i} U(r_i, r_j) \right] \Psi = E\Psi \tag{11-6}$$

式中：$-\dfrac{h^2}{2m}\sum\limits_{N}^{i=1}V_i^2$——每个电子的动能；

$\sum\limits_{N}^{i=1}V(r_i)$——每个电子与所有原子核之间的作用能；

$\sum\limits_{N}^{i=1}\sum\limits_{j<i}U(r_i,r_j)$——不同电子之间的作用能；

M——电子质量；

Ψ——电子波函数，即 N 个电子每个电子空间坐标的函数；

E——电子基态能量。

电子波函数 Ψ 为 N 个电子空间坐标的函数，即 $\Psi = \Psi(r_1,\cdots,r_N)$，通过哈特里 – 福克近似可得 $\Psi = \Psi_1(r)\Psi_2(r)\cdots\Psi_n(r)$，即 N 个单电子波函数的乘积。由于电子数目 N 往往远大于原子核数目 M，这种近似处理方法能将研究体系的 3N 维全电子波函数问题有效简化为 N 个 3 维单电子波函数问题。

哈密顿量 H 中的电子 – 电子相互作用能对于求解薛定谔方程至关重要。但是，其数学形式表明，为了确定某个单电子波函数 $\Psi_i(r)$，需要同时考虑该电子与其他所有电子有关的波函数，导致薛定谔方程成为一个多体问题。

值得注意的是，基于某套特定坐标的波函数是无法直接观测到的，理论上能测量的是 N 个电子在特定坐标 $(r_1,\cdots,r_N)$ 出现的概率 $\Psi^*(r_1,\cdots,r_N)\Psi(r_1,\cdots,r_N)$。由于无须细致区分每个电子，因此更值得关注的是空间中的电荷密度 $n(r)$，即：

$$n(r) = 2\sum_i \Psi_i^*(r)\Psi_i(r) \tag{11-7}$$

其中 * 表示一个共轭复数，因子 2 是因为电子具有自旋，由泡利不相容原理，每个单电子波函数能被不同自旋的两个电子占据。

由于电荷密度 $n(r)$ 的提出，为从物理上实际观测到全波函数提供了可能，也为密度泛函理论的建立奠定了基础。

（二）密度泛函理论

20 世纪中期，密度泛函理论（DFT）建立。

1. Hohenberg-Kohn 定理

Hohenberg-Kohn 第一定理指出从薛定谔方程得到的基态能量是电荷密度

的唯一函数。基态能量 $E = E[n(r)]$，即密度泛函理论名称的来源。基态电荷密度唯一决定了包括能量和波函数在内的所有基态性质。其表明，可以通过只含有 3 个空间变量的电荷密度函数来求解薛定谔方程得到基态能量，无须涉及含有 $3N$ 个变量的波函数。

Hohenberg-Kohn 第二定理指出使整体泛函最小化的电荷密度就是对应于薛定谔方程完全解的真实电荷密度。其表明，如果已知泛函的形式，可以不断调整电荷密度使其能量达到最小化，并得到相应的电荷密度。

基于上述 Hohenberg-Kohn 定理，基态能量可写成单电子波函数的形式，即：

$$E[\{\Psi_i\}] = E_{known}[\{\Psi_i\}] + E_{XC}[\{\Psi_i\}] \qquad (11\text{-}8)$$

其中，$E_{known}[\{\Psi_i\}]$ 包含电子的动能，电子和原子核之间的库伦作用，电子之间的库伦作用，以及原子核之间的库伦作用，详见下式：

$$\begin{aligned}E_{known}[\{\Psi_i\}] = &-\frac{h^2}{m}\sum_i\int\Psi_i^*\nabla^2\Psi_i d^3r + \int V(r)n(r)d^3r \\ &+\frac{e^2}{2}\iint\frac{n(r)n(r')}{|r-r'|}d^3rd^3r' + E_{ion}\end{aligned} \qquad (11\text{-}9)$$

交换关联泛函 $E_{XC}[\{\Psi_i\}]$ 指的是除 $E_{known}[\{\Psi_i\}]$ 之外其他所有量子力学效应。

2. Kohn-Sham 方程

物理学家沃尔特·科恩（Walter Kohn）和沈吕九（Lu Jeu Sham）认为，求解正确的电荷密度可表示为求解一套方程，其中每个方程都只与一个电子有关，由此建立 Kohn-Sham 方程，即：

$$\left[-\frac{h^2}{m}\nabla^2 + V(r) + V_H(r) + V_{XC}(r)\right]\Psi_i(r) = \varepsilon_i\Psi_i(r) \qquad (11\text{-}10)$$

其中，V 为一个电子与所有原子核之间的相互作用。V_H 为 Hatree 势能，即：

$$V_H(r) = e^2\int\frac{n(r')}{|r-r'|}d^3r' \qquad (11\text{-}11)$$

Hatree 势能表示 Kohn-Sham 方程中考虑的单个电子与全部电子产生的总电荷密度之间的库伦排斥作用，其中也包括并不存在的该电子与其自身的库伦作用，这部分的修正包含在 V_{XC} 中。交换作用能 V_{XC} 在形式上可表示为交换关联能的泛函导数，即：

$$V_{XC}(r) = \frac{\delta E_{XC}(r)}{\delta n(r)} \qquad (11\text{-}12)$$

3. Kohn-Sham 方程自洽求解

Kohn-Sham 方程的自洽求解过程可利用迭代算法来处理，具体如下：

（1）定义初始电荷密度 $n(r)$。

（2）由 $n(r)$ 求解 Kohn-Sham 方程，得到单电子波函数 $\Psi_i(r)$。

（3）由 $\Psi_i(r)$ 计算得到新的电荷密度 $n_{KS}(r) = 2\sum_i \Psi_i^*(r)\Psi_i(r)$。

（4）比较 $n_{KS}(r)$ 和 $n(r)$ 之间的差别并进行修正，利用修正后的电荷密度重复第二步至第四步，直到两个电荷密度之间差别极小，则认为所得电荷密度就是基态电荷密度，可用来计算基态能量。

二、光催化材料的表征的理论计算软件

量子力学晦涩深奥，令人望而却步。但近年来，密度泛函理论及其计算作为材料模拟工具，广泛应用于物理学、化学、材料科学及其他工程领域。这就表明，量子力学的理论基础固然意义深远，但其实际应用对于人类社会的发展同样至关重要。因此，利用理论计算软件模拟材料表面，并从分子尺度的微观层面探索反应机制，将成为光催化材料表征理论计算研究的关键与重点。

目前，基于密度泛函理论而发展出的理论计算软件主要包括 VASP、CASTEP、CP2K、Quantum ESPRESSO、ABINIT、SIESTA、DMol3、WIEN2k、PWmat 等。其中，以 VASP 和 CASTEP 的应用最为广泛。以下对 VASP 进行探讨。

（一）VASP 的发展

VASP 最初以 Mike.Payne 编写的相关程序为基础，与 CASTEP/CETEP 代码同源。

1992 年，VASP 代码中加入了超软赝势（USPP），并引入自洽循环用于

高效计算金属体系。

1993年，团队编写Pulay/Broyden电荷密度混合方案，并在对称性问题、INCAR阅读程序和快速3D-FFT等方面做出贡献。

1995年，VASP最后一次被定名，成为一款稳定的第一性原理计算通用工具。

1996年，VASP推出Fortran90版本（VASP.4.1），并开始进行与MPI并行编码。团队把CETEP中的交流核心程序复制到VASP中，这是VASP第二次在CASTEP基础上的发展，但也引起了争议。为此，1998年，VASP的交流核心程序被重新编写。

1999年，投影缀加平面波（PAW）方法被应用到VASP中。

2004年，VASP.5.X版本推出，支持Hartree-Fock（HF）方法、格林函数（GW）和线性响应理论。

2020年，VASP.6.1.0版本发布，支持OpenMP和MPI混编，并可集成机器学习方法。

（二）VASP的应用

VASP是一种广泛应用于计算与模拟的第一性原理工具，尤其在研究具有周期性边界条件或超晶胞模型的多种系统时，展现出卓越的性能。其适用范围涵盖了原子、分子、团簇、表面、吸附体系、纳米管/线及晶体等多种材料系统，成为材料科学与凝聚态物理研究中的重要工具。以下是VASP在不同研究领域的具体应用分析：

第一，结构性质分析。基于VASP的计算结果，研究者能够精确分析并获取一系列关键的结构参数，如键长、键角、晶格参数和原子位置等。这些结构参数的准确测定为深入理解物质的几何结构与稳定构型奠定了基础。通过对结构性质的分析，研究者可以揭示材料的空间排列和几何对称性，从而更好地理解其宏观性质。例如，某些材料的特定晶体结构可能导致独特的电气或热学性质，这些都与其微观结构密切相关。同时，VASP还能够帮助识别材料的相变行为和热力学稳定性，这对于开发新型材料和改善现有材料性能具有重要意义。

第二，电子性质分析。VASP为研究者提供了丰富的电子性质信息，包括电子态密度、能带结构、电荷密度分布以及电子局域化函数等。这些信息使研究人员能够深入探讨材料的电子性质，特别是电子行为和电子结构特征。

第十一章 光催化材料的表征与理论计算 ◎

通过分析能带结构，研究人员可以判断材料是金属、半导体还是绝缘体，从而为应用选择提供指导。电子态密度的计算则有助于理解材料的化学反应性、光电特性及导电性能，尤其是在开发光电器件和电池材料时，电子结构的细致分析至关重要。此外，VASP 还可以模拟外部电场对电子分布的影响，从而研究材料在电场作用下的行为，这为器件设计和优化提供了新的视角。

第三，表面性质分析。在材料科学中，表面性质的研究至关重要，因为材料的表面常常决定了其与环境的相互作用。VASP 可以用于模拟表面重构和缺陷结构，分析表面能量、表面吸附能以及扫描隧道显微镜（STM）模拟等。这些分析为探索材料的表面特性、反应机制及其催化活性提供了重要的理论依据。通过对表面吸附过程的研究，研究人员能够评估分子在材料表面的行为，对于催化剂的开发和表面改性具有直接的应用价值。此外，VASP 还能够帮助研究人员理解材料表面与界面之间的相互作用，特别是在多相体系或复合材料的设计中，表面性质的深入分析能够优化材料的性能。

第四，力学性质分析。VASP 的计算能力还扩展到材料的力学性质，包括弹性常数和弹性模量等。这些力学性质的计算不仅为材料的力学行为提供理论支持，还对评估材料的强度、韧性以及在实际应用中的耐久性和可靠性至关重要。例如，通过计算弹性模量，研究者可以预测材料在外部负载下的变形行为，从而在工程应用中合理选择材料。此外，VASP 也能够分析应力–应变关系，对于材料的设计与改进提供了重要的理论依据，尤其在结构材料的开发和应用中，力学性质的理解是材料选择和设计的重要参考。

第五，光学性质分析。VASP 能够计算材料的介电函数、吸收光谱、折射率等光学性质，为光电材料的设计与性能优化提供重要参考。这些光学性质的理论分析不仅有助于理解材料在光照射下的行为，还对光电器件的性能评估和优化提供了指导。尤其在开发新型光电材料时，深入分析光学特性能够揭示材料对光的响应机制，从而优化其在太阳能电池、发光二极管等领域的应用表现。此外，VASP 还可以模拟材料在不同波长光照射下的行为，从而为材料的应用开发提供更全面的视角。

第六，磁学性质分析。VASP 具备模拟材料的自旋轨道耦合等磁学性质的能力，为理解磁性材料的特性和行为提供了重要手段。在自旋电子学和量子计算等前沿领域，磁性材料的特性直接影响其应用潜力。VASP 的计算能够揭示材料的磁序、磁化强度及其对外部磁场的响应，对于开发新型磁性材料和探讨其应用方向具有重要意义。此外，VASP 的磁学性质分析还能够帮助研究者理解材料的相变行为，特别是在温度变化或外部条件改变时材料的磁性变化，对探索多功能材料的设计具有重要价值。

第七，晶格动力学性质分析。通过 VASP 进行的计算，研究者可以获得材料的声子谱等晶格动力学性质，深入理解材料的振动特性和热传导行为。这些信息对于评估材料的热稳定性和热管理特性至关重要，尤其在热电材料和绝缘材料的开发中，晶格动力学的分析能够帮助优化材料性能。此外，声子谱的计算还可以揭示材料的相变行为，特别是在温度变化或压力作用下的结构转变，这对理解材料的基本性质和行为具有重要意义。

第八，分子动力学模拟。VASP 还可用于进行分子动力学模拟，研究材料在不同条件下的动态行为与响应。这一应用不仅能够揭示材料的时变特性和动态过程，还为理解材料在实际应用中的性能提供了重要的理论支持。通过模拟，研究者能够观察材料在外部刺激（如温度变化、压力变化或化学反应）下的行为，对于材料的应用开发和性能评估至关重要。另外，VASP 的分子动力学模拟还可以为材料设计提供直观的时间演化图像，从而帮助研究者在材料的优化与创新中做出更为科学的决策。

总之，VASP 作为一种功能强大的第一性原理计算工具，为材料科学和凝聚态物理领域的研究提供了丰富的信息和深入的理解。其在多方面的应用，不仅推动了新材料的设计和性能优化，也加深了对材料行为的基本理解，具有重要的学术价值和应用前景。通过对 VASP 的深入应用，研究者能够在材料科学的各个领域中实现更高水平的探索与创新，推动学科的发展与进步。

（三）交换关联泛函

交换关联泛函 $E_{XC}[\{\Psi_i\}]$ 的真实形式极难确定。对于均匀电子气，电荷密度 $n(r)$ 为一常数，尽管这种情形对于实际材料而言意义不大，但却为使用 Kohn-Sham 方程提供了可行思路。

1. 局域密度近似（LDA）

在 LDA 中，根据某一位置所观测到的电荷密度，近似其为均匀电子气，得到相应的交换关联能，将其确定为该位置的交换关联能，即：

$$V_{XC}^{LDA} = V_{XC}^{electron\ gas}[n(r)] \quad (11\text{-}13)$$

虽然 LDA 能较好地应用于电荷密度变化较缓的体相材料，但对于原子团和分子的性质预测存在局限性。

2. 广义梯度近似（GGA）

由于实际电荷密度并不是均匀的，因此，GGA 在 LDA 的基础上加入了电荷密度的空间变化信息，即：

$$V_{XC}^{GGA} = V_{XC}[n(r), \nabla n(r)] \quad (11\text{-}14)$$

GGA 能更好地描述实际材料体系中电荷密度的不均匀性，使得体系性质计算更为准确，也在一定程度上拓宽了密度泛函理论的应用范围。GGA 中最常用的非经验泛函包括 Perdew-Burke-Ernzerhof（PBE）泛函和 Perdew-Wang 91（PW91）泛函。

3. Meta-GGA

进一步地，Meta-GGA 中加入了 Kohn-Sham 轨道的动能密度，即：

$$\tau(r) = \frac{1}{2} \sum_{occupied\ states} |\nabla \varphi_i(r)|^2 \quad (11\text{-}15)$$

4. Hyper-GGA

Hyper-GGA 泛函使用精确交换能和 GGA 泛函的混合形式来描述交换能。以适用于分子体系的 B3LYP 泛函为例：

$$V_{XC}^{B3LYP} = V_{XC}^{LDA} + \alpha_1 \left(E^{exchange} - V_X^{LDA} \right) + \alpha_2 \left(V_X^{GGA} - V_X^{LDA} \right) \\ + \alpha_3 \left(V_C^{GGA} - V_C^{LDA} \right) \quad (11\text{-}16)$$

式中：V_X^{GGA}——Becke 88 交换泛函；

V_C^{GGA}——Lee-Yang-Parr 关联泛函；

α_1、α_2 和 α_3——经验参数。

目前，VASP 支持的交换关联泛函主要包括基本泛函（LDA、GGA）、混合泛函（AM05、PBEsol、PBE、rPBE、BLYP）、杂化泛函（HSE06、PBE0、B3LYP）、范德华密度泛函（vdW-DF、vdW-DF2）、Meta-GGA 泛函（revTPSS、TPSS、M06-L），以及 Becke-JohnsonMeta-GGA 泛函等。

（四）VASP 的操作及辅助工具

VASP 的输入文件主要包括 INCAR、KPOINTS、POSCAR 和 POTCAR 四个文件。

INCAR 中设置了关于计算内容及方法的一些重要参数，控制着 VASP 进行何种性质的计算，包括定义初始电荷密度和波函数，控制自洽迭代、离子弛豫过程及收敛标准，以及态密度相关参数等。

KPOINTS 为倒易空间中布里渊区（Brillouin Zone，BZ）k 点设置文件。k 点设置的越密越多，计算精度越高，但计算成本也随之增加，因此需要综合考量选择合适 k 点。k 点的设置可分为自动生成和手动输入，通常在结构优化和性质计算时自动生成 k 点，而在能带计算时手动输入。自动生成 k 点方法中最常用的是 Monkhorst-Pack 方法。

POSCAR 文件描述了计算体系的晶胞参数，包括基矢，晶格常数，原子类型、数目以及位置坐标等。

POTCAR 文件包含了计算体系中各类元素的赝势。原子内部芯电子的波函数振荡尺度较小，需要使用较大的截断能，大幅增加了计算成本。但相较于芯电子，价电子对于材料的物理化学性质更为重要。因此，为减少芯电子计算成本，引入赝势概念，将芯电子集合所产生的电荷密度替换成符合真实离子实某些重要物理和数学特性的圆滑电荷密度。VASP 提供赝势库，包含绝大多数元素的赝势，可分为投影缀加平面波（PAW）和超软赝势（USPP）。赝势所用泛函要和 INCAR 的设置相同且类型一致，同时，赝势的种类和顺序要和 POSCAR 的原子种类和顺序一致。

基于上述输入文件，便可以进行 VASP 计算。对于 VASP 计算后得到的输出文件，可以利用辅助工具进行高效的数据处理，目前主要有 VESTA、VASPKIT、qvasp、Jmol 以及 p4vasp 等。

参考文献

[1] 朱永法. 纳米材料的表征和测试技术 [M]. 北京：化学工业出版社，2006.

[2] Dolamic I, Bürgi T. Photocatalysis of dicarboxylic acids over TiO_2: An in situ ATR-IR study[J]. Journal of Catalysis, 2007, 248(2): 268-276.

[3] 张立德, 牟季美. 纳米材料和纳米结构 [M]. 北京：科学出版社，2000.

[4] Wen B M, Liu C Y, Liu Y. Solvothermal synthesis of ultralong single-crystalline TiO_2 nanowires[J]. New journal of chemistry, 2005, 29(7): 969-971.

[5]Riss A, Berger T, Stankic S, et al. Charge separation in layered titanate nanostructures: effect of ion exchange induced morphology transformation[J]. Angewandte Chemie International Edition, 2008, 47(8): 1496-1499.

[6]Jing L，Yuan F，Hou H，et al. Relationships of surface oxygen vacancies with photoluminescence and photocatalytic performance of ZnO nanoparticles[J]. Science in China Series B: Chemistry, 2005, 48(1): 25-30.

[7] 姚玉洁. 量子力学 [M]. 北京：高等教育出版社，2014.

[8]Sholl D S，Steckel J A. 密度泛函理论 [M]. 北京：国防工业出版社，2014.

后　　记

　　光催化技术作为一种绿色、可持续的能源转换方式，在解决能源危机和环境污染问题方面具有巨大潜力。本书从光催化基础与原理出发，详细阐述了光催化技术的发展历史、热力学及动力学基础、材料设计及开发，以及光催化技术在能源领域的研究现状及发展趋势，以期为读者提供光催化技术的基础知识和理论支撑。

　　在光催化材料的制备与改性方面，本书重点讨论 TiO_2 光催化材料的制备及影响因素、硫化物光催化材料的制备及光催化剂、石墨烯基半导体光催化材料的制备及增强、石墨相氮化碳光催化材料的制备及改性调控、铋基半导体光催化材料及改性调控等，论述不同光催化材料的制备方法、性质调控以及应用领域，为研究者提供丰富的实验数据和理论依据。

　　在光催化技术在能源领域的应用方面，本书从光催化分解水制氢、光催化裂解水制氢体系、光催化二氧化碳还原体系、光催化有机合成反应体系等方面进行深入探讨，展示光催化技术在能源领域的广泛应用和巨大潜力，为未来的能源转换和储存提供了新的思路和方法。

　　此外，本书探讨了光电协同催化和光热协同催化在能源领域的应用。光电协同催化在废水处理、有机污染物降解、过氧化氢合成等方面的研究为光催化技术在实际应用中提供了更多可能性。光热协同催化在光热转换、CO_2 还原、制氢等方面的应用也展示出光催化技术在能源领域的独特优势。

　　本书还论述了光催化技术在水处理、空气净化、石油污染土壤修复、杀菌等方面的其他应用，这些应用领域的研究不仅拓宽了光催化技术的应用范围，也为环境保护和可持续发展提供了新的解决方案。

　　光催化技术在能源领域的应用探索是一项具有重要意义的研究课题。光催化技术在能源转换、环境保护、可持续发展等方面具有巨大潜力。然而，光催化技术在实际应用中仍面临一些挑战，如催化剂的稳定性、效率提升、成本降低等问题。在未来，需要继续深入探讨研究这些问题，寻找更加高效、可持续的光催化解决方案。

后　记

　　展望未来，光催化技术在能源领域的应用将继续发展。随着科学技术的进步和研究的深入，相信光催化技术在能源转换和环境保护方面将发挥更加重要的作用，为人类社会的可持续发展作出贡献。